CHOSUN CHEF

조선셰프 서유구의
죽 이 야 기

조선셰프 서유구의
죽 이야기

임원경제지 전통음식 복원 및 현대화 시리즈

(15)

CHOSUN CHEF'S
PORRIDGE

풍석문화재단 음식연구소 **지음**
대표 집필 곽미경

자연
경실

목차

제5장

육류와 유제품으로 만든 죽

제6장

제죽식치와 절식지류의 죽 (부록)

제7장

현대인을 위한 제죽식치 (부록)

죽

이런저런 이유로 죽을 쑤지만,
필요한 건
곡물 두어 홉과
죽을 품어줄 물 한 바가지,
그리고 돌을 이어줄
장작 두세 토막.

서로를 내어놓고 스며들도록,
불은 세지 않게,
물은 넘치지 않게 조심조심—
그렇게
곡물은 제 몸을 녹여가며
죽이 되어간다.

죽을 쑤는 건, 삶을 쑤는 일이다.
우리의 삶도 그러하거늘.

불을 다루기 시작한 구석기 시대부터 죽[粥]은 한반도의 자연환경과 농경문화 속에서 우리 역사와 함께 깊이 뿌리내렸다. 비옥한 평야부터 척박한 산지에 이르기까지, 기후 변화가 심한 이 땅에서는 다양한 곡물이 재배되었고, 그것들로 끓인 죽은 영양 흡수가 뛰어나고 소화가 용이하여 일찍이 주식(主食)으로 자리매김하였다.

이후 물과 불을 다루는 조리 기술의 발달과 토기(土器)의 사용은 '밥'이라는 조리 형태가 탄생하는 데 기반이 되었다. 삼국 시대(三國時代)에 접어들며 곡물 생산량이 증가하고 솥의 구조가 개량되자, 밥 짓는 기술도 한층 정교해졌다. 그 결과, 죽 중심의 식문화는 점차 밥 중심으로 이동하였고, 식사의 구조 또한 변화하기 시작하였다.

그러나 밥이 곧바로 죽을 대체한 것은 아니었다. 당시의 도정(搗精) 기술은 아직 미흡하여 밥은 거칠었고, 이에 비해 죽은 부드럽고 연(軟)하여 여러 사람의 허기를 동시에 채울 수 있다는 실용적 장점이 있었다. 이로 인해 오랜 시간 동안 밥과 죽은 공존하며 주식의 쌍두마차 역할을 해 왔다.

흔히 우리는 "한국인의 주식은 밥이다"라고 말하지만, 보다 정확히는 밥[飯]과 죽[粥]이 함께 주식의 중심축을 이루었다고 할 수 있다. 반상(飯床) 문화 또한 이 두 가지 곡물 음식 위에 형성되었으며, 밥은 일상의 주식이 되었고, 죽은 일상의 쉼표처럼 때로는 위로가 되고 때로는 별미가 되며 다채로운 모습으로 우리 곁에 머물렀다.

죽은 우리 삶의 여정 그 자체였다. 한 그릇의 죽을 나누는 일은 정서(情緒)를 나누고 마음을 전하는 행위였다. 차가운 공기를 담아 쑨 보릿고개의 보리죽[麥粥]은 희망찬 하루를 여는 시작이었다. 손님을 대접하는 소박한 죽 한 그릇에는 미안한 마음이 담겨 있었고, 동짓날의 팥죽[赤豆粥]에는 액운(厄運)을 몰아내고 새해의 복(福)을 기원하는 소망(所望)이 담겨 있었다. 잔칫상에 오른 진주알처럼 은은히 빛나는 잣죽[松子粥]은 잔치의 기쁨을 더해 주었으며, 병든 이에게 건넨 미음(米飮) 한 대접에는 회복(回復)을 기원하는 염원(念願)이 담겨 있었다. 떠나는 이에게는 마지막 작별 음식이 되어 그들 곁을 지켰다. 죽은 모든 삶의 순간을 우리와 함께하였다.

배고픔 속에서 나누었던 정(情), 손에서 마음으로 이어지는 정성(精誠), 그리고 힘든 순간에도 다시 일어서게 한 죽의 따스한 사랑이 오늘의 우리를 있게 했다.

내가 쑨 한 그릇의 죽이 누군가를 병상에서 일으키고, 슬픔에서 벗어나게 할 수도 있다. 죽 한 그릇이 가진 힘은 단순한 포만감을 넘어 마음을 어루만지는 따뜻한 기적을 만든다.

생존(生存)과 자급자족(自給自足)의 지혜에서 시작된 죽은 모든 재료를 포용하는 무한한 융통성과 유연함을 지니고 있다. 이것이 지역과 계절에 따라 변주되며 어린아이부터 노인, 건강한 사람부터 아픈 사람, 민가(民家)에서 궁궐(宮闕)까지, 어려울 때나 풍족할 때나 신분과 세대, 상황을 초월해 모두가 누릴 수 있는 음식으로, 약식(藥食)과 미식(美食)의 영역까지 확장되며 우리 음식의 중심으로 자리잡게 되었다.

이처럼 죽은 우리의 삶과 밀접한 음식이기에 죽이 품은 이야기와 기억도 각양각색이다. 뜨거운 죽을 호호 불어 먹여 주던 할머니가 생각나는 그리움의 음식인가 하면, 굶주린 시절에 먹던 지긋지긋한 음식이기도 하다. 젖이 부족한 아이를 키워낸 고마운 음식이지만, 죽음과 우환을 떠오르게 하는 외면하고 싶은 음식이기도 하다. 어려운 상황에서 먹었던 죽의 기억이 강렬한 사람은 죽이라는 말만 들어도 고개를 절레절레 흔든다. 죽과 함께 했던 행복한 기억은 부정의 힘에 눌려 나누지조차 못한다.

쌀 생산량이 늘어나고 도정 기술이 발달하여 누구나 고운 밥을 먹을 수 있게 되면서, 죽은 그저 끼니를 편리하게 때우는 음식, 환자의 회복식(回復食)이나 유아의 이유식(離乳食) 정도가 되었다. 우리는 자녀나 손자의 성장이 뒤질까 불안하여 영양죽이나 이유죽은 쑤어 먹이지만, 정작 쇠약한 부모님을 위한 봉양(奉養)죽은 쉽게 쑤지 못한다. 아프거나 슬픔에 잠긴 이웃을 위로할 때도 죽을 보내던 문화 역시 점차 희미해지고 있다. 죽이 어떤 음식이었는지를 잊어버려 그 가치를 헤아리지 못하는 것은 당연한 일이지만, 동시에 안타까운 현실이기도 하다.

지금도 죽(粥)은 전 세대를 아우르며, 효도(孝道)와 약식동원(藥食同源)의 전통적 가치를 현대 생활에 맞춰 재해석하며 이어가고 있다. 맞춤형 건강 죽, 기능성 죽, 간편한 포장 죽은 바쁜 일상 속에서도 가족을 위한 정성과 건강을 챙길 수 있는 방법으로 제시되고 있다. 이러한 죽에는 죽이 원래 가지고 있던 부드럽고 따뜻한 삶의 정서가 담겨 있지 않아서인지 때로는 먹을 때 공허함마저 드는데 마치 죽이 한 걸음 물러서서 우리를 바라보고 있는 듯한 거리감마저 느껴진다.

우리 전통 죽에 관한 가장 방대한 이야기는 서유구 선생이 쓴 《임원경제지(林園經濟志)》 16지(志) 중 음식 분야를 다룬 여덟 번째 지(志)인 〈정조지(鼎俎志)〉 권2 전오지류(煎熬之類, 달이거나 고는 음식) 죽 편의 40여 가지 죽 조리법에 담겨 있다. 이 조리법들은 서유구 선생의 죽에 대한 깊은 통찰과 함께 체계적으로 정리되어 있어, 당시 죽이 단순한 음식이 아니라 철학과 기술을 겸비한 음식 문화의 정수였음을 알게 한다.

〈정조지〉에 담긴 죽의 조리법, 보관법, 그리고 가공 기술은 오늘날에도 그대로 활용할 수 있을 만큼 정교하고 실용적이다. 이는 전통 죽을 복원하고 활용하려는 현대 가정은 물론, 죽과 관련된 산업 종사자들에게도 귀중한 자료로 손색이 없다. 서유구 선생의 기록을 통해 우리는 지금 먹는 죽이 얼마나 단조로워졌는지, 과거의 다양하고 풍부한 죽 문화를 얼마나 잃어버렸는지를 깨닫게 된다.

《조선셰프 서유구의 죽 이야기》는 〈정조지〉 속 죽 83가지와 조리법을 원형 그대로 복원하고 현대인의 제죽식치에 도움이 될 13가지의 죽을 실었다. 이 책은 단순히 조리법을 소개하는 것을 넘어, 죽이 우리의 삶과 문화 속에서 어떤 의미를 가졌는지, 그리고 왜 이 귀중한 전통이 점점 잊히고 있는지를 돌아보는 계기가 되기를 바라며 쓴 책이다. 나아가 이를 통해 우리의 뿌리와 가치를 다시금 되새기며, 전통과 현대의 조화를 이루는 작은 출발점이 되어 죽 한 그릇에 담긴 철학과 이야기가 다시금 우리의 일상과 세계 속에서 자리 잡을 수 있기를 기대한다.

죽에 대한 다양한 이야기들

01

물과 곡식이 불을 만나 탄생한 죽은 오랜 세월, 시대의 흐름과 계절의 변화 속에서 사람의 몸과 마음에 따라 다양한 모습으로 우리 곁에 머물러 왔다.

이 장에서는 죽의 기원과 발달 과정을 살펴보고, 우리 고유의 죽은 물론, 동아시아·동남아시아·유럽 등 세계 각지의 죽 문화까지 폭넓게 조망하였다. 또한 현대인의 삶의 주기에 맞춰 탄생한 즉석죽을 통해 죽이 어떻게 변화하고 적응해 왔는지를 짚어보며, 앞으로 죽이 걸어갈 음식문화의 새로운 길도 함께 모색해 보았다.

죽과 엄마와 나

죽을 먹는 어머니와 아들

방에서는 '끙끙~' 부엌에서는 '꽁꽁~' 소리가 난다. '끙끙~'은 앓는 소리이고 '꽁꽁~'은 죽거리를 빻는 소리다. 앓아 누운 환자는 매번 바뀌지만 환자를 위해 죽을 쑤는 사람은 항상 엄마다. 아프면 몸은 괴롭지만 나만을 위한 죽상을 받을 수 있어 아픈 것이 싫지만은 않았다.

죽거리를 빻는 소리가 주는 평온함과 약기운으로 설핏 잠이 들었다가 '탁~' 하는 방문 여는 소리에 깬다. 엄마는 죽상을 옆에 두고 먼저 차가운 손으로 뜨거운 이마를 짚어 본다. 죽을 먹이기 전에 환자의 상태를 알아보는 것이다. 죽을 먹을 정도가 된다고 판단되면, 엄마는 나를 일으켜 앉히고 죽상을 내 앞으로 끌어 놓는다.

먹어야 낫는다는 엄마의 권고에 몇 번 도리질을 하다가 못 이기는 척 수저를 든다. 죽상에는 울긋불긋한 홍합원미죽과 동치미와 장조림 간장이 놓여 있다. 못 먹겠다고 투정을 부린 것이 부끄러울 정도로 죽 한 그릇을 다 비운다. 서너 번 더 죽상을 받고 나면 말끔하게 몸이 나아 있었다.

엄마는 철마다 나오는 식재료 중 일부는 "죽거리로 써야겠다."라며 말리거나 가루 내어 두었다가 가족이나 이웃에 환자가 생기면 어김없이 죽을 쑤었다. 부고를 들었을 땐 어김없이 녹두죽을 쑤어서 인편에 보냈다. 나는 하필 많고 많은 죽 중에서 무심심한 녹두죽을 보내는지 궁금하여 엄마에게 물었다. 엄마는 녹두가 상중에 음식을 잘못 먹고 생긴 식중독을 방지하고 치료하는 해독 작용이 뛰어나기 때문이라고 했다. 아울러 붉은색의 팥은 귀신을 몰아내기 때문에 상중에 팥죽을 먹어서는 안 된다고 했다. 나는 엄마의 지혜에 감동을 받았고, 존경 어린 눈으로 엄마를 바라보았다. 그래서인지 지금도 녹두를 보면 빈대떡보다는 녹두죽이 떠오른다. 엄마의 사기 절구는 죽거리를 빻느라 쉴 틈이 없었다.

세월이 흘러서 죽을 싫어하는 사람들이 있다는 것을 알았다. '죽'이란 말만 들어도 기겁을 한다. 나는 몹시 당황하였다. 맛있고 속이 편한 죽을 싫어한다는 것이 이해가 되지 않았다. 물론, 나도 팥죽은 그다지 좋아하지 않지만 맛있는 죽의 세계를 모른다는 것이 안타까울 정도였다. 죽하고 원수라도 졌냐고 물어볼 필요도 없이, 죽을 싫어하는 이유를 줄줄이 말한다. 어릴 적 밥 대신 먹은 죽이 지긋지긋하여 기억조차 떠올리고 싶지 않다고 한다. 죽이 너무 싫어서 아무리 아파도 밥을 먹는다고 한다. 밥 대신 먹은 죽의 기억이 평생 죽을 멀리하게 한 것이다. 또 다른 경우는 죽은 아픈 사람이 먹는 음식이라는 인식을 가졌을 때다. 오랫동안 집안에 환자가 있어서 환자식으로 죽을 경험한 경우다. 죽을 보면 환자식으로 죽

녹두죽

을 먹다가 운명을 달리한 가족이 생각난다는 것이다. 아리고 슬픈 기억들이 죽에 담겨 있으니 영원히 죽과 친해지긴 어려울 것 같다. 이들에게 죽은 고통과 상실의 음식일 뿐이다.

초하(初夏)의 어느 날 학교에서 돌아왔는데 엄마가 보이지 않아 덜컥 겁이 났다. "엄마~ 엄마!"를 부르며 부엌에 갔다. 엄마 대신 죽 두 그릇이 작은 상 위에 차려져 있다. 한 그릇은 샛노란 옥수수죽이고 한 그릇은 푸른 완두콩죽이다. 두 죽의 고운 색감과 그릇에 담긴 자태가 숨이 막힐 정도로 아름다워 그림을 감상하듯 보고 있었다. 앞집에 다녀온다는 엄마가 들어오며 죽을 먹으라고 한다. 엄마가 명작을 흔쾌하게 나누어 주는 화가 같았다.

완두콩죽

완두콩

사람들이 엄마의 죽 비법을 물어보곤 하였다. 어린 내 마음에는 죽을 쑤는 정성이 비법이라고 생각하였다. 엄마의 죽을 젓는 조심스러운 팔 동작과 죽 냄비에서 눈을 떼지 않는 진지한 얼굴 표정에서 알 수 있었다. 또 하나 엄마의 비법이 있다면 원미죽을 바탕으로 죽을 쑤는 것이다. 엄마는 죽을 쑬 때마다 죽 쌀을 절구에 가볍게 빻으며 중간에 쌀이 얼마나 빻아졌는지를 확인하였다. 나는 집안일도 많은 엄마가 왜 이런 수고를 더하여 죽을 쑤는지 안타까운 마음에 물었다. 엄마는 아픈 사람이 먹을 때는 쌀을 더 빻고 그냥 먹을 때는 덜 빻는데 이렇게 쑤어야 소화가 잘되고 으깨진 쌀에서 즙이 나와 훨씬 맛있다고 하였다.

엄마는 옛날 사람들은 누구나 죽을 잘 쑤었고, 엄마가 죽을 즐겨 쑤는 것도 어른들이 윗대의 어른을 죽을 쑤어서 모시는 것을 보고 자라서라고 한다. 엄마는 어른들이 죽을 드실 때에는 상 옆을 꼭 지키며 죽그릇 안에 죽이 삭는 정도를 관찰하는 것이 자식의 임무였다고 한다. 타액의 양에 따라 죽이 삭는 정도가 다른데, 죽이 빨리 많이 삭으면 소화력이 좋고, 죽이 잘 삭지 않으면 소화력이 약한 것이라고 하였다. 관찰자는 이 정보를 집안의 모든 사람과 공유하였고 밥을 질게 하거나 식혜를 자주 올리는 등의 조치를 취했다고 한다. 한두 번도 아니고 어른이 식사할 때마다 죽그릇을 들여다보고 있으려면 답답하기도 할 텐데, 옛날 사람들이 참으로 대단하고 신기할 뿐이다.

'어른이 얼마나 무서우면 저럴까?'라는 생각으로 말을 잊은 채 엄마가 죽을 저을 때 생기는 겹겹의 물결무늬를 바라보았다.

엄마가 내 마음을 알아챘는지 옛날 어른들은 '내리사랑' 죽을 잡수셨다고 한다. '내리사랑'이란 말이 알 것도 같아서 아는 체를 하려고 하는데, 엄마가 얼른 이야기를 잇는다. 그전에는 식량이 부족하면, 어른들은 요즘 속이 불편하니 당분간 죽을 쑤어 올리라고 했다고 한다. 끼니를 마련해야 하는 사람의 난감함을 덜어주고, 식량을 절약해서 아래 사람의 밥에 보태기 위해서라고 한다. 또한 날씨가 춥거나 더워 상을 차리는 것이 고생스러울 때나 찬거리가 마땅치 않을 때에도 죽을 먹고 싶다고 하셨는데, 아무래도 며느리를 생각해서 그러시는 것이라고 한다. 엄마는 옛날의 아름다운 마음씨의 어른들이 그리운지 한숨을 쉬며, 죽에는 치사랑과 내리사랑이 함께 담겨 있다고 한다. 내리사랑과 치사랑을 죽을 통해 알게 되었다.

죽이 테니스공처럼 통통 튀어 오르기 시작한다. 엄마는 죽은 바락바락 쑤어야 쉬지 않는다며 죽 젓는 손을 쉬지 않으며 말을 잇는다. "그전에는 죽을 쑤다가 손님이 대문 안으로 들어서면 얼른 물 한 대접을 더 부었단다."라며 물로 양을 늘린 묽은 죽으로라도 여러 사람을 먹일 수 있는 죽의 미덕에 대해서 이야기하였다. 나는 손님이 두 사람이면 물을 두 대접 붓느냐고 물었다. 엄마는 고개를 끄덕이며

아욱꽃과 아욱

죽은 밥하고 달라서 금방 배가 고파지니 많이 먹으라고 하였다.

가을에는 '막내 사위에게만 준다'는 아욱으로 끓인 아욱된장죽을, 낮이 짧아 활동량이 적은 겨울에는 콩나물죽과 대주죽, 호박죽을, 봄에는 생합죽을 별미죽으로 먹었다. 개펄에서 나오는 생합의 살을 다져서 끓인 생합죽은 내 생애 최고의 음식으로 기억된다. 여름에는 이끼 빛의 완두콩죽과 샛노란 옥수수죽이 별미였다. 죽거리가 적당치 않을 때는 콩죽이나 흑임자죽, 홍합죽을 먹었으니 일 년 사

제1장 죽에 대한 다양한 이야기들

시사철 시절죽과 별미죽을 먹은 셈이다.

오래 전 친구가 젊은 나이에 큰 수술을 받았다. 문병을 가는데 환자에게 죽을 쑤어 가져가던 엄마가 생각났다. 은행은 기관지에 좋고 밤은 영양이 풍부하다는 생각에 마침 제철인 은행과 밤을 섞은 은행밤죽을 쑤어서 병문안을 갔다. 친구가 퇴원한 후, 병문안 때 먹었던 죽이 정말 맛있었다며 어떤 죽이었는지 물었다. 은행과 밤을 넣어 끓인 은행밤죽이었다고 하자 친구는 수술 후 기관지가 빠르게 회복된 것이 은행 덕분인 것 같다고 했다.

친구의 빠른 쾌유를 바라는 마음으로 밤 늦게까지 밤을 까고 은행 껍질을 벗겨 정성껏 죽을 쑤었다. 어쩌면 회복을 돕는 것은 죽의 영양뿐만 아니라 그 안에 담긴 따뜻한 마음이었을지도 모른다. 하지만 친구는 그 마음까지는 잘 알지 못하는 것 같았다.

아버지가 병환을 얻자 엄마는 매일 죽을 쑤었다. 어느 날은 아버지의 입맛에 어떤 죽이 더 맞을지 몰라 다섯 가지 죽을 쑤었다며 웃는다.

평생 다른 사람을 위해 죽을 쑤었던 엄마는 건강이 나빠져 죽을 먹어야 할 때, 자신을 위해 죽을 쑤는 것을 원치 않았다. 엄마는 사서 먹는 죽도 맛있으니 신경 쓰지 말라고 한다. 자식들이 힘든 것을 염려해서다. 나는 엄마가 거짓말을 한다는 것을 안다. 하지만 엄마를 위해 시간을 내서 죽을 쑬 자신이 없던 나는 엄마의 말에 비겁하게도 동조를 하였다.

엄마가 돌아가시기 두어 달 전, 엄마를 위해 잣죽을 쑤었다. 엄마가 회복했으면 좋겠다는 나의 간절한 마음이 담겨 있어서인지 잣죽이 유난히 맛있었다. 엄마는 힘든데 뭐 하러 쑤었냐며 딸을 힘들게 했다는 생각에 마음이 편치 않은 것 같았다.

나의 성화에 못 이겨 잣죽을 한술 뜬 엄마는 "잣죽이 참 맛있게 쑤어졌구나!" 라고 하였다. 음식으로 엄마에게 칭찬을 듣는 것은 흔한 일이 아니었다. 그 후로 엄마는 죽을 먹을 기력조차 점점 떨어졌다. 이제 나는 더 이상 엄마를 위해 죽을 쑤지 않아도 된다.

작년, 긴 시간 아팠던 적이 있었다. 밥을 먹는 것이 힘들고 부담스러웠다. 나를 위해 죽을 쑤기가 쉽지 않아 억지로 밥숟가락을 들었다. 일어날 힘조차 없을 때, 간절하게 죽이 먹고 싶었다. 즉석죽을 사서 데워 먹었다.

죽을 반쯤 먹었을 때, 내 몸속 세포 하나하나가 강렬하게 죽을 흡수하는 느낌이 들었다. 마치 목마른 대지에 비가 쏟아지고, 말라 죽어가던 초목이 다시 살아나는 것처럼 몸이 회복되었다. 몹시 힘들 때, 피로로 인한 독이 온몸을 돌아다니며 나를 공격하고 있다는 것을 느낀 적이 있다. 하지만 이번에는 정반대였다. 부정적인 경험이 아닌 경이로운 경험이었다.

건강 관련 프로그램이 많아지면서 '세포'라는 말을 흔히 듣지만, 눈으로 직접 볼 수 없으니 그저 있다고만 생각했다. 그런데 죽을 먹으며 처음으로 내 몸속 세포를 직접 느낄 수 있었다. 그것은 죽이 불러일으킨 기적이었다.

건강할 때는 단순히 맛으로 먹고, 부모님과 함께할 때는 어리광 부리며 먹던 죽이 엄청난 치유의 힘을 가지고 있음을 알게 되었다. 죽은 단순한 음식이 아니다. 그것은 위로와 사랑, 그리움이며 생명을 이어주는 기적이다.

우리나라 죽의 역사

　　　　　　　　　고대 원시 농경 시대의 유적지에서는 화로(火爐), 토기(土器), 연석(碾石), 숟가락 등 다양한 도구가 출토되어, 인간이 화식을 시작하면서 '죽'이라는 음식의 역사가 시작되었음을 짐작할 수 있다. 그 이전에는 생 곡물을 거칠게 도정한 상태로 씹어 먹었는데, 이는 많은 시간이 필요할 뿐만 아니라 소화가 잘되지 않아 곡물의 영양소를 온전히 흡수하지 못하는 한계가 있었다.

　죽의 등장은 인간의 삶에 혁명적인 변화를 가져왔다. 거친 곡물을 섭취하며 겪었던 다양한 건강 문제가 완화되었고, 영양 상태가 개선되면서 신체가 더욱 강건해졌다. 이러한 변화는 여성들의 출산율 증가로 이어졌으며, 모유를 보완하거나 대체할 수 있는 죽 덕분에 유아 사망률이 감소하여 궁극적으로 인구 증가에도 기여했다.

　죽은 생식을 대체하며 식사 시간을 획기적으로 단축시켰다. 그 결과, 사람들은 남은 시간을 이용해 식량을 더 구하거나 도구를 제작하고, 토기를 만드는 것은 물론, 곡물을 갈돌에 갈아 죽을 준비하는 등 생산적인 활동에 투자할 여유가 생겼다. 이러한 변화는 개인뿐만 아니라 사회 전체의 삶의 질을 크게 향상시키는 데 기여했다.

　시간이 흐르면서 죽은 단순한 곡물 음식에서 벗어나 점차 진화하기 시작했다. 고기, 생선, 채소와 같은 다양한 부재료가 더해지면서 죽의 맛과 영양 가치는 한층 풍부해졌다. 죽은 이제 단순한 생존 음식이 아니라, 창의성과 지혜가 담긴 완성도 높은 음식으로 자리잡았다. 특히, 일부 부재료는 날것으로 섭취할 경우 독성이 있어 위험할 수 있었지만, 이를 죽으로 조리하면 독성이 제거되고 오히려 건강이 개선되거나 치유되는 놀라운 경험을 하게 되었다. 사람들은 오랜 수렵과 채집 생활을 통해 쌓은 지혜와 경험을 자연스럽게 죽에 녹여내기 시작했다. 죽이 자연과 인간의 상호작용 속에서 치유와 생명을 유지하는 소중한 음식으로 자리 잡기 시작한 것이다.

죽의 등장과 발전은 내일을 기약할 수 없는 불확실하고 거친 삶에서 벗어나, 계획적이고 안정된 삶으로 전환하는 계기가 되었다. 결국, 죽은 부족 사회에서 고대 국가로 나아가는 발판이 된 셈이다.

고대 국가로의 발전 과정에서 죽은 지역적 특성과 조화를 이루며 다양한 형태로 발전했다. 잡곡 농사가 발달한 북쪽 지역에서는 잡곡으로 만든 죽이 주로 소비되었고, 벼농사가 번성한 남쪽 지역에서는 쌀죽을 먹었다. 이렇게 각 지역에서 생산된 재료들이 죽에 반영되면서, 죽은 단순한 곡물 음식에서 벗어나 각 지역의 색깔과 독특한 풍미도 담게 되었다.

삼국 시대에 접어들면서, 수리 시설의 확산과 농경 기술의 발달은 벼농사의 확대를 가져왔고, 쌀은 밥과 죽에 사용되는 중요한 식재료로 그 가치가 더 커졌다. 특히, 이 시기는 장 담그는 문화가 크게 발달한 시기로, 장이 지닌 영양과 깊은 풍

삼국 시대의 솥  삼국 시대의 솥

가마솥의 누룽지

솥밥

미가 죽에 더해지면서, 우리가 아는 완성도 높은 형태의 죽이 탄생하게 되었다.

삼국 시대 후반으로 접어들면서 무쇠솥이 널리 보급되자, 밥 짓는 기술이 대중화되었다. 이전까지는 주로 죽을 끓여 먹었지만, 이제는 누구나 솥을 이용해 밥을 지을 수 있게 된 것이다.

무쇠솥에 지은 밥은 단순히 끼니를 해결하는 것을 넘어 다양한 방식으로 활용되었다. 솥밥을 지으면 자연스럽게 생기는 누룽지에 물을 부어 끓인 눌은밥을 만들어 먹었으며, 이는 죽과 같은 역할을 하였다. 또한 숭늉을 마시며 식사를 마무리하는 것이 일반적이어서 숭늉은 후식 겸 차가 되었다. 이처럼 한 번 밥을 지으면 든든한 밥, 부드러운 눌은밥, 그리고 구수한 숭늉까지 한 번에 챙길 수 있었기에, 사람들은 자연스럽게 일석삼조(一石三鳥)인 밥을 선호하게 되었다.

밥이 주식으로 자리잡은 또 다른 이유는 실용성에 있었다. 죽은 묽은 상태라 이동이 불편하고 금방 상할 우려가 있었지만, 밥은 그릇에 담거나 연잎, 대나무잎, 토란잎 등에 싸서 어디든 쉽게 가지고 다닐 수 있었다. 게다가 식어도 맛이 크게 떨어지지 않아 저장성과 휴대성이 뛰어났다.

영양적인 측면에서도 밥이 유리했다. 죽은 소화가 빠른 반면, 밥은 오랫동안 포만감을 유지할 수 있어 노동력이 중요한 사회에서는 더없이 적합한 음식이었다. 또한, 사회가 점차 안정되면서 밥과 잘 어울리는 다양한 반찬과 국물 음식이 등장했다. 이로 인해 밥은 더욱 인기를 얻었고, 죽은 자연스럽게 위축되었다.

제1장 죽에 대한 다양한 이야기들

고려 시대에도 곡물이나 가축 등이 삼국 시대의 영향을 받아 계승되었을 것으로 짐작되며, 죽의 형태도 삼국 시대와 비슷했을 것이다. 특히, 쌀에 대한 선호도가 더욱 높아지면서 쌀 증산에 박차를 가한 시기로, 쌀죽의 인기가 더욱 커졌을 것으로 보인다.

고려가 불교 국가였기 때문에 육식을 금지했다고 하지만, 이는 과장된 측면이 있다. 1325년 고려에서 내린 금지령에 따르면, 닭, 돼지, 거위, 오리를 길러 손님 접대나 제사에 사용하는 것은 허용되었으나, 소나 말을 도살하는 자는 처벌하도록 되어 있었다. 이러한 금지 조치가 존재했다는 것은 곧, 소나 말을 먹는 사람이 있었음을 의미한다.

고려 초기, 고려를 방문한 송나라의 서긍(徐兢, 1091~1153)이 저술한 《고려도경(高麗圖經)》(1126)에는 "정치가 심히 어질어 부처를 좋아하고 살생을 경계하기 때문에 국왕이나 상신(上臣)이 아니면 양과 돼지고기를 먹지 못한다."라고 기록되어 있다. 또한, 그는 육포의 담음새와 양과 돼지를 도살하는 장면을 상세히 묘사하기도 했다. 이는 당시 백성들이 닭, 돼지, 오리, 거위 등의 가축을 많이 길러 육식을 했으며, 사신에게 돼지고기나 소고기를 대접했고, 왕과 귀족들 역시 다양한 방식으로 육식을 즐겼음을 보여준다.

따라서 고려 시대에는 생산량이 증가한 쌀에 소, 돼지, 오리, 닭, 거위 등의 고기를 넣어 죽을 쑤어 먹었을 것으로 추정된다. 〈정조지(鼎俎志)〉에 소개된 계죽(鷄粥)은 닭고기를 넣어 만든 죽인데, 고려 시대에도 이와 비슷한 형태의 고기죽이 존재했을 가능성이 크다. 또한, 불교의 영향으로 미역, 다시마 등의 해조류나 채소를 넣은 죽이 생겨났으며, 몽골의 영향을 받아 우유나 수유를 넣은 죽도 등장하는 등 시대적 배경이 반영된 다양한 죽이 발전했다.

한편, 밤을 햇볕에 말려 가루로 만든 뒤 찹쌀가루를 섞어 꿀물에 반죽한 떡인 율고(栗糕)에 대한 기록도 등장하는데, 이는 〈정조지〉에 소개된 율자죽(栗子粥)의 재료와 동일하다. 또한, 12세기 말 김극기(金克己, 1170?~1197?)의 시에는 "주인 없는 산에 배와 밤이 가득하다(梨栗滿空山)"라는 구절이 등장하는데, 이를 통해 고려 시대에 밤이 풍부했음을 알 수 있다. 따라서 밤이 떡뿐만 아니라 죽의 재료로도 널리 활용되었을 것으로 보인다.

팥

제1장 죽에 대한 다양한 이야기들

팥죽

고려 말에는 팥죽이 등장한다. 고려 말기의 학자 이제현(李齊賢. 1287~1367)의 시 문집인《익재난고(益齋亂藁)》,《익재집(益齋集)》에는 "동짓날은 흩어졌던 가족이 모여 적소두(赤小豆)로 두죽(豆粥)을 쑤고, 고운 색의 옷을 입고 부모님의 장수를 기원하며 술을 올리는 것을 큰 즐거움으로 여겼다"는 기록이 있다. 예나 지금이나 팥죽이 동지의 음식인 것 같지만 지금 우리가 아는 팥죽의 의미와는 다른 효행의 음식이라는 점이 인상적이다.

"우리집 오늘 아침 형과 아우는 여러 종을 시켜서 팥
죽을 끓일 거야. 우리나라 사람은 동지에 반드시 팥죽
을 끓여 먹는다. 채색옷 입고 부모님께 헌수할 때 세
상에 이런 즐거움 형용하기 어려울 텐데. 아 못생긴 나
는 무엇을 해보려고 이 좋은 동지철에 먼 길을 걷고 있
는지…."

最憶吾家弟與兄。齊奴豆粥呫嗻烹。東人冬至必烹豆粥
舞綵高堂獻壽觥。人間此樂難爲名。顧予劫劫欲何營。
此日悠悠獨遠行。

* 한국전통지식포탈 참고

고려 시대에는 정교해진 도정 기술로 통곡으로 쑤는 죽과 함께 곡물이나 열매
를 가루 내어 쑤는 응이[薏苡·의이], 암죽도 품질이 좋아져 죽에 미식의 개념이 담
겼을 것으로 추정된다.

고려 시대는 불교가 융성하던 시기로, 죽은 단순한 음식을 넘어 종교적, 철학적
의미를 가진 음식으로 자리잡았다. 특히 사찰에서는 승려들이 수행 중 죽을 섭취
하며 몸과 마음을 정화하고 맑게 하는 데 도움을 받았다. 이는 수행의 질을 높이
고, 정신적 안정과 내면의 평화를 추구하는 데 있어 중요한 역할을 했다. 더불어,
죽은 불교의 자비(慈悲)를 실천하는 중요한 매개체로 활용되었다. 가난한 이웃과
병약한 자들에게 죽을 나누는 행위는 불교의 핵심 가르침인 '보시(布施)'를 구현하
는 방법이었다. 따라서 고려 시대에는 죽이 불교적 철학과 자비심이 담긴 신성한
음식으로서 신앙과 공동체를 연결하는 다리 역할을 하였다.

조선 시대는 쌀 증산에 다각도로 힘을 기울인 시기이자 우리 음식문화가 화려
하게 꽃을 피운 시기로, 죽도 예외는 아니다. 죽의 종류와 조리법이 높은 경지에
이르며, 죽은 최고의 전성 시대를 맞이하게 된다.

조선 시대에는 밥과 잘 어울리는 국, 탕, 찌개 등의 국물 음식이 자리를 잡고,
국수, 칼국수, 수제비 등의 면 음식이 끼니를 대신하면서 주식으로서 죽의 위상은
많이 낮아졌다. 그러나 죽이 가진 보양과 치유의 기능은 더욱 강조되었으며, 죽이
존재하는 이유 자체가 되었다.

한 시대를 관통하는 사상과 철학은 음식 문화에 큰 영향을 미치는데, 조선 시대에는 국가의 통치 이념이었던 성리학에서 효행(孝行)의 실천을 매우 중요하게 여겼다. 율곡 이이(栗谷 李珥, 1536~1584)는 "어버이를 섬기는 이는 공경을 극진히 하여 어른의 명에 순종하는 예[承順之禮]를 다하고, 즐거운 마음으로 음식을 봉양[口體之奉]하며, 병환 시에는 근심을 극진히 하여 약물 치료[醫藥之方]에 최선을 다해야 한다."라고 하였다.

또한, 《국조오례의(國朝五禮儀)》(1474)에는 "상례(喪禮) 때에는 슬픔에 지쳐 밥을 먹을 수 없으니 죽을 먹어라."라는 기록이 남아 있다. 이는 단순히 상주(喪主)를 위한 배려를 넘어, 근본적으로 효행의 사상이 바탕에 깔려 있음을 보여준다.

조선 시대에 죽 문화가 더욱 발전한 가장 큰 이유는 효행을 실천하는 데 있어 약식동원(藥食同源)의 개념을 바탕으로 한 죽이 가장 적합한 음식이었기 때문이다.

죽의 재료가 되는 갖가지 나물과 곡식

제1장 죽에 대한 다양한 이야기들

일제 강점기에는 쌀을 수탈당하면서 극심한 식량 부족에 시달리게 되었다. 밥은 꿈도 꿀 수 없는 상황이었고, 많은 경우 죽이 밥을 대신하였다. 치유식, 회복식, 영양식, 기호식, 이유식, 구황식 등 다양한 기능을 수행했던 죽이 오직 구황죽으로만 남게 되었다.

사람들은 들판을 헤매며 뜯어 온 나물에 곡식을 조금 넣어 만든 나물죽이나 소나무 껍질을 벗겨 쑨 송피죽 등 주재료와 부재료의 비율이 뒤바뀐 소여물 같은 죽을 먹었다. 이마저도 귀해, 사람들은 죽그릇에 얼굴을 비추어 보아서 얼굴이 어리지 않는 죽이 담긴 죽그릇을 골라서 먹었다. 곡식이 더 들어가면 죽이 톱톱하여 얼굴이 덜 비치기 때문이다. 죽의 참담한 모습을 통해 당시의 어려운 시대 상황을 조금이나마 짐작할 수 있다.

1924년 동아일보는 당시 초목의 잎이나 껍질, 뿌리로 연명하는 사람들이 전 인구의 약 60%에 달한다는 기사를 보도하였다. 나머지 40%의 사람들도 좀 더 나은 죽을 먹거나 하루 한 끼 이상을 죽으로 끼니를 해결했을 것으로 짐작된다.

식량이 부족해 제대로 된 죽을 쑬 수 없었기 때문에 조리법도 단순해졌다. 천천히 달이고 고아 만드는 방식이 아니라, 물에 재료를 넣고 푹푹 끓여 익히는 방식이 일반적이었다. 삼국 시대 이후 밥이 주식으로 자리잡은 후 가장 많은 사람들이 죽을 먹었던 시기였지만, 정작 죽이 지닌 소중한 가치마저 상실된 비극적인 시대였다.

한국전쟁이 끝난 후, 나라는 폐허가 되었고, 사람들의 삶은 그 어느 때보다 척박했다. 먹거리는 턱없이 부족했고, 배고픔은 일상이었다. 끼니를 해결하기조차 어려웠던 시절, 사람들은 허기를 채우기 위해 죽을 끓였다. 이때 탄생한 두 가지 죽이 있다. 하나는 '잔반죽', 다른 하나는 학생들에게 급식으로 제공되었던 '옥수수죽'이었다.

잔반죽은 그야말로 절박한 현실이 낳은 음식이었다. 이름에서 알 수 있듯이, 먹다 남은 음식과 자투리 재료를 한데 섞어 끓인 죽이었다. 어떤 날은 밥 조금에 시든 채소가 들어갔다. 제대로 된 재료를 구하기 어려웠기에 무엇이든 넣어 끓였고, 심지어 상한 음식이라도 버릴 수 없는 형편이었다. 배고픔을 견디기 위한 필사적인 노력이 만들어낸 잔반죽은 먹고 살아남기 위한 몸부림이었고, 가족을 지키기 위한 간절한 마음이었다.

옥수수죽은 그나마 따뜻한 위로가 담긴 음식이었다. 당시 학교에서는 배고픈 아이들에게 급식으로 옥수수죽을 제공했다. 옥수수는 밀가루와 함께 구호 식량으로 널리 사용되었고, 죽뿐만 아니라 옥수수빵도 만들어 배급되었다. 한 끼의 식사로 영양이 부족했지만, 굶주린 아이들에게는 한 그릇의 옥수수죽이 하루를 버틸 힘이 되어 주었다. 거친 식감과 씹을수록 퍼지는 고소한 맛 덕분에 이 시절을 보낸 많은 사람들에게 옥수수죽은 소중한 한 끼로 기억되고 있다.

찬밥 한 숟갈, 시든 채소 한 조각도 버릴 수 없던 시절, 사람들은 그 속에서도 서로를 보듬으며 희망을 잃지 않았음을 잔반죽과 옥수수죽을 통해 알 수 있다. 지금은 풍요로운 시대가 되었지만, 그때의 기억을 결코 잊어서는 안 된다. 과거의 고난을 견디고 극복한 이들의 의지가 있었기에 오늘의 우리가 존재하기 때문이다.

잔반죽과 옥수수죽은 과거의 고난과 이를 극복해낸 의지의 상징이자 우리가 잊지 말아야 할 중요한 교훈을 담고 있다.

옥수수죽을 급식하는 모습

1970년대 이후 농업 기술의 혁명이 이루어지면서 사람들이 그토록 선망하던 흰쌀밥을 마음껏 먹을 수 있는 시대가 열렸다. 그러나 이로 인해 죽은 새로운 암흑기를 맞이하게 되었다. 배고픔이라는 악몽에서 벗어나고 싶었던 사람들에게 죽은 단순히 먹고 싶지 않은 음식을 넘어 기억조차 하고 싶지 않은 음식이었기 때문이다.

죽은 나태, 가난, 불운, 아픔의 상징이 되었다. 특히 구황죽(救荒粥)의 시대를 경험한 세대에게 죽은 절박함과 궁핍의 대명사였으며, 이러한 기억은 다음 세대에도 그대로 전달되었다. 구황죽을 직접 경험하지 못한 이들도 부모 세대의 생생하고 애절한 경험담을 통해 죽을 '밥이 없어서 먹는 음식'이나 '물만 붓고 간단히 끓일 수 있는 허접한 음식'으로 인식하게 되었다.

한때 몸과 마음을 위로하던 죽은 그렇게 의미를 잃고 가볍게 치부되는 음식으로 전락했다. 죽이 지닌 문화적 가치는 희미해졌으며, 우리의 전통 죽 이야기는 또다시 깊이 묻히고 말았다.

그나마 다행스러운 것은 팥죽이 액운을 몰아내고 재수를 불러온다는 동지의 절식(節食)으로 남아 있으며, 여름철 더위를 이겨내는 보양 음식으로도 여전히 사랑받고 있다는 점이다. 달콤한 호박죽, 고소한 잣죽, 건강에 좋은 흑임자죽과 함께 일부 전통적 의미를 이어오며 현대에도 꾸준히 즐겨 먹는다.

그러나 팥죽이 원래 지니고 있던 효와 가족애의 상징적 의미가 사라지고, 단순히 액운을 물리치고 복을 기원하는 음식으로 변모한 이유에 대해서는 더 깊은 연구가 필요하다.

1990년대 눈부신 경제 성장과 함께 급격한 도시화가 진행되면서 우리의 삶은 빠르게 변화했다. 특히 핵가족화는 음식 문화에 커다란 영향을 끼쳤으며, 그중에서도 죽이 받은 변화는 더욱 컸다.

예전에는 부모와 어른을 봉양하는 것이 당연한 일이었고, 병을 앓거나 기력이 떨어진 가족을 위해 정성껏 죽을 쑤어 올렸다. 그러나 이제는 함께 사는 세대가 줄어들면서 효행의 죽도 점차 사라지고 있다. 이웃과의 교류가 줄어들면서 함께 나누는 문화도 거의 사라졌으며, 그와 함께 죽이 지닌 나눔의 가치 또한 점점 잊혀 가고 있다.

의학과 약학의 발달 역시 죽의 역할을 변화시켰다. 과거에는 몸이 아플 때 다양한 죽을 이용해 병을 다스리고 기력을 회복하는 제죽식치(諸粥食治)가 자연스러운 일이었다. 하지만 이제는 의학적인 치료법이 발전하면서 환자들이 죽에 의존

할 필요가 줄어들었고, 가정에서 직접 죽을 쑤는 일도 극히 드물다.

죽의 형태 또한 단순해졌다. 이제는 된죽, 진죽, 묽은죽 정도로 구분할 뿐 예전처럼 다양한 재료와 정성을 담아 조리하는 일이 드물다. 심지어 끓인 밥을 죽이라 부를 정도로 죽의 개념과 격조가 흐려지고 있다.

죽이 가진 최고의 미덕은 그 유연성에 있다. 죽은 어떤 상황에서도 어떤 음식과도 자연스럽게 어우러지는 음식이다. 때로는 환자를 위한 따뜻한 한 끼가 되고, 때로는 가족이 함께 나누는 든든한 식사가 된다. 한 끼 식사의 주연이 되기도 하고, 조연이 되기도 하며, 언제 어디서나 부담없이 다가올 수 있는 평범하지만 특별한 음식이 바로 죽이다.

죽이 다시금 빛을 발할 수 있을지는 우리가 죽에 담긴 이야기 보따리를 어떻게 풀어내는가에 달려 있다. 죽은 지금도 우리 곁에 있다. 사라진 것이 아니다. 다만, 우리가 죽을 바라보는 시선만이 변했을 뿐이다. 죽이 지닌 깊은 의미를 다시금 조명할 때, 죽은 단순한 음식 그 이상의 가치를 되찾게 될 것이다.

수확을 마친 논

쌀 비벼 씻기

제1장 죽에 대한 다양한 이야기들

우리나라에서 죽이 발달한 이유

　　　　　우리나라는 삼면이 바다로 둘러싸인 전형적인 반도국이다. 유라시아 대륙으로부터 돌출된 이 지정학적 특성은 독특하고 복합적인 기후를 만들어 내었고, 이는 우리의 음식 문화에도 깊은 영향을 미쳤다.

　우리 음식은 재료, 조리법, 역할의 다양성을 모두 품는 독특한 문화를 꽃피웠다. 조선 최고의 미식가인 허균(許筠, 1569~1618)은 조선 팔도의 진미를 소개한《도문대작(屠門大嚼)》의 서문에서 다음과 같이 말했다.

　"내가 일찍이 하씨(何氏)의《식경(食經)》과 서공(舒公)의《식단(食單)》을 보았는데, 두 사람은 모두 천하의 진미를 빠짐없이 기록하여 그 종류가 많게는 만(萬)에 이를 정도였다. 그러나 자세히 살펴보면, 그것은 단지 좋은 이름만을 기록하여 눈만 현란하게 하는 도구에 지나지 않는다. 우리나라는 비록 외진 곳에 위치해 있지만, 바다로 둘러싸이고 높은 산이 솟아 물산이 풍부하다. 만일 하씨(何氏)와 위씨(韋氏) 두 사람의 예(例)를 따라 명칭을 정리하고 구분한다면 우리나라 역시 만(萬)의 수에 이를 것이다."

　허균의 이 글에서 알 수 있듯이, 우리나라 음식 문화의 다양성과 풍요로움이 지정학적 특징에서 시원(始原)되었음을 강조하고 있다. 이 다양성과 풍요로움의 중심에 죽이 있었다.

　한반도 음식 문화의 철학은 우리가 먹는 '음식이 곧 약'이라는 '약식동원(藥食同源)'으로 요약된다. 이는 천인합일(天人合一) 즉, 사람이 자연의 일부이고 자연과 하나가 된다는 사상에서 비롯되었다. 죽은 이런 철학의 대표적인 구현체다. 사람마다 체질이 다르고 재료마다 성질이 다르기에, 각자에게 맞는 재료로 만든 음식을 약으로 삼는 것이 약식동원의 시작이다. 다양한 재료에 대한 경험이 많을수록 각

구황촬요

자의 건강에 도움이 되는 음식을 선택할 가능성도 커지므로 모든 식재료를 품어 주는 죽이야 말로 우리 음식 문화의 정수라고 할 수 있다. 대표적인 구황식인 소나무와 칡뿌리도 몸에 좋은 약이 되므로 구황식으로 권장한다는 《구황촬요(救荒撮要)》(1554) 진휼청 편의 기록이 이를 뒷받침한다. 죽의 효능을 본 사람들은 적극적으로 건강에 도움이 되는 식재로 죽을 쑤게 되었다.

죽의 발달에는 노인을 공경하고 부모를 돌보는 전통적 가치인 경로효친(敬老孝親) 사상이 깊은 영향을 미쳤다. 죽은 부모를 향한 효심의 상징이자, 누구나 실천할 수 있는 효도의 표현이었다. 모든 자식이 대궐 같은 집에서 부모를 모시고 비단옷을 입혀 드릴 수는 없었지만, 정성을 다해 죽을 쑤어 봉양하는 것은 누구나 할 수 있는 효행이었기 때문이다.

뿐만 아니라, 죽은 가문과 공동체의 정체성을 담아내고 나눔의 가치를 실천하는 중요한 매개체였다. 정성껏 쑨 죽을 함께 나누며 자연스럽게 이야기 꽃을 피우고, 서로의 고충을 이해하게 된다. 이웃에게 죽을 건네며 그들의 형편을 살피고,

제1장 죽에 대한 다양한 이야기들

작은 손길을 보태는 과정에서 공동체의 유대가 더욱 단단해졌다. 한 그릇의 죽은 마음을 잇고, 공동체를 결속하는 매개체가 되었으며, 이를 나누는 행위 자체가 배려와 연대를 상징하는 문화로 자리잡았다.

여기에 우리의 장(醬) 문화가 더해지면서 죽은 더욱 다양한 형태로 발전할 수 있었다. 된장, 간장, 고추장을 넣어 만든 죽은 고유의 깊은 풍미를 만들어냈으며, 이는 다른 나라에서는 쉽게 찾아볼 수 없는 독창적인 죽 문화를 형성하는 데 기여했다. 특히 된장과 간장을 넣은 죽은 단순히 맛을 내는 것을 넘어 소화를 돕고, 간을 맞추며 단백질을 보충하는 역할도 했다. 채소죽에 된장을 넣는 조리법 또한 채소에 부족한 단백질을 보강하기 위한 지혜에서 비롯된 것이다.

또한, 청빈낙도(淸貧樂道)의 선비 정신과 불가(佛家), 도가(道家)의 수행 문화도 죽의 발달에 중요한 영향을 끼쳤다. 이들은 도를 이루는 데 방해가 되는 사치와 과식을 멀리하며, 단순한 곡물과 채소로 쑨 죽을 즐겨 먹었다. 이렇게 몸과 마음을 맑게 유지하려는 노력은 죽이 단순한 음식이 아니라 고매한 정신을 반영하는 상징적 음식으로 자리잡게 했다. 또한, 선비나 수행자들이 먹던 죽을 따르는 것은 곧 그들과 같은 삶을 지향하는 태도를 드러내는 것이기도 했다.

따라서 죽은 선인들에게는 끊임없는 탐구의 대상일 수밖에 없었고 이는 한반도에서 죽의 발달을 지속시키는 원동력이 되었다. 조리법이 간단하면서도 재료와 부재료의 조합이 자유로운 특성은 죽이 다양한 형태로 발전하는 데 기여했다. 더불어, 한반도가 쌀과 곡물의 주산지였다는 점도 죽이 자연스럽게 발전할 수 있었던 유리한 환경을 제공했다.

결국, 한반도에서 죽이 깊이 자리잡을 수 있었던 이유는 단순한 음식적 요소를 넘어, 오랜 문화적 뿌리와 철학적 배경이 함께했기 때문이다.

아래는 조선 시대 문헌 속에 등장하는 죽의 목록이다. 정리된 죽 이름을 훑어보는 것만으로도 우리나라 죽이 얼마나 다양하였는지를 잘 알 수 있다.

조선 전기

산가요록(山家要錄) 1450년 (6종)	백죽(白粥. 멥쌀), 사시신미죽(四時新米粥. 올벼), 담죽(淡粥. 율무, 마, 꿀), 두죽(豆粥. 붉은팥, 멥쌀), 목맥죽(木麥粥. 메밀, 꿀), 백자죽(柏子粥. 멥쌀, 잣)
식료찬요(食療纂要) 1460년 (35종)	복령맥문동속미죽(茯笭麥門冬粟米粥. 좁쌀, 적복령, 맥문동), 인삼속미죽(人蔘粟米粥. 좁쌀, 인삼가루, 생강즙), 녹두즙(綠豆汁. 녹두), 계자녹두죽(雞子綠豆粥. 멥쌀, 달걀, 녹두), 의이인죽(薏苡仁粥. 율무), 적소두죽(赤小豆粥. 멥쌀, 팥), 적소두밀랍죽(赤小豆蠟粥. 팥, 밀랍), 오계간죽(烏鷄肝粥. 멥쌀, 오골계간, 된장), 장어죽(鰻鯉粥. 멥쌀, 뱀장어, 생강즙, 실파), 즉어총백죽(鯽魚蔥白粥. 멥쌀, 붕어, 총백, 산초), 즉어좁쌀죽(鯽魚粟米粥. 좁쌀, 붕어), 잉어나미죽(鯉魚糯米粥. 찹쌀, 잉어, 아교, 총백, 진피, 생강), 잉어장죽(鯉魚醬粥. 찹쌀, 잉어, 파, 마늘, 된장), 순무씨죽(蔓菁子粥. 멥쌀, 순무씨), 파죽(葱粥. 멥쌀, 파), 파씨죽(葱子粥. 멥쌀, 파씨), 총백죽(葱白粥. 멥쌀, 총백, 된장), 구채죽(韭菜粥. 멥쌀, 부추), 규채죽(葵菜粥. 멥쌀, 아욱, 총백, 된장), 소엽죽(蘇葉粥. 멥쌀, 차조기잎, 참기름, 생강즙), 자소씨죽(紫蘇子粥. 멥쌀, 차조기씨), 건강미음(乾薑米飮. 멥쌀, 생강가루), 양강죽(良薑粥. 멥쌀, 양강), 쇠비름죽(馬齒菜粥. 좁쌀, 쇠비름, 꿀), 질경이죽(車前葉. 멥쌀, 질경이, 총백, 된장), 임자죽(荏子粥. 멥쌀, 들깻가루), 호도죽(胡桃粥. 멥쌀, 호두), 생지황죽(生地黃粥. 찹쌀, 생지황, 생강), 연자죽(蓮子粥. 멥쌀, 연자), 산조인죽(酸棗仁粥. 멥쌀, 멧대추씨), 상수리죽(橡實粥. 멥쌀, 상수리가루), 도인죽(桃仁粥. 멥쌀, 복숭아씨), 백복령죽(白茯笭粥. 백복령, 멥쌀), 산약죽(山藥粥. 멥쌀, 산약가루), 건시죽(乾柿粥. 멥쌀, 곶감)

조선 중기

도문대작(屠門大嚼) 1611년 (4종)	방풍죽(防風粥), 들쭉죽(芝粥)
요록(要錄) 1680년 (3종)	두탕(豆湯), 타락(駝駱), 석화죽(石花粥)

조선 후기

증보산림경제(增補山林經濟) 1766년 (20종)	흰죽(白粥. 멥쌀, 참기름), 우유죽(牛乳粥. 멥쌀가루, 우유), 잣죽(海松子粥. 멥쌀, 잣), 푸른콩죽(靑太粥. 멥쌀, 푸른콩), 박죽(瓠粥. 멥쌀, 연한박), 방풍죽(防風粥. 멥쌀, 방풍잎), 보리죽(麥粥. 멥쌀, 청보리), 닭죽(鷄粥. 멥쌀, 암탉, 달걀), 우양죽(牛臟粥. 멥쌀, 소양), 붕어죽(鯽魚粥. 멥쌀, 붕어, 생강), 굴죽(石花粥. 멥쌀, 굴, 순두부, 달걀), 율무죽(薏苡仁粥. 멥쌀, 율무가루), 연뿌리가루죽(藕粉粥. 연뿌리녹말, 칡가루, 꿀), 연밥죽(蓮子粥. 멥쌀가루, 연자가루, 꿀), 마죽(薯粥. 멥쌀, 마), 마름죽(菱角粥. 멥쌀가루, 물밤, 꿀), 칡죽(葛粉粥. 멥쌀, 칡가루, 꿀), 마른밤죽(乾栗粥.황률가루,꿀), 전복홍합소고기죽(全鰒紅蛤牛肉粥. 멥쌀, 전복, 홍합, 소고기), 아욱죽(葵菜粥. 멥쌀, 아욱, 소고기, 닭고기, 말린새우)
원행을묘정리의궤 (園幸乙卯整理儀軌) 1795년 (10종)	대추미음(大棗米飮. 찹쌀, 대추), 백감미음(白甘米飮. 찹쌀), 백미음(白米飮. 멥쌀), 청량미음(靑粱米飮. 찹쌀, 차조), 삼합미음(三合米飮. 찹쌀, 전복, 홍합, 쇠고기), 황량미음(黃粱米飮. 찹쌀, 찰기장), 백미죽(白米粥. 멥쌀), 백자죽(柏子粥. 찹쌀, 잣), 백감죽(白甘粥. 찹쌀), 두죽(豆粥. 찹쌀, 붉은팥)
규합총서(閨閤叢書) 1809년 (8종)	우유죽(멥쌀, 우유), 우분죽(멥쌀, 연근), 구선왕도고의이(멥쌀, 연육, 백복령, 산약초, 의이인, 맥아초, 능인, 백변두, 시상), 삼합미음(찹쌀, 북해삼, 홍합, 쇠고기), 개암죽(멥쌀, 개암), 율무의이죽(율무가루), 호두죽(불린쌀, 호두), 갈분의이죽(갈분, 오미자, 꿀)
시의전서(是議全書) 1800년대 말 (6종)	잣죽(쌀, 잣), 장국죽(멥쌀, 쇠고기, 표고버섯, 느타리버섯, 석이버섯, 대파), 흑임자죽(멥쌀, 흑임자), 삼합미음(찹쌀, 쇠고기, 해삼, 홍합), 갈분의이(칡가루, 생강즙), 소주원미(쌀, 소주, 꿀)

　　조선 초기 어의(御醫)를 지낸 전순의(全循義)가 저술한 《산가요록(山家要錄)》(1450)과 《식료찬요(食療纂要)》(1460)에 등장하는 죽들은 제죽식치의 원리가 잘 담겨 있는 것들이 많다. 《산가요록》에 6종, 《식료찬요》에는 무려 35가지의 죽이 기록되어 있어, 전체적으로는 41종에 달한다. 이 두 권의 책만 살펴보아도, 조선 시대 사람들이 얼마나 다양한 재료와 방식으로 죽을 쑤어 먹었는지를 짐작할 수 있다. 지황의 차가운 성질을 보완하는 생강을 더해서 쑨 지황죽, 성질이 따뜻한 붕어에 찬

성질의 좁쌀을 더해서 쑨 즉어좁쌀죽, 붕어와 멥쌀에 파와 산초를 더해서 끓인 즉어총백죽, 백복령과 적복령으로 구분하여 쑨 복령죽 등이 대표적이다. 또한 소화를 돕는 된장을 더하여 소취효과(消臭效果)와 함께 죽의 약성이 몸에 잘 흡수되도록 한 점도 눈에 띈다. 약성은 뛰어나지만 죽의 부재료로는 적당치 않은 차조기 잎으로 쑨 차조기죽도 제죽식치가 죽의 가장 중요한 임무임을 알게 된다.

조선 중기에 해당하는 허균의 《도문대작》에는 약용의 효능과 함께 뛰어난 풍미를 갖춘 방풍죽과 들쭉죽이 등장한다. 특히 뢷粥(둘죽, 들쭉으로 쑨 죽)은 《도문대작》에서만 거론되는데, 들쭉이라는 죽 재료가 가진 독창성을 주목해서 보아야 한다.

숙종 대(17세기 말~18세기 초)에 쓰여진 것으로 추정되는 《요록(要錄)》에는 두탕(豆湯)과 석화죽이 등장한다. 두탕은 팥을 삶아서 으깨어 말린 팥가루를 보관하여 두었다가 쌀을 더해서 쑨 팥죽이다. 두탕이라 한 점으로 미루어 묽게 쑤어 음료를 겸용하였다는 것을 알 수 있다.

조선 후기 유중림의 저술 《증보산림경제(增補山林經濟)》(1766)에 소개된 죽은 〈정조지〉에 많이 인용되어 있다. 순두부가 들어간 굴죽, 소의 위를 넣은 우양죽, 멥쌀에 연한 박을 넣은 박죽, 푸른콩만으로 쑨 푸른콩죽, 건새우를 넣은 아욱죽 등은 〈정조지〉에는 없는데 이름만 들어도 입맛이 다셔지는 죽들이다.

석화죽은 〈정조지〉에는 빠져 있지만 〈보양지(葆養志)〉에는 소개되어 몸을 보양하는 데 좋은 죽이라는 것을 알게 한다. 조선 시대의 죽을 살펴보면서 죽의 가짓수는 죽의 가치와 깊은 상관관계가 있으며 고조리서 속의 죽을 책으로 맛보는 일에서 조속히 벗어나는 것이 우리 죽의 위상을 되살리는 일이라는 생각이 든다.

둘죽(葟粥)은 들쭉인가? 들쭉죽인가?

　　　　　　허균의 《도문대작》에 등장하는 들쭉은 기능성과 외형이 블루베리와 닮은 과일로, '들쭉'이라는 이름은 순우리말에서 비롯되었다. '들쭉'을 한자로 표기하기 위해 '들'과 유사한 발음을 가진 '둘(葟)'을 음차자(音借字)로 차용하면서 '들'이 아닌 '둘'로 변형되었으며, '죽(粥)' 또한 들쭉이 죽처럼 즙이 많고 무른 성질을 지닌 데다 발음도 유사하여 적절한 음차자로 쓰였을 가능성이 있다. '쭉'은 수분이 많은 것을 먹을 때 나는 소리나 그 모습을 반영한 표현일 수 있다. 따라서 '葟粥'이라는 표기는 단순한 발음 표기 이상의 의미를 내포하고 있으며, 여기서 '粥'이 '죽'을 의미하느냐 아니면 '粥' 자체가 '葟'처럼 음차된 것이냐에 따라 '葟粥'은 들쭉의 열매 그 자체일 수도 있고, 들쭉으로 쑨 죽일 수도 있어 해석이 크게 달라진다.

　들쭉에 관한 전설에 따르면, 옛날 고구려의 어느 장수가 전쟁 중 상처를 입고 깊은 산속으로 피신하였다가, 그곳에서 이름 모를 붉은 열매를 먹고 기력을 회복해 살아났다고 전해지며, 사람들은 그 열매를 '들에서 난 죽'이라 하여 들쭉이라 불렀다고 하였다. 이 전설은 들쭉을 수분이 많은 죽과 같은 식량자원으로 인식하고 있었음을 보여준다.

　《도문대작》에는 "둘죽(葟粥, 들쭉으로 끓인 죽)은 갑산(甲山)과 북청(北靑)에서만 나는데, 그 맛은 정과(正果)와 가장 유사하며, 이후에 나오는 포도(蒲桃) 등은 모두 그에 미치지 못한다.('葟粥'을 葟粥. 只産於甲山, 北靑. 味最合於正果蒲桃. 以下皆不及焉.)"고 했다.

　이 내용으로 '葟粥'을 조리된 음식, 즉 죽(porridge)으로 보았음을 시사한다. 특히 허균이 '방풍죽(防風粥)'과 함께 '葟粥'을 '병이지류(餠餌之類)'에 분류한 점은 그

것이 단순한 과실이 아닌 조리된 식품으로 인식되었음을 뒷받침한다. 만약 들쭉이 식재료, 즉 과일이었다면, 병이지류가 아닌 모과·금귤·배·살구·포도 등과 함께 과실지류(果實之類)에 포함되었을 것이다. '병(餠)'은 떡을 의미하므로, 들쭉죽을 떡류로 분류한 것 자체가 매우 독특하다.

허균은 또한 '룡粥'이 '정과(正果)'와 같다고 언급했는데, 정과는 단맛의 과일 또는 채소·약초 뿌리를 꿀에 오랫동안 졸여 만든 전통 간식으로, 진한 농도와 감미가 특징이며, 조리 방식에서도 오랜 시간 졸이거나 끓이는 죽과 유사한 방식을 공유한다. 방풍죽 역시 죽이지만 '떡'으로, 특히 들쭉죽은 정과와 맛과 질감이 유사한 죽 형태로 간주되었을 가능성이 높다.

현대 북한에서도 들쭉으로 단물, 단묵, 술 등을 제조하며, 그중 단묵[甘崙]은 죽과 매우 유사한 조리 형태를 가진다. 예를 들어, 상자죽을 쑤면 따뜻할 때는 죽의 형태를 띠지만, 식으면 굳어 묵처럼 썰어 먹을 수 있게 되는데, 이는 들쭉 단묵도 마찬가지로 뜨거울 땐 죽, 식으면 떡의 형태를 가지게 되어, '룡粥'을 죽으로 보는 해석에 무게를 더해준다.

허균은 석이병(石茸餠), 백산자(白散子), 다식(茶食), 정과, 엿[飴], 대만두(大饅頭), 두부(豆腐)를 방풍죽(防風粥), '룡粥'과 함께 '병이지류'의 말미에 나열한 뒤,

"이 음식들은 모두 떡이다(已上餠餌之類)."라고 다시 강조하고 있다. 이는 룡粥과 방풍죽이 식재료가 아닌 조리된 죽 형태의 떡으로 인식되었음을 분명히 하며, 허균이 음식 분류의 기준으로 단순한 재료가 아닌 조리 방식과 주식 대용 가능성을 중심에 두었음을 짐작하게 한다.

들쭉

들쭉(Vaccinium uliginosum)은 진달래과(Ericaceae), 월 귤속(Vaccinium)에 속하는 낙엽 관목으로, 한국 북부 및 고산지대를 비롯해 러 시아, 북유럽 등 한랭 지역의 습지에 자생한다. 우리나라에서는 강원도 고산지 대와 북한 일부 지역에서 자연 분포한다. 같은 속에 속하는 나무로는 블루베리 (blueberry), 크랜베리(cranberry), 링곤베리(lingonberry), 정금나무, 산앵도나무 등 이 있으며, 과거에는 형태적 유사성에 따라 정금나무속으로 분류되기도 하였다.

들쭉은 저온 내성이 뛰어나 극한 환경에서도 생존이 가능하고, 야생동물의 먹 이원이자 꽃가루 매개종 보전에도 기여하며, 토양 침식 방지와 산성 토양에의 정 착력이 우수하여 산림 복원(forest restoration) 및 고산지대 생태계 보호에 중요한 역할을 하며, 민간에서는 '야생 블루베리(wild blueberry)'로 불리고 북한에서는 외 래종 블루베리조차도 들쭉으로 통칭되기도 한다. 오랜 세월 동안 들쭉은 기침을 완화하거나 시력을 회복시키는 민간약으로 이용되어 왔으며, 최근의 과학적 연구 들은 이러한 민속적 활용이 실제로 과학적 근거를 가지고 있음을 입증하고 있다.

들쭉 열매에는 안토시아닌(anthocyanin)이 풍부하게 함유되어 있어 활성산소 (reactive oxygen species, ROS)를 중화하고 세포의 산화 스트레스를 줄이며, 염증 반 응을 억제하는 데 도움을 주고, 이러한 항염 효과는 호흡기 질환, 관절염, 만성 염증 질환 등에 대한 자연 치료제로서의 가능성을 보여준다. 특히 들쭉의 안토시 아닌은 빛과 산화 스트레스에 취약한 눈의 망막을 보호하고 시각 피로를 줄이는 데 효과적이며, 이로 인해 들쭉은 기능성 건강식품, 화장품의 천연 원료, 의약 소 재, 프리미엄 음료 등 다양한 산업 분야로의 확장 가능성이 열려 있는 고부가가치 식물 자원으로 평가받고 있다.

제1장 죽에 대한 다양한 이야기들

방풍죽과 석화죽

　　　　　방풍죽을 쑤는 법은 〈정조지〉에 소개되어 있으므로 《도문대작》에 나오는 방풍죽과 관련된 내용을 소개한다.

　"나의 외가인 강릉에는 방풍이 많이 나는데, 2월이면 그 동네 사람들이 새벽이슬을 맞으며 방풍의 새싹을 따고 햇빛에 노출되지 않도록 한다. 박박 문질러 씻은 쌀로 죽을 쑤는데, 쌀이 반쯤 익으면 방풍을 넣고 한소끔 더 끓인다. 차가운 사기그릇에 퍼 담아 따뜻할 때 먹으면 입안에 단맛과 향기가 가득하여 그 향이 3일이 지나도 없어지지 않는다."

　이를 통해 방풍죽이 매화죽과 함께 대표적인 향을 즐기는 향미죽이었음을 알 수 있다. 방향성이 좋은 방풍의 효능이 뛰어났음은 말할 것도 없다.
　석화죽은 〈정조지〉에 이름만 등장할 뿐 조리법이 소개되어 있지 않으므로, 《요록(要錄)》에 나오는 석화죽 조리법을 소개한다. 이 방법은 석화뿐만 아니라 껍질이 있는 조개, 홍합 등으로 죽을 쑤는 일반적인 방법이었을 것으로 추측된다. 껍질이 제거된 굴이나 조개 등으로 죽을 쑬 때는 물에 넣어 떠오를 때까지 끓이다가 건진 후 굵게 다지고 남은 국물을 죽 물로 사용하면 된다.

석화죽 쑤는 법

석화나 조개를 먼저 끓여 주머니에 거른 다음 죽을 끓인다. 익기 시작하면 원즙을 넣고 섞어 젓는다. 두세 번 끓어오르면 굴이나 조개 손질한 것을 넣는다. 다시 두세 번 끓어오르면 올린다. 석화를 깨끗이 씻어 물을 넣고 끓이다가 석화의 입이 벌어지면 불을 끄고, 석화 끓은 물은 면보에 걸러 국물을 받아 두고, 석화는 발라서 굵게 다진다. 불린 쌀에 물을 붓고 죽을 쑤다가 쌀알이 익어 풀어지면 석화 거른 물을 붓고 죽을 쑤는데 쌀알이 완전히 퍼지면 다진 석화를 넣고 끓인 뒤 불을 끄고 그릇에 담는다.

石花粥法

石花或盈蛤先煮, 稀粥臨熟入元汁和攪　二三沸後　石花或蛤精揀扳入　又以二三沸供之

석화죽

정조의 어머니인 혜경궁 홍씨의 회갑연을 기록한《원행을묘정리의궤(園幸乙卯整理儀軌)》에는 8일간의 원행 기간 동안 올린 다양한 미음과 죽이 등장한다

기력을 보충하고 원기를 회복시켜 주는 보양죽으로 소고기, 전복, 홍합이 들어간 삼합미음(三合米飮)과 견과류 중 가장 귀한 잣죽을 선택하였다는 것이 눈여겨볼 만하다. 삼합미음은 '바다의 인삼'이라 불리는 해삼과 여자에 이롭다 하여 '동해부인'으로 불리는 홍합, 그리고 양질의 단백질이 풍부한 소고기에 찹쌀을 더해서 고은 미음이다. 해삼의 풍부한 콜라겐은 죽을 끈끈하게 하여 미음이 녹말을 푼

제1장 죽에 대한 다양한 이야기들

듯 찰진 식감을 나게 하고, 피부와 관절을 튼튼하게 한다. 홍합은 뼈 건강에도 좋고 소고기와 더해져 피를 보충하여 준다. 잣죽은 잣에 지방이 풍부하여 피부를 윤택하게 한다. 이 외에 엿기름 물에 쌀을 더한 백감죽과 대추미음 등이 눈에 띈다.

소화력이 약한 고령의 나이에 장거리 여행에 나선 혜경궁 홍씨를 위해 소화가 잘되면서도 영양이 풍부한 미음과 죽을 올린 듯 보인다. 죽 하나하나에 어머니 혜경궁 홍씨에 대한 정조의 지극한 효심이 느껴진다.

《원행을묘정리의궤》의 행차 6일째 기록에는 정조가 화성의 백성과 함께한 죽에 대한 내용이 담겨 있다.

정조는 수원을 떠나기 전날 새벽 6시 신풍루(新豊樓) 2층 누각에 앉아 백성들을 굽어보았다. 이때부터 신풍루를 비롯한 화성부 네 곳에서 사민(四民, 홀아비, 과부, 고아, 독자) 539명과 진민(賑民, 가난한 백성) 4,813명에게 쌀과 죽을 나누어 주기 시작했다.

정조는 신하에게 죽 한 그릇을 가져오라고 명했다. 손수 죽을 떠 맛보며 온기를 확인한 정조는 낙남헌(洛南軒)에서 열리는 양로연에 참석하기 위해 자리를 떠나면서도 신하들에게 신신당부했다.

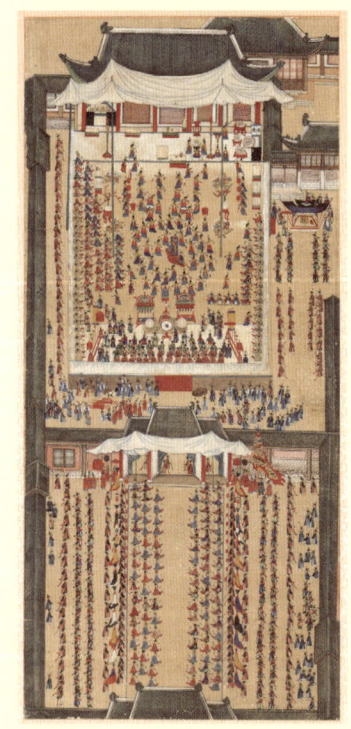

"기다리는 사민들에게 하나하나 정성을 다해 죽을 먹이고, 혹여 늦게 오는 자가 있더라도 냉죽을 먹이는 일이 없도록 직접 챙기라."

죽 한 그릇마저도 허투루 대하지 않던 왕의 마음은 단순한 시혜(施惠)가 아니라 백성을 향한 따뜻한 애정이었다.

조선 시대 왕은 하루에 한 번 이상 죽을 먹어야 했다. 매일 아침 6시에서 7시 사이 초조반(初早飯)이라 하여 정갈한 죽상(粥床)

원행을묘정리의궤

52

이 올랐으며, 밤에도 죽이나 국수가 자주 야식으로 올랐다.

또한, 조선은 중국에서 사신이 올 때면 아침 식사로 죽을 대접했다. 이는 단순한 음식 접대가 아니었다. 중국에서는 아침마다 죽을 먹는 문화가 있었기에 조선은 먼 길을 온 사신들이 고국에서처럼 편안히 식사할 수 있도록 배려한 것이었다. 익숙한 음식 앞에서 사신들은 낯선 땅에서도 잠시나마 안도감을 느꼈을 것이다.

죽 한 그릇에 담긴 조선의 정성은 이처럼 왕과 백성 사이에서, 더 나아가 국가 간의 외교에서도 따뜻한 가교 역할을 했다.

조선 시대에는 일반 백성들도 죽을 널리 먹었다. 이덕무(李德懋, 1741~1793)는 《청장관전서(靑莊館全書)》에서 "서울에는 시녀(市女)들의 죽 파는 소리가 개 부르는 듯하다."라고 묘사했다. 이 기록을 보면 당시 서울에는 죽을 파는 사람들이 많았고, 호객 행위까지 해야 할 정도로 죽집이 성행했음을 짐작할 수 있다.

또한, 1800년대 말에 쓰인 것으로 추정되는 《시의전서》에는 1900년대 조리서에 빠지지 않고 등장하는 '장국죽'이 최초로 기록되어 있다.

장국죽은 다진 소고기와 표고버섯을 참기름에 볶은 뒤 마늘, 파, 후춧가루, 깨소금, 간장, 소금 등으로 간을 맞추고, 반쯤 부서진 쌀을 넣어 끓이는 원미죽이다. 이와 비슷한 죽으로 '탕원미(湯元味)'가 있는데, 이는 초상집에 보내는 죽으로 조리법은 장국죽과 같지만 마시듯 먹을 수 있도록 묽게 끓이는 점이 다르다.

죽을 쑤는 곡물로는 쌀이 가장 많이 쓰였으며, 좁쌀도 죽의 재료로 자주 등장했다. 이를 통해 남쪽 지역의 주곡인 쌀과 북쪽 지역의 주곡인 조가 모두 죽의 재료로 쓰였음을 알 수 있다.

쌀과 함께 남부와 중부 지방에서 많이 재배되던 보리로는 청보리죽이 소개되었는데, 청보리는 성숙한 보리보다 영양이 풍부하고 약성과 맛을 갖추어 권장되었음을 알 수 있다.

두류(豆類)로는 콩, 녹두, 팥이 즐겨 쓰였으며, 이는 현재까지도 콩죽, 녹두죽, 팥죽 등의 형태로 이어지고 있다. 또한, 마름, 연자, 개암, 호두, 밤 등의 견과류와 칡, 마 등이 죽의 재료로 사용되었으며, 죽의 종류가 응이, 원미, 미음 등으로 세

분화된 것도 이 시기부터 기록되기 시작했다.

곡물의 역사와 죽에 대한 집착으로 미루어볼 때, 고려 시대의 죽 역시 조선 시대의 죽과 유사했을 것으로 추측할 수 있다. 조선 시대 문헌 속에 등장하는 죽의 종류만 해도 170여 종에 이르며 대부분이 치유를 겸한 영양죽이었다.

다만, 백성들이 연명을 위해 먹었던 구황죽(救荒粥)의 기록이 빈약한 점은 아쉽다. 선인들이 즐겨 먹던 죽 중에서 현대까지 이어져 내려오는 것은 흑임자죽, 잣죽, 흰죽, 닭죽, 녹두죽, 팥죽, 아욱죽 정도에 불과하다는 점이 안타깝다.

* 탕원미(湯元味, 고기죽)는 멥쌀가루를 반쯤 부서지게 찧은 원미에 곱게 다진 소고기를 넣고 마실 정도로 묽게 끓여 동이에 담고 그 위에 볶은 고기와 볶은 표고, 석이버섯과 잣가루를 뿌려 초상집에 보내는 위로의 죽이다. 탕원미의 재료와 조리법에서 상주의 처지가 세심하게 고려된 죽이라는 것을 알 수 있다.

탕원미

삼합미음

삼합미음은 쌀에 세 가지 재료를 더하여 만드는 음식으로 삼합의 재료는 임의로 정할 수 있다. 대체로 견과류, 해삼, 전복 등을 넣으며, 조리법의 특성상 영양이 농축된 유동식이다. 《규합총서(閨閤叢書)》에 나오는 삼합미음은 마른 해삼, 홍합, 쇠고기를 찹쌀과 함께 끓여 만든다. 내용을 살펴보면, "북해 해삼을 물에 담갔다가 돌에 문질러 깨끗이 씻어 튀하여 검은빛을 없애고, 동해 홍합을 담갔다가 털을 제거한 뒤 깨끗이 씻어 큰 탕관에 넣는다. 거기에 기름기 없는 쇠고기 큰 덩

삼합미음

이를 함께 넣고 좋은 물을 부어 숯불에 익힌다. 재료가 무르녹으면 찹쌀 한 되를 넣어 미음을 쑤고, 삼 년 묵은 검은장을 약간 넣어 먹으면 노인과 어린이의 원기를 크게 보하며, 병든 사람에게도 좋다."라고 기록되어 있다. 또한, 《시의전서》에도 삼합미음이 소개되었는데, 《규합총서》의 조리법과 유사하다. 예나 지금이나 귀한 재료인 해삼과 홍합의 생산지를 특정하고, 쇠고기의 부위를 정해 사용한 점은 삼합미음을 더욱 특별한 음식으로 만든다.

〈정조지(鼎俎志)〉의 죽

《임원경제지(林園經濟志)》〈정조지(鼎俎志)〉에는 우리 전통 죽(粥)이 풍부하게 기록되어 있다. 다양한 전통 죽이 사라지거나 변형되기 이전의 모습으로 상세하게 분류해 놓았으며, 이를 총체적으로 조망할 수 있다는 점에서 매우 소중한 기록이라 할 수 있다.

구분	죽
곡류를 주재료로 한 죽	갱미죽(粳米粥, 쌀죽), 양원죽(養元粥, 원기보양죽), 청량죽(靑粱粥, 차조죽), 삼미죽(三米粥), 의이인죽(薏苡仁粥)
두류	녹두죽(綠豆粥), 적두죽(赤豆粥)
종실류와 견과류	거승죽(巨勝粥, 흑임자죽), 율자죽(栗子粥, 밤죽), 해송자죽(海松子粥, 잣죽), 상자죽(橡子粥, 도토리죽), 호도죽(胡桃粥, 호두죽), 진자죽(榛子粥, 개암죽)
계육과 우유	우유죽(牛乳粥), 계죽(鷄粥, 닭죽)
어패류	즉어죽(鯽魚粥, 붕어죽), 담채죽(淡菜粥, 홍합죽), 하추죽(河樞粥, 말린생선죽)
채소와 과일	산우죽(山芋粥, 마죽), 조미죽(棗米粥, 대추죽), 구기죽(枸杞粥, 구기자죽)
약이성 재료 첨가	어미죽(御米粥, 양귀비죽), 복령죽(茯苓粥, 풍냉이죽), 백합죽(百合粥), 청모죽(靑麰粥, 푸른쌀보리죽), 연자죽(蓮子粥, 연밥죽), 우분죽(藕粉粥, 연근가루죽), 검인죽(芡仁粥, 가시연밥죽), 능실죽(菱實粥, 마름죽), 육선죽(六仙粥, 여섯재료죽), 매죽(梅粥, 매화죽), 도미죽(茶蘼粥, 궁궁이죽), 방풍죽(防風粥, 병풍나물죽), 갈분죽(葛粉粥, 칡가루죽), 강분죽(薑粉粥, 생강가루죽), 황정죽(黃精粥, 죽대뿌리죽), 지황죽(地黃粥), 녹각죽(鹿角粥, 사슴뿔죽), 진군죽(眞君粥, 살구죽)

〈정조지〉에는 죽을 쑤는 법과 함께 그 효능이 기술되어 있어 죽의 치유력(治癒力)을 중요하게 여겼음을 알 수 있다. 〈정조지〉에 소개된 죽은 조선 시대 전반에 걸쳐 다른 문헌에서도 반복해서 등장하는데 이는 죽이 시대를 막론하고 사람들에게 널리 사랑받아 온 음식임을 의미한다. 죽은 곡물과 자연에서 얻을 수 있는 재료를 넣어 만든 음식이기에 재료 수급이 용이하고 누구나 쉽게 조리할 수 있다는 점에서 중요한 가치가 있다.

〈정조지〉에는 팥죽, 녹두죽, 율무죽과 같은 익숙한 곡물 기반의 죽뿐만 아니라, 현대에는 다소 생소한 식재료인 양귀비씨, 가시연밥, 마, 백합뿌리 등을 활용한 죽과 연자죽, 우분죽, 매죽, 방풍죽처럼 약효나 향을 기대하며 섭취했던 죽들도 있다. 이들 중 일부는 건강식으로 현대에도 충분히 활용할 가치가 있는 죽이다.

〈정조지(鼎俎志)〉의 죽(粥) 편은 제죽식치(諸粥食治), 즉 약이 되는 죽에 대한 기록으로 마무리된다. 이를 통해 죽이 단순한 음식이 아니라 치료와 건강 유지의 목적을 지닌 음식임을 다시 한번 강조하고 있다. 제죽식치의 죽을 소개하기에 앞서 다음과 같은 문장이 기록되어 있다. "옛날 조리법은 곡물(穀物), 채소(菜蔬), 약물(藥物)로 죽을 쑤어 병(病)을 치료하는 경우가 많아, 상식(常食)할 수 있는 죽을 취하여 모았다." 이는 죽이 누구나 쉽게 구할 수 있는 재료로 만들어져야 하며, 오랜 기간 섭취해도 부작용이 없어야 한다는 원칙을 담고 있다.

'상식할 수 있는 죽'이란 특정 질환을 치료하는 강한 약성이 있는 음식이 아니라 누구나 매일 먹어도 건강을 해치지 않으며, 몸을 서서히 보양하는 효과를 지닌 죽을 의미한다. 즉, 장기적으로 섭취해도 위장에 부담을 주지 않으며, 소화가 잘 되고, 인체에 균형 잡힌 영양을 공급하는 죽이 바로 '상식할 수 있는 죽'이다. 이는 단순한 보양식(補養食)이 아니라 양생식(養生食)으로서의 죽의 역할을 강조하는 부분이다.

〈정조지〉의 전반부에서 소개된 죽들은 조리법을 상세히 기록하는 데 중점을 두었지만, 제죽식치에 등장하는 죽들은 누구나 쉽게 쑤어 먹을 수 있으며, 장기간 섭취해도 부담이 없는 죽에 가치를 두었다.

제죽식치에 등장하는 죽은 대부분 토란[芋], 무[蘿蔔], 당근[胡蘿蔔], 쇠비름[馬齒莧], 근대[莧菜], 유채(油菜), 시금치[菠菜], 냉이[薺菜], 미나리[水芹], 파[葱], 부추[韭菜] 등 쉽게 구할 수 있는 친숙한 채소류로 쑨 죽이 다수를 차지한다.

보통 채소류의 약성을 낮게 평가하는 경향이 있지만, 〈정조지〉에서는 각 채소가 가진 효능을 정확히 파악하고 이를 죽의 형태로 조리하는 방법을 제시하였다. 이는 채소를 활용한 건강식을 선호하는 현대인들에게 중요한 시사점을 제공한다. 제죽식치에서는 단순한 채소죽 외에도 산조인, 구기자, 달래, 생강, 후추, 산초, 차조기씨앗 등의 재료가 포함된다. 이처럼 다양한 식재료가 활용된 죽이 기록된 것은 어떠한 재료라도 죽의 소재로 활용할 수 있으며, 죽이 건강에 유익한 음식이라는 점을 강조하기 위함이다. 즉, 죽이란 단순한 곡물 기반의 음식이 아니라, 건강을 유지하고 몸을 다스리는 음식으로서 조리될 수 있음을 보여주는 기록이다.

제죽식치 편에는 죽을 쑤는 법 자체는 명확히 기록되어 있지 않지만, 앞서 소개된 죽의 조리법을 활용하여 동일한 방식으로 만들 수 있도록 구성되어 있다. 이는 죽의 조리법이 정형화된 틀을 따르기보다 활용성과 응용 가능성을 중시했음을 의미한다. 〈정조지〉에 실린 죽은 죽의 종류가 방대하고 세분화되어 있으며, 죽의 효능과 조리법이 체계적으로 정리되어 있고 단순한 조리법을 넘어 각각의 죽이 지닌 효능과 건강 유지에 미치는 영향을 함께 기록하여 죽이 가진 치유적 기능을 강조하고 있다.

일제 강점기의 조리서와 북한의 대표적인 죽

일제 강점기(1910~1945)는 한국의 전통 문화와 음식 문화가 왜곡되고 억압받던 시기였지만, 동시에 전통 지식과 요리법이 조리서 형태로 보존된 중요한 역사적 자료를 남긴 시기이기도 하다. 이 시기의 고조리서(古調理書)는 한국의 전통 음식 문화를 기록하고 계승하는 데 중요한 역할을 했다.

특히, 죽은 이 시기의 조리서에서 자주 언급된 음식으로 영양 보충, 병자 치유, 의례의 상징적 의미를 지닌 중요한 음식이었다. 당시 조리서에 소개된 죽으로는 방신영의 《조선요리제법(朝鮮料理製法)》(1917)의 재강죽*과 식혜암죽*, 이용기의 《조선무쌍신식요리제법(朝鮮無雙新式料理製法)》(1924)의 소고기를 넣은 배추우거지죽, 장국죽, 청모죽, 조자호의 《조선요리법(朝鮮料理法)》(1939)의 백설기로 쑨 쌀암죽*과 식혜암죽 등이 있다.

녹두검은깨죽

왕이 우유죽과 함께 즐겼던 행인죽은 〈정조지〉에 이어 《간편조선요리제법》, 《조선요리법》, 《조선요리제법》, 《우리나라 음식 만드는 법》에도 실려 있다.

이 밖에도 우리의 전통 음식문화가 잘 보존되어 있는 북한의 전통 죽으로는 해삼구기자죽, 녹두검은깨죽, 잣대추죽, 나리꽃죽, 소행죽, 홍당무우유죽, 생강대추죽, 인삼참마죽, 조기죽, 피문어죽 등이 있다. 특히, 인삼참마죽이나 녹두검은깨죽처럼 두 가지 주재료를 사용한 경우 음양의 조화를 이루면서도 영양을 보완할 수 있다는 점에서 배울 만한 가치가 있다.

* 재강죽은 불린 쌀에 술찌기인 재강과 물을 넣고 쑨 죽으로 꿀이나 엿, 설탕 등을 타서 먹는다.
* 식혜암죽은 식혜를 체에 걸러서 쌀가루를 더해서 쑨 죽이다.
* 쌀암죽은 쌀을 볶아서 가루를 내어 쑨 죽 또는 쌀떡무리(백설기)를 말려 가루 낸 것을 쑨 죽이다.

재강죽

다양한 죽 문화 다른 나라의

어느 나라에서든 죽은 삶과 맞닿아 있다. 몸이 아플 때, 추운 겨울날, 혹은 마음이 지칠 때 우리는 따뜻한 죽 한 그릇을 떠올린다. 곡물을 오랫동안 끓여 부드럽게 만든 죽은 단순한 한 끼 식사를 넘어 사람들의 삶과 문화 속에 깊이 자리잡고 있다.

죽은 조리법이 비교적 단순하면서도 소화가 잘되고 영양이 풍부해 세계 여러 나라에서 오랜 역사를 가진 음식으로 발전해 왔다. 하지만 같은 죽이라 해도 각국의 식문화와 입맛에 따라 조금씩 다른 형태를 띤다. 우리나라의 죽이 쌀과 잡곡, 그리고 다양한 부재료를 활용해 깊고 풍부한 맛을 내는 반면, 일본의 죽은 주로 쌀과 물만을 이용해 단순하고 담백한 맛을 강조한다. 동남아의 죽은 향신료와 해산물을 활용해 독특한 풍미를 더하며, 서양에서는 오트밀과 같은 형태로 간단하면서도 건강한 아침 식사로 자리잡았다.

우리나라를 방문하는 일본의 장년층이 한국식 죽을 즐겨 찾는 것도 흥미로운 점이다. 죽이 가진 익숙함 덕분이기도 하지만, 무엇보다 일본의 오카유(お粥)에서는 경험할 수 없는 다채로운 종류와 깊이 있는 풍미가 한국 죽의 매력으로 다가오기 때문이다. 즉, 비교 대상이 있을 때 오히려 그 차이가 더 도드라지는 것처럼 세계의 죽 문화를 이해할수록 우리 죽이 가진 독창성과 아름다움이 더욱 선명해진다.

이제 세계 각국의 죽을 들여다보며 그 속에 담긴 문화적 이야기와 의미를 탐구하고, 우리의 죽이 가진 매력과 세계화의 가능성을 살펴보고자 한다.

중국의 죽

우리나라의 죽 문화와 유사한 중국에서는 죽을 건강 유지와 노화 방지에 도움을 주는 보양식이자 치료 음식으로 인식해 왔다. 중국에서 죽은 '저우(粥, zhōu)'라고 하며, 쌀죽은 '시판(稀飯, xī fàn)'이라고 부른다. 중국의 죽은 우리의 흰죽과 유사한 대미죽(大米粥)을 대표로 붉은 쌀로 만든 홍미죽(紅米粥), 여덟 가지 곡물을 넣은 팔보죽(八宝粥), 돼지 내장을 넣어 만든 급제죽(及第粥) 등이 있으며, 지역마다 다양한 재료와 맛이 존재한다.

팔보죽

이 중에서도 팔보죽은 중국인들이 사랑하는 대표적인 죽이다. 찹쌀이나 멥쌀을 주재료로 하고 녹두, 연자육, 팥, 좁쌀, 대추, 용안, 구기자 등 여덟 가지 재료를 넣어 만든다. 꼭 정해진 재료만 사용하는 것은 아니며, 지역이나 개인의 취향에 따라 재료가 달라질 수 있다. 또한, 목이버섯, 팽이버섯, 강낭콩, 두부 등을 추가하여 영양을 더욱 풍부하게 보강한 형태의 팔보죽도 존재한다. 팔보죽은 일 년 중 가장 추운 음력 12월 15일, 온 가족이 모여 함께 쑤어 먹으며 건강과 평안을 기원하는 특별한 의미를 지닌다.

우리나라에서는 죽을 즐겨 먹는 사람이 아니라면 환자식이나 별미식으로 간혹 접하는 경우가 많지만, 중국에서는 죽이 매우 보편적인 아침 식사 중 하나다. 쌀이 풍부한 남부 지역에서는 아침 식사로 죽을 먹고, 밀이 주로 생산되는 북부 지역에서는 국수를 먹는 것이 일반적이다. 중국의 죽은 쌀 양의 10배에 달하는 물을 넣고 푹 끓여 음료처럼 마시는 형태가 기본이며, 발효 두부나 피단을 넣거나 기름에 튀긴 빵을 간장과 설탕을 넣어 만든 소스에 찍어 먹으며 맛과 영양을 더한다.

부재료가 풍부하게 들어간 중국의 죽도 우리 못지않게 다양하다. 우리는 기본적으로 쌀을 주재료로 사용하지만, 중국에서는 조, 율무 등 다양한 곡물을 통곡물 형태로 넣어 식감을 살린다. 또한, 중국의 죽은 우리나라에서 다소 고급화되어 가격이 비싼 것과 달리 가장 저렴하게 한 끼를 해결할 수 있는 주식으로 자리 잡고 있다. 이러한 중국의 죽 문화는 베트남, 태국, 인도 등 주변국에도 큰 영향을 미쳤다.

일본의 죽

일본에는 독특하면서도 다채로운 죽 문화가 자리잡고 있디. 오랜 기간 동안 발전해 온 일본의 죽은 지역과 조리법에 따라 다양한 개성을 띠며, 섬세한 맛과 담백한 풍미를 자랑한다. 특히, 단팥죽과 녹차를 우려낸 물에 일반적인 죽보다 묽게 쑤어 낸 녹차죽은 일본 특유의 미감을 반영한 별미로 손꼽힌다.

전통적으로 일본에서는 칡가루에 쌀을 더해 쯔유로 간을 맞춰 끓인 죽도 즐겨 먹는다. 또한, 1월 7일에는 한 해의 건강과 안녕을 기원하며 나나쿠사가유(七草粥,

단팥죽

칠초죽)라 불리는 특별한 흰죽을 먹는 풍습이 있다. 이 죽은 미나리, 광대나물, 냉이, 떡쑥, 별꽃순 등 일곱 가지 나물을 넣어 만들며, 건강을 지키고 몸을 정화하는 의미를 담고 있다.

현대 일본에서도 널리 사랑받는 죽 요리로는 조스이(雑炊)와 오지야(おじや)가 있다. 조스이는 밥을 지은 후 한 번 헹궈 전분기를 제거한 뒤, 다시 국물과 다양한 재료를 넣고 끓이는 방식으로 조리된다. 덕분에 밥알의 형태가 유지되며 깔끔하고 담백한 맛이 특징이다. 반면, 오지야는 밥을 씻지 않고 그대로 국물과 건더기를 넣어 오랜 시간 푹 끓여낸다. 이 과정에서 밥알이 부드럽게 풀어져 걸쭉한 질감을 가지게 되며 깊은 감칠맛을 느낄 수 있다.

특히, 샤브샤브나 나베 같은 냄비 요리를 먹은 후 남은 국물에 밥을 넣어 조스이나 오지야를 만들어 먹는 경우가 많다. 채소와 고기에서 우러난 진한 국물에 밥이 어우러지면 더욱 깊은 풍미가 살아나기 때문이다. 이렇게 냄비 요리의 마지막 단계에서 즐기는 죽을 시메(締め)라고 부르는데, 이는 주재료였던 샤브샤브나 나베의 맛을 잊을 만큼 훌륭한 별미로 여겨진다.

지역에 따라 조스이와 오지야의 구분 방식이 조금씩 다르기도 하다. 일반적으로 맑은 육수에 소금 간을 하면 오지야, 된장이나 간장으로 맛을 내어 색이 있으면 조스이라고 구분하기도 한다. 또한, 조스이와 오지야는 보온이 어려운 시절, 찬밥을 효과적으로 활용할 수 있도록 만들어진 지혜로운 음식으로도 볼 수 있다.

일본 남쪽의 오키나와에는 죽과 유사한 요리인 쥬시(ジューシー)가 있다. 여러 재료를 넣어 만드는 영양밥의 일종인데, 물을 많이 넣어 죽처럼 부드럽게 끓인 야화라 쥬시(ヤファラジューシー)라는 형태도 존재한다. '쥬시'라는 이름은 일본 본토의 죽 요리인 조스이(雑炊)에서 유래했다고 전해진다.

일본의 죽은 기본적으로 백미를 사용해 물을 넉넉히 넣고 부드럽게 끓여 만드는 것이 일반적이다. 이 때문에 몸이 아프거나 기력이 부족할 때 소화가 잘되는 영양식으로 자리잡았다. 사실 이러한 죽 문화는 일본뿐만 아니라 동아시아 전역에서도 공통적으로 발견되는 전통이다.

헤이안(平安) 시대에는 궁중에서 죽이 가벼운 아침 식사로 제공되었으며, 이는 현대까지 이어져 일본인들에게 특별한 의미를 갖는다. 단순한 영양 보충을 넘어 때로는 정성을 담아 병자를 간호할 때, 때로는 소박하지만 따뜻한 한 끼가 필요할 때 찾게 되는 음식이 된 것이다.

일본의 새로운 죽

　　　　　　담백한 쌀죽 위주였던 일본의 죽 시장에 새로운 변화의
바람이 불고 있다. 색다른 맛과 재료를 활용한 개성 있는 죽이 인기를 끌면서 일
본의 죽 문화는 더욱 다채롭고 현대적으로 진화하고 있다.

　대표적인 사례로 츠케멘*(つけ麺)의 국물을 활용한 죽을 들 수 있다. 츠케멘을
다 먹고 남은 진한 국물에 육수를 더한 뒤, 흰밥을 넣어 죽처럼 만들어 먹는 방
식이다. 이 죽은 라멘의 깊고 풍부한 국물 맛을 마지막까지 즐길 수 있을 뿐만 아
니라, 든든하고 깔끔한 마무리를 제공한다. 츠케멘을 활용한 죽은 우리의 국밥과
비슷하면서도 색다른 풍미가 있다.

　'죽과 와인을 함께 즐긴다'라는 독특한 콘셉트의 죽 전문점도 등장했다. 이곳에
서는 5분도(五分搗き) 쌀을 사용해 영양을 높이고, 각기 다른 재료와 육수를 활용
해 독창적인 맛을 선보인다.

　건강과 웰빙에 대한 관심이 높아지면서 등장한 8종류 채소죽도 눈길을 끈다.
브로콜리, 양상추, 토마토 등 신선한 채소가 듬뿍 올라가 있어 겉보기에는 샐러
드처럼 보이지만, 안에는 고소한 죽이 담겨 있다. 이 채소죽은 건강하고 든든한
한 끼로 다이어트를 하는 사람들 사이에서 특히 인기를 얻고 있다.

　일본의 죽은 전통적인 오카유(お粥)에서 출발해 현대적인 변화를 거치며 점점
다양해지고 있다. 최근에는 건강 트렌드에 맞춰 치아씨드, 퀴노아, 귀리 등 영양
이 풍부한 곡물과 슈퍼푸드를 활용한 죽이 등장하면서 현대인의 건강한 식단에
적합한 선택지로 자리잡았다.

　더불어, 간편한 식사를 선호하는 소비자를 위해 즉석죽 제품도 출시되었다. 덕
분에 바쁜 일상 속에서도 손쉽게 영양가 있는 식사를 할 수 있으며, 특히 젊은 세
대와 직장인들에게 큰 인기를 끌고 있다. 또한, 외식 산업에서도 전통적인 죽 요

리를 현대적인 감각으로 재해석해 다양한 토핑을 추가하거나, 치즈크림 같은 서양식 재료를 접목한 죽도 등장하면서 기존의 오카유와는 또 다른 풍미를 선사하고 있다.

　이처럼 일본 죽 시장의 변화는 단순한 전통 유지에서 벗어나 현대인의 라이프 스타일에 맞춰 새로운 형태로 진화하고 있음을 보여준다. 간편성, 건강, 그리고 개성 있는 재료 활용을 바탕으로 발전하는 일본의 죽 문화는 새로운 활력을 불어넣으며, 이제는 단순한 음식이 아니라 일본인의 생활 방식과 건강한 삶을 대변하는 상징으로 자리잡고 있다.

　　* 츠케멘(つけ麺) : 삶은 면과 국물이 따로 나와 먹는 사람이 직접 면을 진한 국물에 찍어 먹는 라면.

동남아시아의 죽

　쌀을 주식으로 하는 동남아를 비롯한 아시아 대다수의 국가에서는 죽이 주식으로 인기가 있다. 죽 전문점뿐만 아니라 일반 식당에서도 밥과 함께 죽을 판매하는 경우가 많아 죽이 주식으로서 더욱 보편화되어 있다. 예를 들어, 베트남에서는 국수, 밥, 전골과 함께 죽이 일상적인 식탁에 오르며 전통 음식의 한 축을 담당하고 있다. 우리도 칼국수나 전골의 국물에 밥을 넣어 끓여 죽처럼 먹는 문화가 있긴 하지만, 이는 어디까지나 식사의 마무리로 곁들이는 보조적인 식사에 가깝다. 반면 베트남 식당의 메뉴판을 보면 다양한 종류의 죽이 주식으로 소개되어 있으며, 이를 통해 전통 음식을 소중히 지켜온 베트남인의 자부심을 엿볼 수 있다.

　베트남에서 죽은 '짜오(Chao)'로 불리며 아침에 즐겨 먹는다. 우리처럼 흰쌀죽이 기본이다. 이 쌀죽에 홍합, 굴, 조개, 새우, 오징어, 생선 등의 해물과 닭, 돼지, 오리 고기나 내장, 그리고 채소를 더한다. 장어나 개구리를 넣은 특별한 죽도 있다. 죽에 고수, 숙주, 당근, 새싹, 파 등을 생으로 올려 죽에 신선함과 아삭한 식감을 더하기도 한다. 우리가 죽에 날 채소를 올리지 않는 것과는 대조적이다.

　베트남의 죽은 흰죽 위에 부재료의 성질에 따라 다르기는 하지만 가급적 덩어리째 올리는 것이 특징이다. 우리는 죽을 치료식이나 봉양식으로 중요하게 여겨 소화가 잘되고 먹기 편하도록 재료를 잘게 썬 다음 곡물과 혼합하여 쑤지만, 베트남에서 죽은 덮밥의 개념으로 부재료의 맛을 살린 식사 개념의 죽으로 먹기 때문이다. 예를 들어, 갈비죽은 갈비 자체를 올리고 뱀장어죽도 통째로 넣는다.

　베트남 사람이 아침 식사로 즐겨먹는 짜오롱(chao long)은 순대와 여러 종류의 돼지 내장이 들어간 죽이다. 진한 맛이 있어 우리의 입맛과도 잘 맞는다. 지역에 따라서는 흰죽에 가지절임, 유부튀김 등을 올린다.

　태국에서는 죽을 '쪽(โจ๊ก)'이라고 부른다. 쌀이 완전히 풀어져 흐물흐물해질 때까지 끓여 만든다. 주로 아침 식사로 먹으며, 일반적인 죽과 달리 쌀알이 살아 있는 형태의 죽은 '카오똠(ข้าวต้ม)'이라고 구분하여 부른다.

　취향에 따라 다진 돼지고기 완자를 몇 개 넣기도 하고, 반으로 가른 피단이나 버섯 등을 추가하기도 한다. 가장 일반적인 방식은 다진 파와 길게 썬 생강 등의 고명을 얹어 먹는 것이다. 또한, 단백질 보충을 위해 보통 반숙한 계란을 올려 먹는다.

　다진 돼지고기, 쇠고기, 닭고기와 함께 채 썬 생강, 파, 마늘, 생선 소스를 추가

베트남의 죽

하는데, 고명들은 식감이 살아 있도록 먹기 직전에 뿌리는 것이 특징이다. 일반적으로 태국의 죽은 한국의 죽보다 간이 더 세고, 다진 돼지고기가 소량 들어가며, 전체적으로 짭짤한 맛이 강하다.

태국의 쪽은 찹쌀을 사용하여 부드러우면서도 쫄깃한 식감을 내고, 영양이 풍부해 누구나 즐겨 먹는 대표적인 아침 식사다. 노점상과 시장, 전문 식당 등 어디에서나 쉽게 맛볼 수 있다.

필리핀에서는 죽을 '루가오(Lugaw)'라고 부른다. 그중 대표적인 죽으로 '아로스칼도(Arroz Caldo)'가 있는데, 이는 루가오의 변형된 형태로 스페인어에서 아로스(Arroz)는 쌀을, 칼도(Caldo)는 국물을 의미한다. 아로스칼도는 생강을 듬뿍 넣어 만든 닭죽으로 필리핀에서 널리 사랑받는 음식이다.

아로스칼도의 조리법은 먼저 기름에 닭다리와 양파 등을 볶아 익힌 후 생강, 마늘, 후추, 소금 등의 양념을 넣는다. 그다음, 쌀을 넣어 기름이 잘 흡수되도록 볶은 후 물을 붓고 푹 끓여 완성한다. 고명으로는 마늘 플레이크, 라임, 깔라만시, 삶은 계란 등을 얹어 먹는다. 죽에 잇꽃이나 사프란을 넣어 노란색을 내기도 한다. 이는 스페인의 사프란을 넣은 파에야나 이탈리아의 리소토와 유사하지만, 필리핀식 조리법이 가미되어 생강과 계란을 고명으로 올리는 것이 특징이다.

아로스칼도는 필리핀이 스페인의 통치를 받던 시기에 생겨난 음식으로, 중국식 죽 '콘지(Congee)'에 서양식 조리법이 결합된 형태다. 필리핀의 식민지 역사가 담긴 아픈 역사를 품고 있는 죽이기도 하다.

이 외에도 다양하게 변형된 루가오가 존재한다. 기나탄 루가오(Ginataang Lugaw)는 코코넛밀크(Gata)를 넣어 만든 크리미하고 달콤한 맛을, 참포라도(Champorado)는 초콜릿과 쌀을 섞어 만든 달콤한 죽으로 짭짤한 생선과 함께 곁들여 먹는다. 이처럼 필리핀의 루가오는 각 지역과 문화에 따라 다양한 재료와 조리법이 더해지며 발전해 왔다.

인도·튀르키예·멕시코의 죽

인도의 죽은 단순한 한 끼 식사가 아니라 오랜 역사와 전통이 담긴 음식이다. 지역마다 사용하는 재료가 다르고 조리법도 다양하지만, 공통적으로 몸을 따뜻하게 하고 소화를 돕는다는 특징을 가지고 있다. 인도에서는 죽이 아유르베다(Ayurveda) 전통과 깊이 연결되어 있다. 아유르베다에서는 죽이 몸을 치유하고 균형을 잡아 준다고 믿으며, 특히 키치디(Khichdi)는 신체의 세 가지 에너지를 조화롭게 해주는 음식으로 여겨진다. 향신료 하나하나에도 특별한 의미가 담겨 있어, 단순한 한 끼 식사가 아니라 몸과 마음을 보살피는 치유식으로 사랑받고 있다.

힌두교에서 죽은 신성한 음식으로 여겨진다. 단순하고 순수한 음식이기에 종교 의식 후에 제공되는 경우가 많다. 남인도의 대표적인 달콤한 죽인 파야삼(Payasam)은 힌두교 축제 때 신에게 바치는 음식으로도 사용되며, 손님을 맞이할 때 정성을 다해 준비하기도 한다. 이처럼 인도에서 죽은 단순한 음식 그 이상으로 문화와 신앙이 깃든 특별한 음식이다.

인도의 농업과도 밀접한 관계가 있는 죽은 각 지역의 주식과 맞물려 다양한 형태로 발전해 왔다. 남인도의 칸지(Kanji)는 쌀에 소금과 강황, 생강 등을 넣어 만든 심플한 죽으로, 아플 때나 소화가 잘되지 않을 때 부담없이 먹는다. 남쪽에서는 요구르트를 섞어 부드럽게 먹는 경우가 많고, 북쪽에서는 렌틸콩이나 채소를 추가해 더욱 든든한 한 끼로 즐긴다. 북인도의 달리야(Dalia)는 밀을 주재료로 하며, 사쟈(Sajja)는 기장을 사용한 전통적인 죽이다. 이렇게 지역마다 주로 소비하는 곡물에 따라 죽의 형태도 자연스럽게 달라진다.

키치디(Khichdi)는 고대 인도부터 전해 내려오며, 가족이 함께 모이는 자리나 특별한 날에 빠지지 않는 죽이다. 쌀과 렌틸콩, 기장을 넣고 인도의 전통 버터인 '기(Ghee)'와 여러 가지 향신료를 더해 만든다. 원래 하르야나(Haryana) 지역에서 시작되었지만 지금은 인도 전역에서 사랑받는다. 각 지역에서 채소, 고기, 요구르트, 매운 향신료 등을 더해 다양한 형태로 변형되며, 각 가정마다 저마다의 방식으로 조리해 먹는다.

키치디(Khichdi)

죽이 꼭 영양식이나 회복식으로만 소비되는 것은 아니다. 남인도의 파야삼(Payasam)이나 키르(Kheer)처럼 달콤한 죽도 있다. 파야삼은 쌀과 코코넛밀크, 설탕, 카다멈(Cardamom), 견과류를 넣어 만든 디저트로 주로 축제나 종교 의식에서 제공된다. 키르는 쌀이나 카사바, 밀의 녹말에 우유와 설탕을 넣고 카다멈과 사프란으로 향을 더한 푸딩 형태의 죽이다. 여기에 피스타치오, 캐슈너트, 아몬드, 건포도를 넣어 고소한 풍미를 살리고, 우유 대신 아몬드 밀크나 코코넛밀크를 넣어 색다르게 즐기기도 한다.

튀르키예의 초르바(Çorba)는 곡물을 넣은 죽과 넣지 않은 수프로 나누어 볼 수 있다. 붉은 렌틸콩, 양파와 향신료를 넣어 만든 메르지멕 초르바스(Mercimek Çorbası)가 기본이다. 쌀이나 깨진 밀을 넣은 에조겔린 초르바스(Ezogelin Çorbası)

초르바(Çorba)

와 보릿가루를 넣은 타르하나 초르바스(Tarhana Çorbası)가 우리의 죽과 같다. 초르바는 지역에 따라 재료를 달리하며 튀르키예인의 사랑을 받고 있다. 초르바는 주로 레몬즙, 고추기름 또는 요구르트를 추가하여 맛을 풍부하게 만든다. 터키 빵 피데(Pide)나 라바시(Lavaş)와 곁들여 먹는다.

  멕시코의 아톨레(Atole)는 옥수수 가루(마사 하리나)를 물이나 우유에 끓여 부드럽게 만든 후, 계피와 설탕으로 맛을 낸 걸쭉한 질감을 가진 음료 겸 죽이다. 변형으로 초콜릿과 과일을 넣기도 한다.

  멕시코에서 아로스 콘 레체(Arroz con leche)는 백미, 우유, 설탕, 계피 등의 재료를 사용하여 만든 달달한 맛의 디저트 죽으로 볼 수 있다. 아로스 콘 레체는 멕시

아톨레(Atole)

제1장 죽에 대한 다양한 이야기들

코뿐만 아니라 중남미 전역에서 인기 있는 디저트이다. 멕시코의 포솔레(Pozole)와 전통 수프 메누도(Menudo)는 죽과 비슷한 역할을 한다.

러시아의 죽

러시아의 죽 카샤(Каша)는 추운 기후와 밀접하게 발전한 음식으로 신분에 관계없이 누구나 즐겨 먹는 러시아의 대표적인 음식 중 하나이다. "시(Щи)와 카샤는 우리의 양식이다."라는 속담이 있을 정도로 러시아 음식 문화에서 중요한 위치를 차지하며, "카샤 없는 러시아인이 아니다."라는 말에서도 알 수 있듯이 러시아인의 식생활과 깊이 연관되어 있다. 카샤는 주로 척박한 땅에서도 잘 자라는 메밀, 호밀, 귀리, 보리 등의 잡곡을 사용하며, 혹독한 겨울을 견디기 위해 우유, 버터, 비계, 라드 등의 지방을 듬뿍 넣어 열량을 높인다. 일반적으로 쌀, 밀, 기장을 넣은 카샤는 고급 음식으로 여겨지며, 사용된 곡물에 따라 다양한 종류가 있다. 대표적으로 메밀(그레치카)을 사용한 그레치네바야 카샤(Гречневая каша)는 우유와 버터를 넣거나 고기와 채소를 더해 먹으며, 세몰리나를 곱게 갈아 만든 만나야 카샤(Манная каша)는 부드럽고 달콤한 맛 덕분에 어린이들에게 인기가 있다. 또한 귀리를 사용한 오프샤나야 카샤(Овсяная каша)는 건강식으로 사랑받으며, 쌀을 넣은 리소바야 카샤(Рисовая каша)는 부드럽고 달콤한 맛 덕분에 노약자와 어린이들이 선호한다. 이 외에도 진주보리를 사용한 펄첸나야 카샤(Перловая каша)

카샤(Каша)

는 고기, 버섯, 채소를 넣어 풍미를 더하며, 아침에는 설탕이나 꿀, 말린 과일을 넣어 달콤하게 즐기고, 점심이나 저녁에는 짭짤한 맛으로 변형하여 먹기도 한다. 특히 19세기 러시아 귀족 사회에서 인기를 끌었던 구리예프 카샤(Гурьевская каша, Guryev Kasha)는 크리미하고 달콤한 맛이 특징인 디저트 카샤로 일반적인 카샤와는 차별화된 고급 음식으로 여겨진다.

러시아의 카샤는 수분과 지방 함량에 따라 다양한 조리법이 있으며, 대체로 유지류를 듬뿍 넣어 고소하고 묵직한 맛을 내는데 현대에는 트러플, 캐비어, 크림 등을 활용한 고급 카샤 요리도 등장하며 전통적인 음식을 현대적으로 재해석하려는 시도도 활발하다. 러시아 속담 중 "믿을 수 없는 사람과 함께 죽을 쑤지 말아라."라는 말이 있는데, 여기서 '죽을 쑨다'는 것은 결혼을 의미하며, '죽 한 그릇을 나눠 먹는 사이'라는 표현은 깊은 신뢰와 친밀한 관계를 뜻한다. 이처럼 카샤는 단순한 음식이 아니라 러시아인의 삶과 희로애락을 함께하는 중요한 존재로 결혼식, 장례식, 세례식 등에서도 빠지지 않는 필수적인 음식이다.

구리예프 카샤(Гурьевская каша)

　　　　구리예프 카샤는 러시아 재무장관 드미트리 구리예프 (Dmitry Guryev)의 이름에서 따왔다. 구리예프는 이 음식을 매우 좋아하여 그의 이름이 음식 이름에 붙게 되었다. 이 요리는 19세기 초에 러시아 요리사 자하르 쿠즈민(Zakhar Kuzmin)이 만든 것으로 전해진다. 당시 이 요리는 러시아 황실과 귀족들 사이에서 특별한 디저트였다. 특히 구리예프 카샤는 러시아 황제 알렉산드르 3세(Alexander III)를 포함한 러시아 황실의 사랑을 받았다. 귀족 계층의 연회와 만찬에서 자주 등장했으며, 특별한 날이나 축제의 디저트로 제공되었다.

　　구리예프 카샤는 재료로는 세몰리나(манка), 우유와 크림, 호두, 아몬드, 피스타치오와 같은 견과류, 건포도, 말린 살구, 크랜베리 같은 말린 과일과 달걀, 설탕, 꿀이 필요하다. 만드는 방법은 우유와 크림을 섞어 낮은 온도에서 끓이다가 세몰리나를 조금씩 넣어가며 걸쭉한 죽처럼 만든 뒤 달걀 노른자와 설탕, 꿀을 섞어 단맛과 풍미를 더한 카샤를 표면에 황금빛 껍질이 생기게 굽는다. 구운 카샤 위에 견과류와 말린 과일을 층층이 올려 풍미를 더하거나 잼이나 신선한 과일로 장식한다. 구리예프 카샤는 매우 부드러운 질감과 고소한 견과류, 말린 과일의 달콤함이 어우러져 다른 카샤보다 훨씬 더 달콤하고 풍부한 맛을 지니고 있다. 복잡한 조리법과 고급스러운 재료 덕분에 러시아 요리 문화의 정교함과 풍요로움을 보여준다. 가정에서는 구리예프 카샤를 세몰리나 카샤에 꿀과 견과류, 과일을 더해 간단하게 만들기도 한다.

오트밀

서양의 죽

곡물에 우유나 물을 넣어 쑤는 죽을 수프와 구분하여 포리지(porridge)라고 한다. 귀리로 만드는 오트밀(oatmeal)이 대표적이고 미음에 가까운 묽은 귀리 죽은 그루얼(gruel)이라고 한다. 가난한 사람들이 주로 먹었다. 쌀을 넣어 쑨 것은 라이스 포리지(rice porridge)라고 한다. 미국에서는 오래 끓여 곡물의 형태가 없는 광동식 죽을 콘지(Congee)라고 한다. 타밀어로 죽이라는 뜻인 '칸지(கஞ்சி, Kanji)'가 포르투갈을 거쳐 영어로 소개되며 생겨난 말이다. 콘지는 고기나 해산물이 들어가 영양이 풍부하고 소화가 잘돼 아침 식사는 물론 야식으로도 인기가 있다.

이탈리아의 리소토(risotto)는 아보리오(Arborio) 쌀을 사용하며 버터, 양파, 와인, 치킨 브로스 등과 함께 천천히 요리하여 부드러운 질감을 내므로 죽이라고 할 수 있다. 다양한 재료와 양념을 사용하여 개성 있는 리소토를 만들어 낼 수 있는 것도, 단품으로만 먹어도 한 끼의 식사로 손색이 없는 것도 죽과 같다.

덴마크는 식사용 죽 말고도 과일을 전분과 혼합하여 걸쭉하게 끓인 잼 같은 형상의 죽을 디저트로 먹는다. 이 요리는 독일에 전해져서 그뤼체(Grütze)라는 푸딩 스타일의 과일죽[Rote Grütze]을 낳았다.

제1장 죽에 대한 다양한 이야기들

우리 죽의 미래를 생각하며

우리의 죽은 풍부한 재료와 정성으로 완성되는 한 그릇의 '정(情)'이며, 몸과 마음을 지탱해 주는 위대하고 감동적인 음식이자 우리 음식 문화의 결정체다.

그러나 효율과 속도를 중시하는 산업화 시대가 본격화되면서 사람들의 입맛과 삶의 방식도 달라졌다. 이에 따라 손이 많이 가는 우리 전통 음식들은 점차 간소화되었고, 음식에 담긴 의미 역시 희미해졌다. 죽도 예외는 아니다.

젊은이들에게 죽이 어떤 음식인지 묻자, 대부분이 "아플 때 먹는 음식"이라고 답한다. 죽이 가진 다양한 쓰임새 중에서 환자식이라는 기능만 남은 것이다. 죽이 과거에는 밥을 대신하는 구황식이기도 했다는 이야기를 하자, 그들은 '밥이 없으면 왜 죽을 먹지?'라는 듯한 표정을 짓는다. 한국인이라면 당연히 죽이 지닌 굴곡진 역사와 의미를 알고 있을 것이라 생각했기에 이러한 반응은 더욱 당황스럽다.

2000년대 이후 건강에 대한 관심이 급증하면서 죽은 새로운 조명을 받기 시작했다. 이 시기는 외식 문화가 점차 자리잡아 가던 때로, 간편성과 효율성을 강조한 즉석죽과 프랜차이즈 죽 전문점이 등장하며 죽 시장을 이끌었다.

특히 20~30대 젊은 소비층이 건강과 다이어트에 관심을 가지면서 죽을 식단에 포함하기 시작한 것은 시장에 큰 변화를 가져왔다. 이에 맞춰 죽 전문점들은 기존의 전통적이고 담백한 죽에서 벗어나 더욱 강렬한 맛과 개성을 담은 메뉴를 선보였다. 낙지김치죽, 짬뽕죽 등 자극적인 맛을 더한 죽은 단순한 건강식을 넘어 젊은 세대의 입맛을 사로잡으며 색다른 미식 경험을 제공했다.

이제 죽은 더 이상 환자를 위한 음식으로만 여겨지지 않는다. 현대인의 바쁜 생활에 맞춘 간편식으로 자리잡으며, 아침 식사 대용은 물론 간식이나 가벼운 한 끼, 심지어는 고급스러운 식사 메뉴로도 재해석되고 있다. 이러한 변화는 죽 시장을 더욱 다채롭게 만들었고, 소비자들에게 더 넓은 선택지를 제공했다.

현대인들은 과식과 운동 부족으로 인해 비만, 위장병, 성인병 등 다양한 건강 문제에 직면하고 있다. 이에 따라 자연 건강식을 찾는 경향이 점점 더 뚜렷해지고 있다. 자연에서 얻은 순수한 재료를 활용하고, 불필요한 인위적 가공을 최소화한 음식을 통해 몸과 마음의 균형을 회복하려는 움직임이 확산되고 있다.

이러한 변화 속에서 우리의 전통 죽이 다시 수복받고 있다. 죽은 난순한 선강식을 넘어 깊이 있는 맛과 조화로운 풍미로 몸과 마음을 따뜻하게 감싸 준다. 또한, 우리의 음식 문화가 지닌 섬세한 미학과 정성을 담아내며, 우리 음식의 가치를 새롭게 조명하는 역할을 한다.

시대의 흐름에 맞춰 전통적인 죽은 더욱 다채로운 재료와 정교한 조리법을 접목하며 발전하고 있다. 이는 단순히 새로운 메뉴의 등장을 의미하는 것이 아니라, 우리의 전통을 현대적 감각으로 재해석하는 과정이기도 하다. 이러한 변화는 우리의 식탁을 더욱 풍성하게 만들며, 동시에 건강하고도 품격 있는 한 끼 식사를 완성하는 데 기여할 것이다.

죽의 오랜 역사 속에서 죽이 외면받은 시간은 아주 짧은 순간에 불과하다. 이제 죽이 생명의 음식으로 다시 화려하게 자리잡을 날을 기대하며, 그 미래를 위한 몇 가지 방향을 제안해 보고자 한다.

첫째, 죽의 기능적 가치를 재조명할 필요가 있다. 과거에는 죽이 보양식으로 여겨지며 병든 몸을 회복시키는 치유 효과가 강조되었다. 그러나 이제는 한 걸음 더 나아가 죽을 예방식으로 인식해야 할 때다.

현대인은 스트레스, 환경오염, 불규칙한 생활습관 등 다양한 위험 요소에 노출되어 있다. 병이 발생한 후 치료를 모색하기보다는 미리 예방하여 건강을 지키는 것이 더욱 현명한 선택이다. 이러한 예방의 측면에서 죽은 그 가치를 더욱 발휘한다. 죽은 소화와 흡수가 뛰어나 약해진 체력을 보강하고 면역력을 키우는 데 효과적이다.

이제 '죽은 치유식이다'라는 기존의 관념에서 '죽은 예방식이다'라는 새로운 패러다임으로 전환해야 한다. 예를 들어, 현대인이 가장 두려워하는 질병 중 하나인 치매는 명확한 의학적 예방책이 아직 밝혀지지 않았지만, 식습관이 중요한 영향을 미친다는 연구가 있다. 이 점에서 죽은 건강한 식습관을 위한 훌륭한 동반자가 될 수 있다. 특히 거승죽처럼 구증구포 과정을 거친 흑임자죽은 장기간 섭취해도 부담이 없어 뇌 건강을 지키는 데 기여할 수 있다.

둘째, 죽의 근본이 되는 쌀에 대한 인식을 새롭게 정립하는 것이 중요하다. 우

방금 도정한 쌀

리는 밥을 짓기 위한 쌀을 선택할 때 품질과 농법을 신중히 고려하지만, 정작 죽에 적합한 쌀이라는 개념은 아직 대중화되지 않았다. 흔히 밥이 맛있으면 죽도 맛있을 것이라 생각하기 쉽지만, 사실 밥과 죽이 추구하는 이상향은 다르다.

밥은 쌀알 하나하나에 영양과 맛이 농축되어야 하지만, 죽은 부드럽고 유연하면서도 적절한 알갱이감을 유지해야 한다. 또한, 그 즙은 우유처럼 뽀얗고 진해야 한다. 이러한 기준을 충족시키는 쌀로 죽을 쑤어야 비로소 죽 고유의 매력과 깊이를 경험할 수 있다.

같은 품종의 쌀이라도 농법과 토질에 따라 영양 성분과 맛이 달라진다. 이런 이유로 현재 우리가 먹는 죽은 엄밀히 말하면 선조들이 먹던 죽과는 다를 수밖에 없다. 또한, 동일한 품종이라 해도 지역에 따라 풍미가 달라지므로, 특정 지역의 죽이 모든 죽을 대표할 수는 없다. 결국, 죽은 쌀이라는 재료 자체의 다양성과 환경적 특성이 그대로 반영된 음식이다.

다행히 오늘날 다양한 신품종 쌀이 개발되고 우리 고유의 토종 쌀이 복원되면서 쌀의 품질과 다양성이 더욱 풍부해지고 있다. 각 지역에서 토종 쌀을 되찾기 위한 노력도 꾸준히 이어지는 중이다. 이제는 죽에 적합한 쌀을 찾는 일이 더 이상 어려운 과제가 아니다.

특히, 토종 쌀로 만든 죽은 그 자체로 쌀의 가치를 재발견하게 하며, 죽의 본질적 의미를 한층 더 끌어올린다. 만약 죽을 위한 맞춤형 쌀을 찾아 활용한다면, 죽은 단순한 건강식을 넘어 더욱 깊이 있는 음식으로 자리잡을 것이다. 이것이야말로 죽이 가진 무한한 가능성을 새롭게 발견하는 길이다.

셋째는 자포니카(Japonica) 종으로만 쑤는 죽에서 벗어나 다양한 쌀 품종을 탐구할 필요가 있다. 우리는 전 세계 인구의 90%가 소비하는 인디카(Indica) 종 쌀을 '찰기가 없고 부슬거리는 맛이 없는 쌀'이라고 인식한다. 이러한 고정관념은 특히 밥이나 죽에 적합하지 않을 것이라는 오해를 낳았다. 이는 인디카 종 중에서도 멥쌀이 가진 특성에 한정된 이야기일 뿐이다. 인디카 종 찹쌀은 지나치게 끈적이지도 않으면서 가벼운 식감과 깊고 섬세한 풍미를 자랑한다. 자포니카 종으로 쑨 익숙한 맛의 죽도 좋지만, 인디카 찹쌀로 쑨 죽은 우리의 죽 문화에 신선한 바람을 불어넣을 수 있다. 죽의 세계화를 염두에 둔다면 인디카 종 찹쌀을 활용한 다양한 시도는 필수적이다. 이런 유연한 접근은 단순히 새로운 죽을 개발하는 것을 넘어 우리 음식을 널리 확장시키는 계기가 된다.

제1장 죽에 대한 다양한 이야기들

감국죽

　넷째, 죽의 시각적 아름다움과 영양 균형을 고려한 고명의 활용이 필요하다. 우리 전통 죽은 주재료와 부재료를 함께 끓이는 방식이라 고명을 따로 올리는 문화가 상대적으로 덜 발달했다. 이는 죽이 오랫동안 치유식으로 인식되었기 때문일 것이다. 그러나 이러한 조리 방식은 때때로 죽을 단조롭고 밋밋하게 보이게 하며, 시각적으로도 미완성된 인상을 줄 수 있다.

　고명을 활용하면 이러한 단점을 효과적으로 보완할 수 있다. 예를 들어, 굴죽에는 데친 뒤 살짝 볶은 통굴을 올려 바다 향을 강조하고, 고기죽에는 잘 볶은 고기 조각을 더해 풍미를 깊게 만들 수 있다. 또한, 죽의 종류와 역할에 따라 고명의 크기와 양을 조절하는 것도 중요하다. 간식으로 가볍게 먹는 죽에는 소량의 고명을 올려 깔끔하게 마무리하고, 한 끼 식사로 제공되는 죽에는 넉넉한 고명을 더해 만족감을 높일 수 있다.

　죽은 기본적으로 따뜻함과 편안함을 주는 음식이지만 고명은 여기에 생동감과 세련미를 더한다. 고명이 더해진 죽은 단순한 건강식을 넘어 하나의 완성된 요리로서 더욱 돋보이게 된다. 시각적 아름다움은 맛과 직결된다고 해도 과언이 아니다. 화려한 플레이팅이 음식의 기대감을 높이는 것처럼 정성스럽게 더한 고명은 죽을 더욱 맛있게 느껴지도록 한다.

　앞으로 전통적인 죽에 현대적인 감각을 더해 더욱 다양한 고명과 플레이팅 방식이 시도되길 기대한다. 이를 통해 죽이 단순한 보양식이나 환자식이 아닌 누구나 즐길 수 있는 음식으로 자리잡을 수 있게 된다.

　다섯째, 죽상의 부활이다. 밥상은 여전히 우리의 일상 속에 자리하고 있지만, 죽상은 거의 사라졌다. 지금은 환자식이나 일부 죽 전문점에서 간략히 차려질 뿐이다. 과거 한식당에서 정통 죽상을 도입하려는 시도가 있었지만, 대중적인 공감을 얻지 못했다. 죽상이 단순히 고급스러운 외형이 아니라, 일상 속에서 자연스럽게 자리잡아야 한다는 점을 보여준다.

　죽이 대중적으로 사랑받고 세계적으로 자리잡기 위해서는 보다 친숙한 경험으로 다가가야 한다. 비빔밥이 다양한 나물과 고명을 곁들여 하나의 완성된 음식으로 자리잡았듯, 죽상 또한 정갈한 찬과 함께 구성되어야 한다. 한 그릇의 죽을 넘어 찬과 조화를 이루는 죽상은 식사를 하나의 문화적 경험으로 확장시킨다.

　죽상이 점차 백반처럼 자리잡는다면, 우리의 식문화는 더욱 다채롭고 풍성해질 것이다. 일본이나 중국과는 다른 우리만의 섬세하고 독창적인 죽상 문화를 재해석해 나간다면, 죽은 단순한 건강식을 넘어 하나의 특별한 미식 경험으로 거듭날 것이다. 전통과 현대가 조화를 이루는 죽상의 부활이야말로 우리 음식 문화를 세계로 확장하는 중요한 열쇠가 될 것이다.

　여섯째, 죽이 품은 이야기와 죽에 담긴 철학에 대해서 아는 것이다.

죽상차림

　　　　　　　　　　　제1장 죽에 대한 다양한 이야기들

죽 속에는 사랑과 배려, 그리고 사람과 사람을 이어주는 따뜻한 이야기가 담겨 있다. 죽은 자연스럽게 공감과 소통을 이끌어내는 특별한 음식이다.

죽은 아랫사람의 수고를 덜어주려는 '내리사랑'의 상징이기도 하다. 바쁜 일상 속에서 "오늘은 밥 대신 죽을 먹자."라는 말 한마디에는 단순한 식사의 간소화를 넘어, 상대방의 피로를 헤아리는 따뜻한 마음이 담겨 있다.

또한, 죽은 부모를 향한 '치사랑'의 음식이기도 하다. 나이가 들며 소화력이 약해지는 부모님을 위해 정성껏 죽을 끓이는 자녀들의 마음속에는 사랑과 감사가 스며 있다. 단순한 영양 공급을 넘어 세대를 잇는 정성과 따뜻한 마음이 한 그릇의 죽에 오롯이 녹아든다.

죽은 또한 아픈 이의 회복을 기원하는 '소망의 음식'이다. 병상에 누운 이에게 건네는 따뜻한 죽 한 그릇은 그 자체로 생명력을 불어넣는 상징이 된다. 뜨겁지도 차갑지도 않은 적당한 온도의 죽은 약해진 몸이 부담없이 받아들이기 좋고, 이를 준비하는 마음속에는 깊은 위로와 응원이 깃들어 있다. 죽 한 그릇에 담긴 따뜻한 말 한마디는 희망의 씨앗이 되어 몸뿐만 아니라 마음까지 치유하는 힘을 지닌다.

과거 어려운 시절, 쌀에 물을 넉넉히 부어 죽을 끓여 나누던 모습은 단순한 배부름을 넘어 서로를 위로하고, 함께 이겨내겠다는 연대와 희망의 표현이었다.

우리의 일상 속에서 그리고 특별한 순간마다 죽은 서로를 이어주는 다리 역할을 해왔다. 우리가 죽에 담긴 철학을 알 때 죽 이야기는 오늘도 그리고 앞으로도 계속 이어질 것이다.

우리 죽의 미래와 즉석죽

우리는 몸이 아플 때나 기운이 없을 때 따뜻하고 부드러우며 속을 편안하게 해주는 죽을 찾는다. 어릴 적, 감기에 걸려 입맛을 잃었을 때도, 시험 공부로 밤을 새운 뒤 허기가 질 때도, 죽 한 그릇은 언제나 위로가 되어 주었다.

우리는 죽이 우리의 몸과 마음을 위로해 주는 음식으로 계속 발전하기를 바라지만 1인 가구가 늘고 직업을 가져야 하는 현대 산업화 사회의 특성으로 인해 가정에서 우리의 죽 문화를 계승 발전시킨다는 것은 사실상 불가능하게 되었다. 이런 시대적인 흐름에 맞춰 한 그릇에 담긴 영양과 편리함을 앞세운 즉석죽이 등장했다. 즉석죽은 간편성과 효율성에 더하여 표준화된 맛으로 바쁜 현대인들의 식

다양한 즉석죽

간식으로 즉석죽을 먹는 어린이

제1장 죽에 대한 다양한 이야기들

탁에 자연스럽게 자리잡았다.

우리나라에 즉석죽이 처음 등장한 것은 1992년이었다. 먹기 편하고, 소화가 잘 되며 누구에게나 부담 없는 음식이라는 장점에 간편함이라는 현대적 가치를 더한 혁신적인 제품이다. 즉석죽은 현대인들의 일상에 완벽히 부합하며, 즉석죽 시장은 짧은 시간 안에 급격한 성장을 이루었다.

여러 식품회사가 즉석죽 시장에 뛰어들면서 즉석죽의 품질은 지속적으로 향상되었고 즉석죽은 이제 단순한 편의식이 아니라 '스마트 푸드'로 자리잡았다.

최근 10여 년간 꾸준히 성장세를 보이던 죽 전문점의 숫자가 점차 감소하는 것도 즉석죽의 품질과 편리함이라는 두 가지 요소를 모두 만족시킨 결과다. 즉석죽의 성공은 단순히 하나의 제품군을 넘어 전통적 음식 문화를 현대적 방식으로 재해석한 대표적인 사례. 즉석죽은 건강에 대한 관심으로 그 수요는 앞으로 더욱 늘어날 것으로 예상된다. 이 시점에서 즉석죽이 진짜 '한 끼 식사'가 되려면 어떤 요소가 더 담겨야 하는지를 알아보기로 한다.

첫째, 즉석죽의 단맛과 짠맛을 줄이는 일이다. 음식은 당기는 첫맛도 중요하지만, 먹고 난 뒤의 뒷맛이 훨씬 더 큰 영향을 미친다. 뒷맛은 소비자들이 음식을 다시 찾게 하는 핵심적인 요소로 이는 음식의 성적표라고 할 수 있다. 집에서 만든 죽은 단맛과 짠맛의 조절이 가능하지만, 즉석죽은 이미 정해진 맛으로 제공되기 때문에 소비자에게 선택권이 없다.

특히 단맛의 경우 설탕을 더하는 것은 가능해도 줄이는 것은 어렵다. 이로 인해 단맛이 주는 거부감은 즉석죽을 한 끼 식사로 정착시키기 어렵게 만든다. 즉석죽이 단맛과 짠맛이 강하면 소비자들은 죽을 주로 간식으로 인식한다. 쌀을 기반으로 한 전복죽, 소고기죽, 버섯죽과 같은 즉석죽은 단맛을 줄임으로써 식사로의 적합도가 상승한다.

죽은 단순히 피로 회복을 돕는 음료나 주전부리로 소비되는 과자가 아니다. 즉석죽의 지나치게 강한 맛은 특히 성인병 환자들에게 적합하지 않아 이들이 즉석죽의 장점을 누리지 못하게 하는 문제를 낳는다. 이러한 점은 즉석죽이 모두를 위한 음식으로 자리잡는 데 중요한 장애물로 작용한다. 즉석죽이 주식으로서의 역할을 확고히 하려면 맛의 균형을 조정하여 보다 건강하고 자연스러운 방향으로 나아가야 한다. 이러한 변화는 더 많은 소비자들이 즉석죽을 선택하게 만들 뿐 아니라 건강과 편리함을 동시에 추구하는 현대인의 요구에 완벽히 부합한다.

둘째, 즉석죽이 진정으로 한 끼 식사로 자리잡으려면 열량을 높이고 영양학적인 균형을 갖추는 것이 필수적이다. 현대인들은 빠른 생활 속도와 간편함을 중시하며 즉석 식품을 선호하지만, 영양의 균형을 잃지 않으려는 노력을 병행한다. 이런 관점에서 즉석죽은 간편성과 영양의 조화를 통해 새로운 가능성을 열어줄 잠재력을 지니고 있다.

최근 가장 주목받는 영양소 중 하나는 바로 단백질이다. 단백질은 신체의 기본 구성 요소로 근육을 유지하고 손상을 회복시키며, 나아가 우리 몸의 노화를 늦추는 데 중요한 역할을 한다. 그러나 고령층은 젊은 세대에 비해 고기를 덜 섭취하는 경향이 있어 단백질이 부족한 경우가 많다. 부족한 단백질을 보충하기 위한 단백질 보충제, 셰이크, 바 등 다양한 제품이 있지만 식사를 통해 자연스럽게 섭취하는 것이 가장 바람직하다.

이러한 필요성을 충족시키기 위해 즉석죽에 한 끼의 식사로 적합한 열량과 영양 성분의 균형을 맞추어야 한다. 즉석죽에 칼로리뿐 아니라 영양 성분에 대한 명확한 표기를 하면 소비자에게 즉석죽에 대한 믿음을 심어 줄 수 있다.

영양소의 비율은 탄수화물 60%, 단백질 25%, 지방 15%의 구성 비율로 섭취하는 것이 권장된다. 단백질은 체중 1kg당 약 1g의 단백질 섭취가 권장되고 있다. 한우 1등급 소고기 100g에는 부위마다 차이가 있지만, 약 22g의 단백질이 포함되어 있으며 탄수화물은 거의 없다. 또한 칼슘, 철분, 마그네슘, 인, 칼륨, 아연 등이 들어 있다. 단백질은 지방이나 탄수화물보다 소화하는 데 두 배 이상의 열량을 태우기 때문에 신진대사를 촉진하여 몸에 활력을 준다. 지방이 적고 단백질이 풍부한 식품은 내장 지방을 빼는 데 도움이 된다. 단백질은 몸에 축적되지 않기 때문에 매일 일정량을 섭취해야 한다.

연자죽

  셋째, 죽의 가능성을 확장하기 위한 다양한 재료의 사용이다. 우리는 선인들에 비해서 한정된 종류의 식재료를 먹는다. 곡물은 쌀이 차지하는 비중이 압도적으로 팥은 팥빵이나 팥죽으로, 녹두는 빈대떡으로 먹는 정도다. 선인들이 즐겨 먹던 율무, 조, 기장, 메밀, 밤, 마름, 연실, 개암 등은 누구나 좋아할 만한 맛과 기능을 갖추고 있지만 먹을 기회가 거의 없다. 율무와 조, 율무와 팥, 녹두와 팥을 더한 곡물죽 한 그릇은 완벽한 자연 건강식품으로 손색이 없다. 또한 쌀을 비롯한 여러 곡물로 만든 죽에 과일, 열매, 씨앗 등의 부재료를 조합한 죽의 효능은 건강식품 못지않다.

  지금은 즉석죽이 소고기, 닭고기, 참치 등 동물성 단백질 죽이 대부분이지만 〈정조지〉에 등장하는 단백질 함량이 높은 조, 율무, 녹두 등의 곡물죽과 연자, 밤, 갖은 콩을 활용한 죽 등은 저속 노화를 추구하는 수요층은 물론, 채식주의자와 중장년층의 필요를 충족하는 죽이다.

  넷째, 기능성 죽의 출시이다.

  현대인들은 피로 회복, 노화 방지, 피부 미용, 저속 노화, 디톡스(detox)를 위해 다양한 건강식품에 의존하고 있다. 건강식품을 섭취하지 않으면 불안해진다. 어느새 건강식품의 노예가 되어 가는 것 같다. 〈정조지〉의 죽 편을 복원하면서 건강식품 대신 각자의 건강 상태와 필요에 맞는 죽 3~4가지를 선택해 꾸준히 섭취한다면 건강식품에 의존하는 것보다 훨씬 효과적이고 자연스러운 건강관리를 할 수 있다는 점을 깨달았다. 현대 식품산업이 가진 장점을 충분히 활용하여 다양한 쌀과 곡물에 기능성 식재료를 조화롭게 결합하면 새로운 형태의 죽을 만들어낼 수 있다. 이 과정에서 전통 죽의 기록과 지혜는 훌륭한 길잡이가 될 수 있다.

구체적으로 기능성 죽 몇 가지를 예시해 보면 뼈 건강을 고려한 즉석죽, 식이섬유를 보강한 즉석죽, 당 조절이 필요한 이들을 위한 저당 죽, 그리고 피부 미용과 재생을 돕는 콜라겐이 포함된 미용 죽도 출시된다면, 즉석죽은 세대와 취향을 아우르며 생활 속 건강과 미용의 파트너로 자리매김할 것이다. 죽에 담기는 기능성은 자연에서 유래한 식재료를 넣는 것으로 해결해야 한다.

건강은 거창한 것이 아니다. 매일 먹는 음식이 몸을 살리고, 자연스럽게 우리를 건강하게 만든다.

다섯째, 고령인을 위한 죽이다. 우리 사회는 이제 고령화를 넘어 초고령화 시대로 빠르게 나아가고 있다. 기대수명이 길어지면서 누구나 크고 작은 질병을 안고 살아가는 시간이 늘어났다. 특히 고령인들에게 음식은 단순한 섭취를 넘어 삶의 질을 결정짓는 중요한 요소가 되었다.

나이가 들수록 식사는 단순한 배불림이 아니라 영양 균형, 보양, 예방, 치유, 회복, 그리고 별미의 기능까지 갖춰야 한다. 이러한 필요성을 반영해 등장한 개념이 바로 '케어푸드(Care Food)'다. 케어푸드는 우리 전통 식문화의 철학인 '약식동원(藥食同源)' 즉 음식과 약은 근본적으로 같다는 개념을 현대적으로 재해석한 것이다. 단순한 영양 공급을 넘어 건강을 회복하고 유지하며, 나아가 삶의 만족까지 고려한 맞춤형 식사라고 할 수 있다.

하지만 케어푸드는 단순히 고령인을 위한 음식에 그치지 않는다. 이것은 인간의 존엄성을 지키기 위한 노력이며, 모두를 위한 건강한 식문화의 방향성이다. 나이에 관계없이 누구나 건강한 식사를 할 권리가 있다.

앞으로 전 세계에서 다양한 케어푸드가 등장하겠지만, 먹는 사람의 상태에 맞춰 재료, 조리 방식, 곡물 입자의 굵기까지 세밀하게 조정할 수 있는 우리 죽의 우월함을 따라잡기는 쉽지 않을 것이다.

귀리 시리얼

죽은 오랜 시간 동안 우리의 주식이자 보양식으로 자리잡아 왔다. 이제는 전통과 현대의 지혜를 결합해 즉석죽을 단순한 간편식이 아닌 건강과 삶의 질을 높이는 케어푸드로 발전시켜야 할 때다. 다양한 연령과 건강 상태를 고려한 기능성 즉석죽이 개발된다면, 고령인은 물론 바쁜 현대인들까지도 손쉽게 건강을 챙길 수 있을 것이다.

서양에서 오랫동안 아침 식사로 사랑받아 온 귀리죽과 귀리 시리얼은 귀리가 슈퍼푸드로 선정되면서 새롭게 주목받아 전 세계인의 케어푸드가 되었다. 이는 귀리의 맛 때문이 아니라 우수한 영양 성분 덕분이다. 귀리죽이 케어푸드의 조건을 충족했기 때문에 오랫동안 사랑받을 수 있었던 것이다.

오늘 전통죽과 즉석죽을 통해 '옛것을 바탕으로 새로운 것을 창안한다'라는 법고창신(法古創新)의 의미를 다시금 깨닫는다. '구슬이 서 말이라도 꿰어야 보배'라는 속담처럼, 더 많은 전통죽이 즉석죽으로 개발되어 본래 케어푸드였던 죽의 가치를 되찾기를 바란다. 음식이 곧 건강이고, 건강이 곧 삶이다.

누구나 부담없이 즐길 수 있는 즉석죽 한 그릇이 바쁜 일상 속에서도 건강을 지킬 수 있는 든든한 동반자가 되기를 바란다. 아울러, 우리 죽이 세계 시장에서 '포리지(porridge)'나 '코리안 콘지(Korean congee)'가 아닌 '죽(juk)' 또는 '죽(juke)'으로 표기되는 날이 오기를 기대한다.

귀리

귀리는 특히 풍부한 식이 섬유로 잘 알려져 있다. 귀리 속 베타글루칸(beta-glucan)은 혈중 콜레스테롤 수치를 낮추는 데 효과적이며, 심혈관질환 예방에 중요한 역할을 한다. 또한, 귀리의 식이 섬유는 장 건강을 개선하고 소화를 도와줄 뿐만 아니라, 오랫동안 포만감을 유지하도록 해준다. 실제로 아침에 귀리를 섭취한 사람들은 점심때까지도 든든함을 느낀다.

귀리는 단백질 함량도 높은 곡물이다. 대부분의 곡물은 단백질 함량이 낮지만 귀리는 예외다. 귀리 속 단백질에는 필수아미노산인 라이신(lysine)이 포함되어 있어 신체 성장과 피로 회복에 효과적이다. 이는 채식주의자나 단백질 섭취가 부족한 사람들에게 귀리가 훌륭한 대안이 될 수 있음을 의미한다.

또한, 귀리는 비타민과 미네랄의 보고(寶庫)다. 철분, 마그네슘, 아연 등 주요 미네랄이 풍부해 에너지대사와 면역체계를 지원하며, 귀리 속 항산화 성분인 아베

귀리

제1장 죽에 대한 다양한 이야기들

난쓰라마이드(avenanthramide)는 염증을 억제하고 혈액순환을 개선하는 데 도움을 준다. 이 작은 곡물이 노화 방지와 신체 건강 유지에 얼마나 큰 역할을 하는지 알면 놀라지 않을 수 없다.

흥미로운 점은 귀리의 영양학적 가치가 단순히 신체 건강에 그치지 않는다는 것이다. 귀리는 마음의 건강도 돌본다. 천천히 소화되는 귀리의 탄수화물은 혈당의 급격한 변화를 방지하고, 에너지를 꾸준히 공급해 하루를 안정적으로 이끌어 준다. "귀리를 먹으면 기분이 좋아진다."라는 말은 단순한 속설이 아니라 귀리가 실제로 몸과 마음의 균형을 잡아주는 음식임을 의미한다.

귀리에는 쌀의 2배에 해당하는 14.3%의 단백질이 함유되어 있으며, 지방은 3.8%, 탄수화물은 70.4%로 구성되어 있다. 또한 비타민 B군, 비타민 E, 칼슘, 철분, 인, 칼륨 등의 영양소도 풍부하게 함유되어 있다.

전식(前食)과 후식(後食)으로서의 죽

우리나라의 전통 죽은 가짓수가 무궁무진한 만큼 변화의 폭이 커서 다양한 쓰임이 가능하다. 또한 유동식이기 때문에 앞으로 그 적용 범위가 더욱 넓어질 수 있는 음식이다. 하지만 현재 전통 죽의 원형이 변형되거나 축소되면서 죽이 가진 본래의 역할이 충분히 활용되지 못하고 있다. 이에 새롭게 주목해야 할 죽의 기능으로 '전식 죽'과 '후식 죽'이 있다. 전식(前食, appetizer)과 후식(後食, dessert)으로서의 가능성은 이제 막 조명되기 시작한 분야다.

많은 사람이 전식 죽을 서양 음식 문화에서 수프를 먹는 방식의 차용으로 여기지만, 사실 이는 우리 고유의 음식 문화다. 수십 년 전만 해도 노인을 모시는 집에서는 죽상을 따로 차리는 경우가 많았으며, 밥상에도 쌀, 조, 기장, 녹두 등으로 만든 담백한 죽을 전식으로 올렸다. 본격적인 식사에 앞서 죽 몇 숟가락을 먹으면 위장이 음식을 받아들일 준비를 하게 된다. 소화력이 떨어진 사람이나 환자와 함께 식사하는 자리에서도 전식 죽을 활용하곤 했다. 전식 죽은 식사의 시작을 알리며 위장을 부드럽게 준비시키는 역할을 한다. 가벼운 곡물죽이나 채소죽은 입맛을 돋우는 동시에 과식을 방지하는 데 도움을 줄 수 있다. 따뜻한 한 그릇의 전식죽은 식탁에 여유를 더하고, 식사를 더욱 품격 있게 만들어 준다. 〈정조지〉에 등장하는 죽 중 전식 죽으로 적합한 죽으로 녹두죽, 대추죽, 청보리죽은 위장을 편안하게 해주며, 후추죽과 산초죽은 입맛을 돋우기에 좋다.

현대 사회에서는 후식이 단순한 음식이 아니라 생활 속의 '쉼표' 역할을 하면서 후식 시장이 빠르게 성장했다. 그러나 커피, 페이스트리, 케이크, 과자, 아이스크림 등 서양식 후식이 주를 이루면서 전통 후식의 존재감이 희미해졌다. 하지만 전통 죽 중에서도 과일로 만든 달콤하고 향긋한 죽은 현대인의 후식으로 손색이 없다. 후식 죽은 식사의 끝을 부드럽게 마무리하는 역할을 한다. 과거 선인들은 '후식 죽'이라는 개념을 따로 명명하지 않았지만, 식사 후 죽을 즐겨 먹었다. 밥이 주식으로 자리잡은 이후에도 죽은 부족한 식사량이나 영양을 보충하는 중요한 음식이었다. 특히 살짝 얼린 차가운 죽은 다른 계절에는 먹을 수 없는 별미 중의 별미였다.

〈정조지〉 속의 대추로 만든 조미죽(棗米粥) 세 가지와 살구죽은 현대적인 후식 죽으로 활용하기에 충분하다. 여기에 유제품, 초콜릿, 콩가공품, 과일, 향신료를

모과죽

보리수죽

산사죽

더하면 더욱 특별한 후식죽이 탄생할 수 있다. 홍시, 산수유, 오미자, 구기자, 보리수, 복숭아, 건과일 등은 보기에도 아름답고 맛도 좋아 후식 죽의 재료로 활용하기에 적합하다.

　죽은 온도에 따라 식감, 향미, 맛이 달라지기 때문에 한 가지 죽으로도 다양한 효과를 낼 수 있다. 또한, 단맛을 조절할 수 있다는 점도 후식 죽으로서의 가능성을 높이는 요소다. 전식 죽과 후식 죽은 단순히 죽의 쓰임을 확장하는 데 그치지 않는다. 이들은 우리의 식탁에 새로운 문화와 정서를 불어넣어 한 끼 식사가 단순한 영양 섭취를 넘어 감각적이고 정서적인 만족감을 제공할 것이다. 〈정조지〉에 등장하는 다채로운 죽이 전식 죽과 후식 죽으로 재해석된다면, 우리 식사는 담백하고 순한 맛의 전식 죽으로 시작해 부드럽고 달콤한 후식 죽으로 마무리되는 특별한 경험이 될 것이다.

보리수

93

우리 죽의 특성

..치유

죽은 치유식이다. 치유의 원리는 강한 기운은 내려 주고, 약한 기운은 끌어올려 몸의 균형을 잡아주는 것이다. 약재가 가진 치유의 효능을 온전히 누리기 위해서는 사람의 몸을 이해하고 식재 고유의 성질을 파악하는 과정이 선행되어야 한다. 선무당이 사람 잡는 것처럼 제대로 모르고 먹으면 도리어 몸에 해가 될 수도 있다.

예를 들어, 생강은 중초(中焦)를 따뜻하게 해주고 찬 기운을 없애는 효능이 있지만, 보양 작용이 없으므로 단순히 속이 찰 때만 도움이 된다. 멥쌀이나 찹쌀은 비(脾)와 기(氣)를 보하지만, 생강이 가진 찬 기운을 없애는 효능은 없다. 그러나 이 두 재료를 함께 배합하여 죽을 쑤어 먹으면, 비위(脾胃)를 따뜻하게 덥혀 주고 허증(虛症)을 치료하는 효과를 낸다.

쌀만 익혀 먹으면 탄수화물의 공급원으로서의 역할만 할 뿐이지만 생강을 더하면 약이 된다. 이것이 바로 〈정조지〉 속에 등장하는 치유죽의 원리다.

우리는 사계절이 뚜렷하고 지역에 따라 생활환경도 다양하다. 그만큼 계절의 변화가 우리 몸에 미치는 영향도 크다. 예로부터 선인들은 자연의 변화를 여섯 가지 기운인 풍(風)·한(寒)·서(暑)·조(燥)·습(濕)·화(火)로 나누고, 이를 고려해 음식을 조절하며 건강을 지켰다.

봄은 기후변화가 심해 몸의 균형이 무너지기 쉬운 시기다. 특히 '풍(風)'의 기운이 강해 감기와 같은 질환이 쉽게 발생한다. 따라서 이 시기에는 기운을 끌어올려 몸을 보호하는 음식이 필요하다.

여름은 덥고 습기가 많아 몸이 무겁고 소화 기능이 떨어지기 쉽다. 또한 땀을 많이 흘려 미네랄이 빠져나가면서 기력이 떨어진다. 여름철의 '서(暑)'와 '습(濕)'이 몸에 영향을 미치기 때문이다. 이런 시기에는 습기를 제거하고 열을 내려 몸을 가볍게 해주는 음식이 도움이 된다.

흰깨죽

가을에는 공기가 건조해져 폐 건강이 약해지기 쉽다. 건조한 기운이 코와 입을 통해 몸으로 들어와 기침과 가래를 유발하고 피부를 거칠게 만든다. 그래서 폐를 윤택하게 하고 촉촉하게 유지해주는 음식이 필요하다.

겨울에는 찬 기운이 기 순환을 방해해 몸이 차고 관절이 뻣뻣해지기 쉽다. 이런 때에는 몸을 따뜻하게 하고 혈액순환을 돕는 음식이 필수적이다.

이처럼 우리는 계절마다 몸을 다스리는 죽을 먹었다. 봄에는 기운을 끌어올리는 재료를, 여름에는 습기를 제거하고 열을 내리는 재료를, 가을에는 폐를 보호하는 재료를, 겨울에는 몸을 따뜻하게 하는 재료를 넣어 죽을 끓였다. 팥죽이 원래 여름철 음식이었다는 사실도 흥미롭다. 여름에는 습기로 인해 몸이 무거워지는데, 팥이 그런 습기를 배출하는 데 도움을 줬기 때문이다. 마찬가지로, 여름에 즐겨 먹는 냉면도 면, 육수, 고명을 달리하면 겨울 음식으로도 적합하다. 호두죽, 깨죽, 잣죽 같은 음식은 가을철에 먹으면 폐 건강을 지키는 데 좋다.

모든 식재료나 약재가 동일한 기준으로 적용되는 것은 아니다. 기후가 찬 지역에서는 약효가 강한 재료를 조금 더 넣고, 따뜻한 지역에서는 덜 넣어 조절해야 한다. 사람마다 체질, 연령, 건강 상태가 다르므로 음식도 그에 맞춰야 한다. 건강을 지키는 가장 좋은 방법은 미리 대비하는 것이다. 봄, 여름, 가을, 겨울에 맞는 죽을 미리 계획하고 챙겨 먹는 것이야말로 건강한 삶을 유지하는 비결이 아닐까 싶다.

음양오행(陰陽五行)과 죽

　　음양오행은 천지와 인간, 대우주와 소우주가 서로 밀접하게 연결되어 있다는 철학적 사상에서 출발한다. 음양은 서로 대응하는 두 가지 상반된 개념으로 만물을 이루는 근본 요소로 보았다. 오행은 음양을 바탕으로 만물이 생성, 변화, 소멸하는 과정을 목(木)·화(火)·토(土)·금(金)·수(水)의 다섯 가지 원소가 주도한다고 설명한다. 이는 자연철학의 핵심 개념으로, 성리학에서도 우주의 법칙과 인간의 법칙을 통합적으로 규명하고 조화와 균형을 강조하는 데 기초가 되었다.

　음양오행은 인간의 삶 전반에도 큰 영향을 미친다. 예를 들어, 인체에서는 오장(五臟, 간장·심장·비장·폐장·신장)과 오부(五腑, 담낭·소장·위·대장·방광)가 오행과 연관된다고 보았다. 또한, 음식 역시 음양오행의 원리에 따라 분류되는데, 음식의 맛은 오미(五味, 신맛[酸]·쓴맛[苦]·단맛[甘]·매운맛[辛]·짠맛[鹹])로 나뉘며, 성질은 오성(五性, 차가운 성질[寒]·뜨거운 성질[熱]·따뜻한 성질[溫]·서늘한 성질[凉]·평온한 성질[平])으로 구분된다. 이러한 성질과 맛을 조화롭게 조합함으로써 음식은 인체의 균형과 건강을 유지하는 데 도움을 준다고 믿었다.

　결론적으로, 음양오행은 자연과 인간, 그리고 음식 간의 상호 연관성을 탐구하며 조화와 균형의 중요성을 강조하는 철학적 체계이다. 이는 오늘날에도 흥미로운 통찰을 제공하며 전통적인 식생활 철학으로 활용되고 있다.

　전통적인 음양오행설을 통해 죽의 성질과 효능을 더 깊이 이해할 수 있다. 죽은 동양 의학에서 중요한 역할을 하는 음식으로, 기본적으로 쌀과 같은 곡물을 물이나 육수와 함께 오랫동안 끓여 만든다. 이 과정에서 부드럽고 소화가 잘되는 형태로 변한다. 음양의 관점에서 죽은 대체로 음(陰)의 성질을 가지며, 이는 몸을 진정시키고 과도하게 상승한 양기(陽氣)를 조절하는 데 도움을 준다. 이러한 성질은 체

제1장 죽에 대한 다양한 이야기들

내의 열을 내리고 수분을 보충하여 전반적인 신체 균형을 유지하는 데 중요한 역할을 한다. 따라서 죽은 소화기가 약한 사람들, 기를 소진해서는 안 되는 환자나 회복 중인 사람들에게 이상적인 음식이다.

오행의 관점에서 보면, 죽은 수(水)의 요소가 강한 음식이다. 물을 많이 포함하고 있어 신체의 수분 균형을 유지하며, 신장과 방광의 기능을 지원하는 데 도움이 된다. 또한, 죽에 들어가는 채소나 약재는 목(木)의 요소와 관련이 있으며, 이는 간과 담의 기능을 돕는다. 이러한 특성 덕분에 죽은 해독 작용과 생체 에너지의 흐름을 조절하는 데 중요한 역할을 한다. 대표적으로 녹두죽은 해독과 열을 내리는 효과가 뛰어나다.

죽에 사용되는 곡물과 채소, 약재는 토(土)의 요소를 가지고 있으며, 이는 소화기 중 위와 비장과 연관된다. 음양오행의 관점에서 토(土)는 영양을 받아들이고 소화하는 기능을 담당하는데, 죽은 위와 비장을 강화하고 소화를 촉진하며 영양분의 흡수를 돕는다.

이처럼 음양오행을 바탕으로 죽의 성질과 효능을 이해하면, 죽은 단순한 음식이 아니라 신체 균형과 건강을 조절하는 중요한 요소로 활용될 수 있음을 알 수 있다.

죽과 위장

　　사람은 먹어야 살아갈 수 있고, 음식을 먹을 때 가장
큰 행복을 느낀다. 무엇을 먹을지 고민하고 원하는 음식을 고르는 과정 자체도 기
쁨을 준다. 하지만 이런 행복은 위장이 건강할 때만 누릴 수 있다. 우리의 위장은
폭식, 불규칙한 식사, 빠르게 먹는 습관으로 끊임없이 시달리고 있다. 여기에 편
리함을 제공하는 가공식품, 과도한 육식, 만성적인 스트레스까지 더해지면서 많
은 사람들이 위장 건강을 잃은 채 살아간다. 음식을 받아들이는 위장이 건강하
지 않으면 우리의 삶은 불행할 수밖에 없다.

　위장의 건강을 되찾는 데 큰 도움을 주는 것은 약이 아니고 죽이다. 죽은 위장
에 부담을 주지 않으면서 우리 건강에 도움을 주는 가장 이상적인 음식이다 천하
의 산해진미도 소화를 담당하는 위장이 거부하면 허사다. 죽이 치유, 보양, 이유
죽이 될 수 있는 바탕도 위장을 좋게 하여 몸에 잘 쓰이게 하는 것에서 비롯됨을
인식하면 죽의 미래 가치를 어디에 두어야 하는지가 나온다. 위장이 행복해야 우
리가 행복하다. 그리고 죽은 그 행복을 위한 최고의 음식이다.

제1장 죽에 대한 다양한 이야기들

다양한 우리 죽

죽은 오랜 역사를 지닌 음식으로 시대와 환경에 따라 변화하며 발전해 왔다. 단순히 배를 채우기 위한 음식이 아니라 사람들의 건강 상태, 계절적 변화, 의례적 목적 등에 맞춰 조리법이 다양하게 변주되며 전통 음식 문화 속에서 중요한 위치를 차지해 왔다.

죽을 더 깊이 이해하기 위해서는 체계적인 분류가 필요하다. 죽은 기본적으로 사용된 곡물의 형태, 조리 방법, 용도, 첨가되는 재료에 따라 여러 종류로 나뉜다. 이러한 기준을 통해 우리는 죽이 단순한 유동식이 아니라 건강과 삶의 리듬을 조율하는 음식임을 확인할 수 있다.

특히, 죽에 사용되는 곡물(죽쌀)의 가공 방식과 곡물 알갱이의 크기는 죽의 식감과 풍미를 결정짓는 중요한 요소이다. 곡물을 통째로 사용할지, 곱게 갈아낼지에 따라 동일한 재료라도 완전히 다른 특성을 지닌 죽으로 변한다.

곡물을 통째로 사용하여 만든 죽은 씹는 맛이 살아 있고 고소한 풍미를 지니는 반면, 곡물을 미세하게 갈아서 만든 죽은 매우 부드러워 소화가 쉽다. 이처럼 우리는 죽의 재료와 조리 방법을 조화롭게 선택하여 상황과 필요에 맞는 다양한 죽을 쑤었다.

이 외에 죽을 재료에 따라 곡물죽, 채소죽, 육류죽, 해물죽 등으로 나누고 죽의 용도에 따라 별미죽, 영양죽, 구황죽, 이유죽 등으로 나눈다.

곡물의 가공법과 크기에 따른 분류

죽의 여러 분류 중 곡물의 가공법과 크기에 따른 분류는 사람들의 건강 상태, 계절적 의미 또는 의례적인 목적에 따른 변화을 통하여 전통 음식문화 속에서 중요한 위치를 차지해 왔음을 재차 확인한다.

죽을 만들 때 곡물의 크기는 식감과 풍미를 결정하는 중요한 요소가 된다. 같은 곡물이라도 얼마나 잘게 가공하느냐에 따라 죽의 질감이 달라지고, 이에 따라 불리는 이름도 달라진다.

옹근죽은 통곡물을 그대로 사용해 끓이는 죽으로, 씹는 맛이 살아 있어 곡물 본연의 질감을 느낄 수 있다. 원미죽은 쌀을 맷돌에 가볍게 갈거나 절구에 찧어 반쯤 부순 뒤 끓인 것으로, 씹는 느낌은 남아 있으면서도 비교적 부드러운 질감을 지닌다. 무리죽은 곡물을 곱게 가루 내어 만든 죽으로, 가장 부드러운 형태여서 이유식이나 환자식으로 적합하다. 이렇게 가공된 곡물에 따라 죽의 특성이 달라지며 각기 다른 용도로 활용된다.

곡물의 크기를 조절하는 방식도 다양하다. 맷돌에 갈거나 절구에 찧고, 돌확이나 사기 강판을 이용해 원하는 크기로 가공한 후 체로 걸러내면 더욱 섬세한 조정이 가능하다.

전통적으로 잣죽이나 깨죽은 무리죽으로, 이유식은 아기의 성장 과정에 따라 무리죽이나 원미죽 형태로 만든다. 반면, 일반적인 죽은 통곡물을 사용해 씹는 식감을 살리고 풍미를 더욱 깊게 한다.

〈정조지〉에서는 옹근죽, 원미죽, 무리죽과 함께 미음과 손이 많이 가는 응이도 상당한 비중을 차지하고 있다. 이는 조선 시대의 죽이 단순한 음식이 아니라 건강과 영양을 고려한 체계적인 조리법에 따라 준비되었음을 보여준다. 죽한 그릇에는 곡물의 크기부터 가공법까지 모든 과정에 깊은 고민과 정성이 담겨있다.

옹근죽

옹근죽은 통곡물로 쑨 죽으로, 곡물을 가루로 빻지 않고 그대로 사용하여 만든다. 갈돌이나 갈판 같은 분쇄 도구 없이도 조리할 수 있어 인류가 가장 먼저 먹기 시작한 죽 중 하나로 여겨진다. 곡물을 통째로 삶아 조리하기 때문에 일반적

인 가루죽이나 미음보다 식감이 살아 있으며, 곡물 본연의 고소한 풍미가 특징
이다.

쌀 옹근죽에 녹두나 율무 같은 곡물을 더하거나, 김치나 채소를 넣으면 각기
다른 맛과 효능을 지닌다. 이러한 특성 덕분에 오랜 세월 동안 다양한 형태로 사
랑받아 온 죽이다. 옹근죽을 만드는 방법은 비교적 단순하지만, 조리 방식에 따
라 미묘한 질감 차이를 만들 수 있다. 일부 곡물은 통째로 사용하고, 일부는 곱게
갈아 섞어 조리하면 더욱 조화로운 식감을 얻을 수 있다.

예를 들어, 불린 쌀의 일부를 곱게 갈아 체에 밭친 후 남은 불린 쌀과 웃물을
부어 끓이다가, 체에 밭친 앙금을 다시 넣어 완성하면 부드러움 사이로 씹히는 식
감이 살아난다. 이렇게 조리하면 쌀의 맛을 최대한 끌어내 담백하면서도 깊은 풍
미를 느낄 수 있다. 마지막으로 소금으로 간을 맞추면 은은한 풍미가 살아 있는
담백한 죽이 완성된다.

옹근죽을 끓일 때 너무 자주 저으면 쌀알이 부서져 풀처럼 퍼지기 쉬우므로,
자주 젓지 않고 약불에서 천천히 조리하는 것이 중요하다. 곡물이 부드러워지면
서도 적당한 씹는 맛이 남아 있도록 조리 과정에서 불 조절과 저어 주는 횟수를
신중하게 조절해야 한다.

원미죽

원미죽은 그냥 쌀로 끓이는 것보다는 적당히 쌀알이 살아 있고 갈은 쌀알에서
즙이 쉽게 용출되기 때문에 맛과 향이 뛰어나다. 좋은 쌀로 잘 쑤어진 원미죽은
간을 하지 않고 찬 없이 먹어도 될 정도다. 원미쌀을 미리 말려 두었다가 필요할
때 쓸 수 있는데 쌀을 깨끗이 씻어 말린 다음 반쯤 파쇄한 뒤 보관하였다가 쓴다.
원미죽을 즉석으로 쑬 때는 쌀을 폭 불리고 마른 불림은 오래 하지 않는 것이 좋
다. 원미죽은 옹근죽에 비해서 죽이 완성되는 시간이 짧아 수분 손실이 적기 때
문에 물 양은 옹근죽보다 적게 넣어야 원하는 상태의 죽을 얻을 수 있다.

호박죽을 쑬 때 거칠게 갈은 원미를 넣기도 하는데, 적당히 쌀이 씹히고 쌀즙
이 호박죽과 어우러져 단맛과 고소함이 배가 되는 것이 새알심이나 가루나 통곡
을 넣어 쑨 호박죽보다 낫다. 소화가 잘되어 몸의 흡수가 빠른 것도 원미죽의 특
징이다.

《시의전서》에는 소주원미(燒酒元米), 장탕원미(醬湯元米)가 나온다. 소주원미는

원미죽이 알맞게 퍼졌을 때 죽그릇을 찬물에 채워 식힌 다음 약소주와 설탕을 가미하여 얼음을 띄워 차게 하여 먹는다. 약소주는 소주에 용안육, 구운 대추, 인삼 등을 넣고 2달 정도 우려낸 술이다. 원미죽은 매우 정선(精選)하여 만든 음식으로 소화가 잘되고 식욕을 촉진하는 효과가 있어 여름철 별미 음식의 하나로 손꼽혔다. 조선 후기의《소문사설(謏聞事說)》에는 붕어죽이 나오는데, 이는 붕어의 살코기를 발라 체로 거른 뒤 장국에 넣어 끓인 원미죽에 쑨 붕어죽이다. 1720년 경자년(경종 즉위년)에 대내(大內)에서 죽을 쑤어 따뜻할 때 임금께서 드셨는데, "맛이 매우 좋다."라고 말씀하셨다고 한다.

서양의 오트밀(Oatmeal)이 원미에 해당한다.

무리죽

무리죽은 곡물 가루로 쑨 죽으로 그 질감이 비단처럼 곱다고 하여 비단죽이라고도 한다. 대표적인 예로 타락죽과 잣죽이 있으며, 무리죽은 곡물 가루뿐만 아니라 약떡을 말려 빻은 가루로도 쑤어 먹을 수 있다.《규합총서(閨閤叢書)》와《동의보감(東醫寶鑑)》에는 무리죽의 한 종류로 구선왕도고의이(九仙王道糕薏苡)가 수록되어 있는데, 이는 여러 가지 약재를 넣어 만든 떡으로 쑨 죽을 의미한다. 구선왕도고(九仙王道糕)는 세종이 즐긴 떡으로 '총명떡'이라 불리며 과거를 준비하는 선비들이 지력을 돕기 위해 먹었다고 전해진다.

구선왕도고의이를 만드는 데에는 연육(蓮肉), 백복령(白茯苓), 산약초(山藥炒, 마의 덩이뿌리를 볶은 것), 의이인(薏苡仁, 율무쌀)을 각각 4냥, 맥아초(麥芽炒, 엿기름 볶은 것), 감인(芡仁, 가시연밥의 알맹이), 백변두(白藊豆)를 각각 2냥, 시상(柿霜, 곶감 껍질에 돋은 흰 가루) 1냥, 사탕 20냥, 그리고 쌀가루 5되가 사용된다. 이 재료들을 가루로 만든 후 쌀가루에 섞어 떡을 찌는데, 층층이 쌓아(켜를 안쳐) 찐 떡은 달콤하고 향긋하며 원기를 보충하는 효과가 뛰어나다. 또한, 떡을 볶아 미숫가루로 만들어 꿀물에 타서 마시면 갈증 해소에 좋으며, 떡을 햇볕에 말려 곱게 가루 내어 필요할 때 죽으로 쑤어 먹으면 위를 보호하고(補胃), 기운을 돋우며 특히 노인에게 유익한 보양식이 된다.

가정에서는 이 떡을 보양 음식으로 상비해 두었다고 하며, 구선왕도고로 쑨 구선왕도고의이(九仙王道糕薏苡)는 일종의 총명죽이 되는 셈이다. 여기서 '의이(薏苡)'는 율무를 뜻하는 것이 아니라 죽을 의미하는데, 이는 곧 구선왕도고의이가 단순

옹근죽   원미죽   무리죽

한 떡이 아니라 죽으로도 활용할 수 있는 전통 보양식이었음을 보여준다. 일반적인 무리죽은 신선한 쌀을 곱게 갈아 체에 밭쳐 사용하는 방식이며, 쌀을 미리 말려 가루로 만든 후 보관해 두었다가 필요할 때 사용하는 방식도 있는데 생쌀 무리죽은 신선한 풍미를 살릴 수 있고, 마른 가루로 쑤는 무리죽은 조리 시간을 줄일 수 있어 간편하다. 무리죽을 곱게 쑤려면 빻은 쌀이나 말린 가루를 체에 두 번 이상 거르고 찬물에 충분히 풀어 덩어리가 생기지 않도록 하며 약한 불에서 천천히 저어가며 끓이면 더욱 부드러운 질감을 얻을 수 있다.

암죽

    암죽은 어린아이, 노인, 환자를 위한 묽은 죽으로 소화가 잘되고 부담이 적어 회복식이나 이유식으로 많이 사용되었다. 주재료로는 곱게 빻은 쌀가루나 밤가루가 사용되며, 때로는 밥물에 곡식 가루를 섞어 끓이기도 했다. 암죽을 만들기 위해 사용하는 쌀가루는 먼저 쌀을 깨끗이 씻어 불린 후 찌거나 햇볕에 바싹 말려 살짝 볶아 곱게 빻아 체에 내려 보관했다가 필요할 때 물을 부어 쑤었다. 백설기를 햇볕에 말려 가루로 만들어 죽을 쑤기도 했으며, 식혜를 걸러 암죽을 만들기도 했다. 이처럼 암죽은 만드는 방법과 재료에 따라 다양한 형태로 조리되었지만, 공통적으로 부드럽고 소화가 잘되는 것이 특징이었다.

    암죽은 이미 열처리된 곡물을 이용해 짧은 시간 내에 만들 수 있었으며, 특히 위가 약한 사람이나 젖을 충분히 먹지 못한 아이들에게 중요한 영양 공급원이었다. 우유가 흔하지 않던 시절에는 모유를 대신할 대용식으로 쓰였는데, 어릴 때 모유를 충분히 먹지 못한 아이가 체격이 좋고 공부도 잘하면 어른들은 "젖이 없어 암죽을 먹고 컸는데도 이렇게 잘 자랐다."라며 기특해하곤 했다. 암죽에는 여러 가지 변형이 있는데, 말린 흰무리떡을 빻아 묽게 쑨 떡암죽, 밤 가루나 곱게 간 밤을 넣어 만든 밤암죽이 대표적이다.

    구한말 엄비(嚴妃)가 영친왕(英親王) 이은(李垠)을 낳았을 때, 최송철당 할머니가 "암죽을 끓일 때 땔감으로 마른 참깻대가 좋다."라는 이야기를 듣고 일부러 시골에서 참깻대를 구해 암죽을 끓여 바쳤다는 고사가 전해진다. 이는 암죽이 단순한 죽이 아니라 건강과 성장에 중요한 역할을 했다는 점을 보여준다.

암죽

깻단

미음

미음(米飮)은 곡물을 물에 충분히 넣고 오래 삶은 후 체에 걸러 만든 묽은 즙을 뜻한다. 한자어인 '미음'은 우리말로 '보미'라고도 불리며, 곡물의 알갱이가 살아 있는 죽을 섭취하기 어려운 환자나 어린아이의 초기 이유식, 고령자의 보양식으로 사용된다. 또한, 일정 기간 곡기를 끊었던 사람이 원기를 회복하는 데에도 적합한 음식으로 체내 수분을 보충하는 역할을 한다.

미음에는 쌀미음을 기본으로 좁쌀미음, 보리미음이 있다. 보리미음은 몸의 열을 내리고 소화를 돕는 효과가 있어 이뇨 작용과 함께 여름철 건강식으로 즐겨 먹었다. 좁쌀미음은 좁쌀이 쌀보다 영양 구성이 뛰어나고, 몸의 열을 내리며 마음을 안정시키는 효과가 있어 조에 과일이나 해물 등을 넣어 더욱 영양가 있게 끓이기도 했다. 〈정조지〉에 나오는 '청량죽(靑粱粥)'이 바로 이러한 조미음의 한 예이다. 또한, '조미죽(棗米粥)'은 좁쌀에 대추를 더해 약성과 맛을 보강한 형태로 조리되었다.

미음을 끓일 때 찹쌀을 함께 넣으면 점성이 높아져 위벽을 보호하는 효과를 얻을 수 있다. 미음은 수분 함량이 많아 죽처럼 계속 저어줄 필요는 없지만, 충분히 끓여야 부드럽고 톱톱한 질감을 얻을 수 있다. 환자의 상태에 따라 농도를 조절할 수 있으며, 죽보다 열량이 낮아 일반적으로 죽을 먹기 전 단계의 과정식으로 활용된다. 죽은 쌀과 물을 6~7배 비율로 넣고 쑤는 반면, 미음은 20배 정도의 물을 넣어 더욱 묽고 음료처럼 마실 수 있도록 만든다.

미음의 열량과 맛을 보강하기 위해 꿀이나 설탕을 약간 넣기도 하며, 찹쌀을 함께 넣으면 멥쌀과 찹쌀의 효능을 동시에 누릴 수 있어 더욱 좋다. 부드럽고 소화하기 쉬운 미음은 건강을 회복하려는 사람들에게 적합한 음식으로, 죽과 숭늉의 중간 단계에 위치한 영양식이라 할 수 있다.

* 미음을 쑬 때 대추, 생강, 감초 등을 넣어 건강 보양식으로 활용할 수 있다.
* 《원행을묘정리의궤(園幸乙卯整理儀軌)》에는 미음상으로 대추미음, 백감미유(白甘米飮), 백미음(白米飮), 생동쌀미음(푸른조미음), 가을보리미음[秋麰米飮], 삼합미음[蔘蛤], 메조미음[黃粱] 등이 기록되어 있고, 《군학회등(群學會騰)》에는 미음의 재료로 미좁쌀[粟米], 멥쌀[粳米], 찹쌀[糯米], 생동쌀[靑粱米], 기장쌀[黍米], 녹두(綠豆), 대추 등이 기록되어 있다.

제1장 죽에 대한 다양한 이야기들

미음과 속미음

미음

재료

쌀 150g, 물 3L

만들기

1. 쌀을 깨끗이 씻어 물에 2시간 이상 충분히 불려 쌀이 부드러워지면 소쿠리에 건져 물기를 뺀 뒤, 바닥이 두꺼운 냄비에 불린 쌀 양의 20배의 물을 함께 넣고 약한 불에서 은근히 1시간 이상 나무 주걱으로 가끔 저어 주면서 쌀알이 완전히 퍼지고 국물이 절반 정도 남을 때까지 천천히 익힌다.

2. 밥알이 부드럽게 풀어지고 국물이 걸쭉해지면 불을 끄고, 체에 내려 곱게 걸러 내어 냄비에 담아 한 번 더 데워 따뜻하게 만든 뒤, 뜨거울 때 그릇에 담아 낸다. 여기에 소금과 청장(재래식 간장)을 작은 그릇에 따로 담아 곁들이고, 기호에 따라 꿀을 넣어 달콤하게 즐길 수도 있다.

속미음

재료

좁쌀 3큰술, 찹쌀 3큰술, 대추 10개, 황률 10개,
인삼 1뿌리, 물 21컵, 소금 적당량

만들기

인삼을 곱게 썰어 물을 붓고 약한 불에서 한 시간 정
도 은근히 달이다가 씻어 둔 대추와 황률, 그리고 좁
쌀과 찹쌀을 넣고 다시 한 시간 이상 푹 끓인 뒤 좁쌀
과 찹쌀이 부드럽게 퍼지고 대추와 황률은 단맛이 빠
져 국물이 걸쭉해지면 체에 내려 곱게 걸러 다시 데운
다. 뜨거운 김이 피어오를 때 그릇에 담아 내고 기호에
따라 소금을 따로 곁들인다. 차조를 넣으면 더욱 고소
한 맛이 살아난다.

제1장 죽에 대한 다양한 이야기들

응이

응이는 곡물을 갈아 가라앉힌 후 얻은 녹말가루에 물을 넣어 쑨 죽의 한 종류다. 일반적인 죽보다 더욱 찰지고 부드럽다. 먹는 사람의 상태에 따라 농도를 조절할 수 있는데, 물을 많이 넣으면 마치 미음처럼 묽어져 음료처럼 마실 수 있고, 물을 적게 넣으면 찰랑한 상태가 되어 묵과 비슷한 질감을 띤다.

응이라는 명칭은 본래 율무를 뜻하는 '의이(薏苡)'에서 유래되었다. 조선 후기 학자 이익(李瀷)의 《성호사설(星湖僿說)》에도 이러한 어원에 대해 언급하며, 의이(율무)가 원래 곡물의 이름인데 후대에 이를 죽의 이름으로 잘못 사용하고 있다고 지적한 바 있다. 실질적으로 여러 곡물로 응이를 만들어 보면, 율무에서 가장 많은 녹말이 얻어지고 식감도 쫀득하며 맛도 고소하여 응이란 이름이 여러 곡물로 만든 녹말죽을 대표하게 된 것 같다.

〈정조지〉를 복원하는 과정에서도 다양한 응이를 만들었는데 율무응이가 가장 효율적이었으며, 여기에 율무의 뛰어난 건강 효능이 더해져 더욱 선호된 것으로 보인다. 율무는 위장을 편안하게 하고 이뇨 작용을 돕는 등 한방에서도 건강식으로 꼽히며, 피부 미용과 면역력 강화에도 좋은 곡물로 알려져 있다.

응이는 조선 시대에 병약한 환자의 회복식으로 활용되었다. 율무뿐만 아니라 쌀, 녹두, 보리 등 다양한 곡물로도 만들 수 있어 재료에 따라 맛과 질감이 조금씩 달라진다.

쑬 때 꿀이나 우유를 더하면 더욱 부드럽고 달콤한 풍미를 즐길 수 있으며, 차갑게 식힌 뒤 견과류를 곁들이면 묵 같은 간식이 된다. 고소하고 부드러운 맛 덕분에 남녀노소 부담 없이 즐길 수 있으며, 특히 속이 편안해져 현대에는 건강식이나 다이어트식으로 활용하면 좋다.

율무응이 만들기

제1장 죽에 대한 다양한 이야기들

범벅

호박

범벅은 죽과 떡의 중간쯤 되는 음식이다. 너무 묽지도, 너무 단단하지도 않아 한 숟가락 떠먹으면 입안에서 부드럽게 풀어지는 것이 특징이다. 1700년대 조리서 《음식보(飮食譜)》에 "범벅같이"라는 표현이 등장하는 것으로 보아, 꽤 오랜 세월 동안 먹어 온 음식임을 알 수 있다.

범벅은 곡식 가루에 감자, 옥수수, 호박 같은 것을 넣고 되직하게 쑤어 만든다. 어떤 재료를 넣느냐에 따라 감자범벅, 옥수수범벅, 호박범벅 등으로 나뉘며, 지역마다 특징적인 범벅이 전해 내려온다. 강원도에서는 감자범벅과 옥수수범벅을,

호박범벅

경상도와 강원도 일부 지역에서는 호박범벅을 많이 먹었다. 특히 호박범벅은 늙은 호박을 푹 익혀 단맛을 끌어내고 콩, 밤, 대추, 붉은팥을 함께 넣어 고소하고 달콤하게 만든다. 여기에 찹쌀경단을 더하면 더욱 푸짐한 별식이 된다.

범벅의 가장 큰 장점은 재료가 정해져 있지 않다는 것이다. 농사를 지어 거둬두었던 강낭콩, 고구마, 옥수수 등을 활용해 제철마다 조금씩 다른 맛을 낸다. 찹쌀가루를 풀어 넣어 죽처럼 걸쭉하게 만들 수도 있고, 되직하게 쑤어 떡처럼 떠먹을 수도 있다. 수분이 적어 죽보다는 칼로리가 높고, 떡보다는 부드러워 소화가 잘된다. 겨울이 깊어갈 때면 단단한 껍질 속에 달콤한 맛을 품은 늙은호박범벅 한 그릇이면 속이 든든해졌다.

범벅은 정해진 틀이 없는 음식이다. 집집마다 손맛에 따라 조금씩 다르고 들어가는 재료도 그때그때 달라지지만, 언제 먹어도 따뜻하고 포근한 느낌을 주는 음식이다. 한 그릇 떠서 숟가락으로 푹 퍼 올리면 담백한 곡물의 향과 고소한 견과류, 달큰한 호박의 맛이 어우러져 속을 채워준다. 범벅은 단순한 음식이 아니다. 제철 재료를 모아 가족과 나누어 먹던 정겨운 한 그릇이며, 먹을 것이 귀하던 시절에는 삶을 버텨주던 소박한 영양식이었다.

육즙

고기를 삶아 그 즙을 먹는 육즙은 일종의 동물성 미음이라 할 수 있다. 그중에서도 가장 대표적인 것이 양즙(胖汁)으로 양즙죽이라고도 불린다. 양즙은 소의 양에서 나온 맑은 국물로, 특히 즙이 많이 우러나는 벌집양이나 깃머리양(두꺼운 살이 많은 부위)을 이용해 만든다.

양즙을 만들기 위해서는 먼저 양을 깨끗이 씻어 냄새를 제거한 후 미끈거리는 막과 검은 껍질을 완전히 벗겨내고 잘게 썬다. 그런 다음, 사기 그릇에 담아 물을 한 방울도 넣지 않은 채 중탕으로 천천히 오래 끓인다. 시간이 흐르면 양의 살코기에서 맑고 뽀얀 즙이 우러나오는데, 이를 보자기에 걸러 짜낸 뒤 소금과 후추를 넣어 간을 낮추고 띠뜻할 때 마신다.

양즙에 잣즙을 섞어 함께 짜내기도 하는데, 고소한 풍미가 더해져 더욱 깊은 맛을 낸다. 한약을 달일 때 보양 효과를 극대화하기 위해 양즙을 한약재와 함께 달여 먹는 경우도 있었다. 왕실에서도 활용되던 방식으로 면역력을 높이고 체력

양즙

을 보강하는 역할을 했다.

양즙의 필수 향신료인 후추는 단순히 맛을 내는 역할을 할 뿐만 아니라, 동물 내장 특유의 냄새를 제거하고 몸을 따뜻하게 하여 양즙의 흡수를 돕는 기능도 한다. 이러한 이유로 양즙은 병후 회복기나 허약한 사람의 몸을 보하는 데 탁월한 음식으로 여겨진다. 프랑스의 '콩소메(consommé)'나 중국의 '양육탕(羊肉汤)'은 맑은 육즙을 추출하는 방식이 양즙과 유사하다.

눌은밥, 끓인 밥 죽

먹거리가 귀했던 시절, 며느리나 주부는 솥바닥에 눌어붙은 누룽지에 물을 부어 불려 배를 채우는 일이 많았으며, 남자들에게 눌은밥을 먹이는 것은 금기로 여겨졌다. 이는 밥을 지을 때 생긴 누룽지가 하층의 찌꺼기 같은 것으로 인식되었고, 남성들에게는 정성껏 지은 위쪽 밥을 대접해야 한다는 가부장적 문화에서 비롯되었다. 그러나 실제로는 눌은밥이 소화가 잘되고, 기력을 보충하는 데 효과적이어서 허약한 사람이나 식사가 어려운 이들에게 유용한 음식이었다.

《동의보감(東醫寶鑑)》에서도 "음식이 목구멍으로 잘 넘어가지 않거나, 넘어가더라도 위까지 내려가지 못하고 토하는 병증이 있을 때 누룽지로 치료한다."라고 기록되어 있다. 이는 누룽지가 단순한 눌은밥이 아니라 몸을 따뜻하게 하고 소화에 도움을 주는 유용한 음식이었다는 사실을 보여준다. 이때의 '누룽지'는 오늘날처럼 그냥 씹어 먹는 것이 아니라 물을 붓고 끓여 묽게 만든 '눌은밥'을 말한다.

밥을 보온할 수 없었던 시절, 추운 날에는 찬밥을 끓여 죽을 대신하곤 했다. 대체로 남은 국에 찬밥을 넣고 끓이는 재활용 죽이다. 겨울철처럼 찬밥을 그냥 먹기 어려운 때나 밥이 어중간하게 남았을 때, 양을 늘려 온 가족이 함께 먹기 위해 만들기도 했다. 쌀로 쑨 고운 죽보다는 맛이 깔끔하지 않지만, 맛있는 국물에 끓여 죽보다 풍미가 깊다. 국이 없을 때는 익은 김치로 김치국을 만든 뒤 찬밥을 넣고 끓이기도 하였다. 김치죽의 적당히 매콤한 맛이 추운 날씨와 더없이 잘 어울렸다. 손쉽게 끓일 수 있는 찬밥을 활용한 김치죽과 밥을 물에 끓여 만든 흰죽을 간편한 한 끼로 즐기는 경우가 많았다.

끓인 밥 죽

제1장 죽에 대한 다양한 이야기들

장죽

우리 죽이 무궁무진한 이유 중 하나는 바로 간장, 된장, 고추장 등 다양한 우리 전통 장에 있다. 같은 채소죽이라도 된장을 넣으면 구수한 감칠맛이 더해지고 소화가 잘되는 죽이 되고, 고추장을 넣으면 칼칼한 매운맛이 입맛을 돋우고 발한 작용을 촉진하며 혈액순환을 돕는다. 죽의 재료에 따라 된장과 고추장을 적절히 섞어 넣으면 비율에 따라 각기 다른 맛이 나는데, 식재료 본연의 맛을 강조하고 싶다면 소금으로 간을 하면 담백하고 깔끔한 맛이 살아난다.

장은 단순히 맛을 내는 조미료가 아니라 그 속에 담긴 영양 성분이 죽과 함께 빠르게 몸에 흡수되어 기력 회복에도 도움을 준다. 흰쌀죽에는 간장이 제격인데 이는 죽의 풍미를 살리는 동시에 소화를 돕는 역할을 한다. 또한 채소죽에 자주 사용되는 간장과 된장에는 쌀죽에 부족한 단백질이 풍부하게 함유되어 있어 영양을 보강해 준다. 따라서 전통 간장 중에서도 염도가 낮고 미네랄이 풍부한 간장으로 간을 맞추면 죽의 맛이 더욱 깊어지고 균형 잡힌 영양을 제공할 수 있다. 간장은 죽의 간을 맞추어 풍미를 더하는 동시에 소화를 돕고 단백질을 보충하는 역할을 한다. 우리 죽이 감칠맛이 뛰어난 이유도 바로 전통 간장이 들어가기 때문이다.

된장은 쌀과 채소를 넣은 죽과 조화를 이루며 채소의 풋내를 잡아주고 쌀과 채소의 맛이 한데 어우러지도록 한다. 조선 시대 조리서 〈정조지〉에도 된장을 넣어 쑨 죽이 기록되어 있으며 대표적으로 구기자잎죽, 총시죽, 시금치죽, 아욱죽 등이 있다. 이를 통해 당시에도 된장이 주로 채소 잎을 이용한 죽에 자주 활용되었음을 알 수 있다. 다만 된장만으로 간을 맞추면 맛이 지나치게 강해질 수 있으므로 소금, 간장, 고추장을 함께 사용하여 조화를 이루는 것이 좋다. 소금은 깔끔한 맛을 내고, 간장은 깊은 감칠맛을 더하며, 고추장은 소금과 간장의 장점에 산뜻한 매운맛을 더한다.

고추장은 된장을 보조하여 죽맛을 향상시키는 용도로 주로 사용되었으나, 지금은 매운맛이 유행하면서 고추장만 넣어 죽을 끓이는 경우도 많아졌다. 고추장을 넣은 죽은 혈액순환을 촉진하는 효과가 있어 몸을 따뜻하게 데우는 데 도움이 된다.

장을 활용한 죽은 맛뿐만 아니라 영양과 소화에도 뛰어난 장점을 지니고 있다. 된장의 구수함, 간장의 감칠맛, 고추장의 칼칼한 풍미가 어우러진 장죽 한 그릇은 따뜻한 위로이자 정성이 담긴 보양식이라 할 수 있다.

장독대

제1장 죽에 대한 다양한 이야기들

죽상

　우리는 밥을 먹을 때는 반상, 죽을 먹을 때는 죽상, 면을 먹을 때는 면상, 만두를 먹을 때는 만두상, 술을 마실 때는 술상 등의 다양한 상차림 문화가 있다. 각 상에는 주가 되는 음식의 맛을 해치지 않고 주음식에 부족한 영양을 배려한 찬을 올렸다.

　죽상에는 순하고 조용한 죽의 맛을 방해하지 않는 맑고 차분한 찬이 곁들여졌다. 매운 찬은 죽의 부드러움을 방해할 수 있어 피해야 했고, 지나치게 짠 음식도 죽의 은은한 풍미를 가릴 수 있었으므로 신중해야 했다.

　위장을 편안하게 하고 몸을 따뜻하게 감싸는 죽의 효능을 돕기 위하여 김치는 국물이 있는 나박김치나 동치미이며, 찌개는 젓국이나 소금으로 간을 한 맑은 찌개를 올렸다. 이 외에 가볍게 씹을 수 있는 육포, 북어보푸라기, 매듭자반이나 부각 등의 마른 반찬 두세 가지와 간을 맞추기 위해 소금, 청장, 꿀이 종지에 담겨 죽상에 올랐다.

　죽이 위장을 편안하게 하는 것을 돕기 위해 가벼운 음식들로만 정갈하게 차리는 것이 죽상의 원칙이다.

　왕실에서는 아침 수라를 올리기 전, 초조반(初早飯)이라 하여 죽을 먼저 내놓았다. 이 경우에는 밥을 주식으로 한 수라상의 찬류와 거의 구색이 동일하다. 민간에서도 노인들에게 아침 식사 전에 자릿조반이라고 하는 죽상을 조반에 앞서 올렸다. 식전의 죽은 몸을 깨우고 속을 달래주는 역할을 했다.

죽상차림

　죽상을 차릴 때 가장 중요한 것은 죽의 본래 맛을 해치지 않으면서도 영양을 온전히 몸이 받아들이도록 돕는 것이다. 따라서 죽을 먹는 사람의 상태에 맞춰 적절한 찬을 선택해야 한다. 소화가 어려운 사람에게는 담백한 반찬을 곁들이고, 입맛이 없는 사람에게는 신맛을 더해 식욕을 돋우는 것이 좋다.

　전통적으로 죽상에는 울외장아찌, 오이장아찌, 무장아찌 같은 장아찌류

동치미

나 가지·다시마·연근 등의 절임 반찬이 자주 올랐다. 이러한 반찬들은 죽의 부드러움을 유지하면서도 감칠맛을 더해준다. 반면, 요즘의 죽상에는 고춧가루로 버무린 오징어젓갈이나 매운 김치 같은 자극적인 반찬이 자주 등장하는데, 이는 죽을 빨리 먹게 만들 수는 있지만 본래의 부드럽고 소화에 좋은 특성을 해칠 수 있어 아쉬운 변화라 할 수 있다.

한편, 동남아에서는 죽에 채 썬 생강과 다진 파를 올리거나 식초를 몇 방울 떨어뜨려 먹는 문화가 있다. 이러한 방식은 단순한 취향이 아니라 죽의 소화 효과를 극대화하는 방법이기도 하다. 생강은 몸을 따뜻하게 하고 혈액순환을 촉진해 소화를 돕고, 식초는 신맛으로 입맛을 돋우며 고기나 생선의 풍미를 부드럽게 만들어준다. 결국, 죽을 더욱 효과적으로 섭취하는 방식이었던 것이다.

죽상 문화는 시대에 따라 변할 수 있지만, 중요한 것은 죽을 먹는 이가 부담 없이 한 숟갈을 떠넣고 부드럽게 삼킬 수 있도록 돕는 것이다. 이러한 원칙을 잊지 않는다면 전통과 현대적 감각이 조화를 이루는 건강한 죽상을 차릴 수 있을 것이다.

　　　　　　　제1장 죽에 대한 다양한 이야기들

죽과 수프

　　죽과 수프는 모두 부드러운 유동식이지만 그 쓰임새는 전혀 다르다. 수프는 메인 요리를 보완하는 부속 음식으로 빵이나 다양한 요리와 곁들여 먹는다. 반면, 죽은 단독으로 한 끼 식사가 되는 완성된 요리다. 수프는 육수에 유제품과 채소를 넣어 가볍게 즐기지만, 죽은 쌀을 오래 끓여 다양한 재료와 함께 조리하며 더욱 든든한 식사가 된다. 그래서 수프는 어디서든 쉽게 먹을 수 있지만, 죽은 전문점에서 먹어야 하는 경우가 많다. 빵과 수프의 조합은 익숙하지만 빵과 죽을 함께 먹는 경우는 거의 없다. 죽과 수프는 같은 유동식이지만 하나는 주인공, 다른 하나는 보조 역할이라는 점에서 확연히 다르다. 결국, 죽을 먹을지 수프를 먹을지 고민할 필요조차 없는 이유다. 이제는 죽이 무게감 있는 주연만 할 게 아니라, 약방의 감초처럼 없어서는 안 될 조연으로도 활약해야 할 시기다.

　　청나라 한림원의 학사 왕창거(王敞居)의 집에 초대를 받아 갔다. 왕창거는 상서방(尙書房)에서 황자들을 가르치는 일을 맡고 있어 황제의 총애를 받는 인물이었다. 예전에 황제가 주관한 잔치에서 필담으로 대화를 나눈 적이 있는데, 그때 왕창거의 학문뿐만 아니라 인품까지 고매하다는 것을 알게 되었다. 그의 초대를 기꺼이 받아들인 것도 그 때문이었다.

　　서로 반갑게 인사를 나누고 자리에 앉았다. 어린 종이 우리 호박죽과 비슷한 음식을 종지보다 큰 흰 그릇에 담아 내왔다. 색은 개나리보다 진하여 치자를 우린 듯했고, 향미는 코가 요동칠 정도로 강렬했다. 식감은 우리 미음과 응이의 중간 정도로 건더기가 없고 훌훌 마시기 좋았다.

　　나는 왕창거에게 맛이 참 묘하다며 어떻게 만들었는지를 물었다. 왕창거는 서역에서 온 선교사에게 배운 조리법이라며, "타락(駝酪, 우유)과 수유(酥油, 버터)를 듬뿍 넣어 만든다."라고 설명했다. 조금 먹었을 뿐인데 속이 든든하였다. 우리 호박죽도 타락을 넣어 쑤면 호박의 효능을 살리면서도 허약한 산모나 병중의 노인들에게 더없이 좋은 음식이 될 것이라는 생각이 들었다. 식사를 마치고 인사를 나눈 뒤 밖으로 나왔다. 회랑에 청둥호박 같은 것이 작은 수레에 가득 실려 있었다. 한양에 돌아온 후에도 그 호박죽 맛이 쉽게 잊히지 않았다.

우리는 쌀이나 곡물이 들어간 호박죽을 먹지만, 서양에서는 우유와 버터를 넣은 단호박수프를 먹는다. 호박죽은 곡물이 들어가 있어 질감이 농축된 반면, 칼로리는 낮다. 반대로, 단호박수프는 무르지만 칼로리가 높다. 만약 선인들이 단호박수프를 접했다면, 그 이름을 '호박타락죽'이라고 붙였을지도 모른다. 일반적으로 죽이라고 하면 곡물이 들어간 음식만 떠올리지만, 우리 전통 죽에는 곡물이 거의 들어가지 않거나 아예 들어가지 않는 경우도 있다. 황정죽처럼 곡물이 전혀 들어가지 않은 죽도 있으며, 비단처럼 부드러운 응이나 훌훌 마시기 좋은 미음도 전통적인 죽의 한 형태이다. 우리 죽의 뿌리를 알면 수프를 대용할 수 있는 정체성이 분명한 새로운 죽을 만들어 낼 수 있다. 위 이야기는 그런 소망을 담아 조선시대 연행사가 호박수프를 먹은 경험을 상상하여 써 보았다.

호박죽   호박수프

죽 쑤는 비결

02

물과 곡식을 부드럽게 끓여내는 일, 그 단순해 보이는 동작에는 수백 년을 이어온 지혜와 마음이 담겨 있다.

이 장에서는 좋은 죽을 쑤기 위한 방법과 함께, 그 속에 스며 있는 전통의 감각과 섬세한 손맛을 들여다본다. 기술의 발달로 조리는 쉬워졌지만, 죽의 맛을 결정짓는 것은 여전히 재료를 고르는 안목, 불의 조절, 그리고 죽에 담긴 정성의 무게다.

이 장을 통해 죽을 쑨다는 것은 단지 배를 채우는 일이 아니라 마음을 다스리고, 삶의 속도를 조율하는 행위다. 죽의 진짜 '맛'을 만들고 지켜낸 시간이 우리에게 전하는 것을 함께 생각해 보고자 한다.

나오기까지
한 그릇의 죽이

우리가 일상에서 흔히 사용하는 죽에 빗댄 속담으로 "죽 쑤었다"와 "죽 쑤어 개 주었다"가 있다. 일이 뜻대로 잘 안 되었다는 의미를 지닌 '죽 쑤었다'는 죽이 밥보다 하등한 음식, 원치 않은 결과물이라는 인식을 갖게 하였다. 비슷한 의미로 의도치 않은 진밥을 죽밥이라고 하고, 식재료가 지나치게 익어 그 형체를 잃은 것을 곤죽이 되었다고 한다. 죽을 쑤어 보면 의도를 벗어난 결과물을 죽에 빗대는 것이 잘못되었다는 것을 알게 된다.

'죽 쑤어 개 주었다'는 실컷 애를 썼는데 결과물은 엉뚱한 사람에게 돌아갔다는 뜻으로, 그나마 죽을 만드는 데 많은 정성이 필요함을 나타낸다. 아마도 '죽 쑤었다'는 표현은 형편없는 죽을 먹은 사람이, '죽 쑤어 개 주었다'라는 표현은 제대로 쑨 죽을 먹은 사람이 만들어낸 것 같다.

사실, 죽은 세심한 계획과 고민의 결과물이다. 선조들은 씨를 뿌릴 곡물을 정할 때 죽으로 활용할 수 있는지를 고려하여 농작물의 종류와 재배 면적을 결정했다. 자연재해로 흉년이 들거나 환자가 발생했을 때 죽이 가족의 안녕을 책임지는 필수 음식이었기 때문이다.

죽을 쑬 때는 그 목적에 따라 어떤 종류의 죽을 어떻게 만들지 판단했다. 노인과 환자를 위한 치유나 보양의 용도로 죽을 쑬 때는 우선 먹는 사람의 상태를 파악한 후 어떤 재료를 사용할지 가족들이 의논했다. 병의 경중에 따라 다르지만, 대체로 경험이 풍부한 집안 어른의 의견이나 의원의 처방이 반영되었다. 이후 먹는 사람의 상황에 맞게 곡물의 종류와 크기, 그리고 추가할 재료까지 정한 후에야 비로소 죽을 쑤기 시작했다.

죽에 대한 부정적인 속담들은 우리의 소중한 음식 문화를 제대로 이해하지 못한 데서 비롯된 것이다.

가마솥의 죽

죽과 쌀

우리는 전통적으로 여러 곡물을 먹었지만 맛이 좋고 오래 먹어도 질리지 않으며 식감이 좋은 쌀을 선호한다. 죽의 주재료 역시 대부분 쌀이다. 어떤 쌀로 죽을 쑤는 것이 좋은지에 대해 〈정조지〉에서는 늦벼를 추천한다. 늦벼는 만생종으로 늦게 수확한 벼를 말한다. 〈정조지〉 취류지류(炊餾之類) 밥 편에는 늦게 수확하여 서리를 맞은 벼가 독이 없어 좋다고 언급하는데, 보양식이나 치유식으로 먹는 죽에 특히 적합할 것으로 보인다.

또한, 〈정조지〉에서는 쌀은 햅쌀이 좋다고 한다. 따라서 죽을 쑤기에 가장 좋은 쌀은 늦게 수확한 햅쌀이다. 햅쌀로 쑨 죽은 윤기가 돌고 매끄러워 잘 넘어가지만, 묵은쌀로 쑨 죽은 퍼실거리고 냄새도 좋지 않다. 물론 영양 성분도 많이 떨어진다. 우리는 1년에 쌀을 한 번 수확하므로 매번 햅쌀로 죽을 쑬 수는 없지만, 갓 도정한 신선한 쌀로 죽을 쑤면 된다.

또 다른 좋은 쌀의 조건으로는 곱게 정미한 쌀이 있다. 늦게 수확하거나 서리를 맞은 쌀도 곱게 정미하지 않으면 죽을 쑤는 데 적합하지 않다. 정미를 한 다음에는 키로 쳐서 껍질이나 불순물을 잘 날려야 한다. 선생은 쌀은 술을 빚을 때처럼 많이 씻으라고 한다. 이는 깨끗함은 물론 씻는 과정에서 쌀의 거친 것들이 빠져나가고 빛깔이 눈처럼 희어져 죽이 맑고 정갈해진다. 또한, 씻는 과정에서 쌀이 깎여 부드러워지기 때문에 소화가 잘되고, 쌀 속의 녹말과 영양 성분이 잘 우러나 약이 되는 죽이 된다.

앞으로 토종쌀의 종류가 늘고 신품종이 개발되면서 죽에 맞는 쌀이 등장하여 죽맛은 더욱 좋아질 것이다. 기타 죽을 쑤는 곡물인 팥, 녹두, 율무, 조 등의 경우에도 색상과 알이 고르고 깨끗하며 윤기가 나고, 돌 등의 이물질이 섞여 있지 않은 것을 선택해야 한다.

호박죽과 팥죽

호박죽과 팥죽

　　큰 김장 작은 김장을 마치고 나면 모처럼 한가하다. 집집마다 처마에는 시래기가 걸려 있고, 부엌방에는 늙은호박들이 방 한 자리를 차지하고 있다. 일 년 농사의 피로가 풀리자, 윗목에 있는 호박이 눈에 들어온다. 오늘은 호박죽을 쑤리라 작정을 하고 오래 보관이 어려워 보이는 부실한 호박부터 골라 껍질을 벗긴다. 호박죽은 집집마다 쑤는 방법이 다 다르다. 호박 고운 것을 거르거나 거르지 않고 새알을 넣기도 하고 멥쌀을 거칠게 갈아 넣거나 밀가루를 사용하기도 했다. 대체로는 팥을 넣지만, 어떤 집은 알록달록한 여러 가지 콩을 넣거나 강낭콩을 넣었다. 겉돌던 호박죽에 쌀과 삶은 콩을 투입한 뒤 주걱이 바닥까지 닿도록 저으며 바락바락 끓이면 푹~ 푹~ 픽픽 소리를 내며 죽이 화산의 분화구처럼 솟아오른다. 성질 급한 사람은 죽 그릇부터 내밀지만, 은근한 불에 뜸을 들여야 쉬지 않고 맛이 깊고 진한 호박죽이 된다.

곡물의 가공법이 호박죽의 맛을 쥐락펴락하여, 같은 호박으로 끓여도 집집마다 호박죽 맛이 다 달랐다. 한 집에서 죽을 쑤면 온 동네가 나누어 먹었다. 죽을 쑬 때 품앗이를 해준 사람들은 식구수에 따라 들고 가는 호박죽 양이 다르다.

사람마다 좋아하는 호박의 질감도 다르다. 어떤 사람은 호박의 매끈한 질감을 좋아하고, 어떤 사람은 호박살이 자연스럽게 녹아 호박살의 식감을 느낄 수 있는 호박죽을 좋아한다. 한 집에서 호박죽을 끓이는 것을 신호탄으로 집집마다 호박죽을 쑤는 것이 겨우내 이어졌다.

동지에는 팥죽을 쑤어서 나누어 먹었다. 동지가 다가오면 상 위에 팥을 한 줌씩 펴 놓고 벌레 먹은 팥이나 돌을 골랐다. 동짓날이면 여러 집에서 온 팥죽이 그릇그릇 담겨 있는데, 어떤 집 팥죽은 색이 짙고 연하고, 걸쭉하고 멀겋고, 새알이 크고 작고 늘어지는 등 팥죽의 때깔이 모두 달랐다. 팥죽을 쑤고 있다가 이웃집에서 팥죽을 가져오면 팥죽을 주었다. 우리는 다른 음식보다도 유난히 죽을 나누어 먹고 살았다. 밥은 국이나 찬이 있어야 가치가 있지만, 죽은 한 그릇으로도 완벽하기 때문이다.

곡물의 크기

곡물의 크기는 죽의 질감, 맛, 완성도에 큰 영향을 미친다. 따라서 죽을 쑬 때는 목적에 맞게 곡물의 크기를 적절히 조절하는 것이 중요하다.

일반적으로 곡물의 크기가 클수록 고소하고 풍부한 질감을 느낄 수 있다. 반면, 곡물의 알갱이를 작게 하면 부드러운 질감을 만들어 주지만, 입자가 세밀해져 식감이 덜 느껴질 수 있다. 또한, 곡물의 크기가 클수록 조리 시간이 길어지고, 작은 곡물은 빠르게 익어 조리 시간이 단축된다. 그러나 익히는 시간을 적절히 조절하지 못하면 맛이 떨어질 수 있다.

곡물의 크기는 영양 성분 함량에도 영향을 미칠 수 있다. 일반적으로 큰 곡물이 작은 것보다 영양소를 더 많이 함유하고 있다. 이는 곡물이 작을수록 공기에 노출되는 면적이 늘어나 영양소가 파괴되기 때문이다. 그러나 이러한 차이는 미미하며, 영양가는 곡물의 품종, 저장 상태, 도정 정도 등 다양한 요인에 의해 좌우된다.

예를 들어, 쌀의 도정 정도에 따라 영양 성분과 식감이 달라진다. 도정도가 높을수록 쌀의 색은 희고 죽이 부드럽지만, 도정 과정에서 외피와 배아 부분이 제거되어 무기질과 비타민 등의 영양소 손실이 크다. 반면, 현미와 같은 통곡물은 영양 면에서 우수하지만 소화율이 떨어질 수 있다.

따라서 죽을 준비할 때는 사용하려는 곡물의 종류와 크기에 따라 조리 시간과 방법을 조절하여 최상의 맛과 영양을 얻는 것이 중요하다.

죽
쑤
기
의
기
본

물

  밥도 물이 중요하지만, 유동식인 죽은 더욱 그렇다. 죽물과 쌀알이 조화를 이루며 윤기가 자르르 흐르고 질감이 살아 있는 잘 쑤어진 쌀죽의 절제된 단순미는 물의 품질과 물의 양 조절에서 나온다.

  죽을 쑬 때 경수로 죽물을 잡으면 곡물 속의 영양분이 파괴된다. 물에 철, 황 등의 특정 성분이 함유된 물은 죽의 색을 변형시킬 뿐 아니라 죽 속의 영양 성분과 작용하여 독성을 생성시키거나 맛을 떨어뜨린다.

  〈정조지〉에는 돌 사이에서 흘러나오는 유혈수로 음식을 만들면 맛이 좋고 쉬지 않는다고 하였으나, 매번 구할 수는 없는 일이다. 마셨을 때 목 넘김이 좋은 물을 사용하면 된다. 수돗물을 사용할 때는 하룻밤을 가라앉혀서 사용하면 더욱 좋다.

  물은 품질도 중요하지만, 죽에 소요되는 정확한 물 양을 정하는 것이 더욱 중요하다. 죽물의 양을 정하는 것이 의외로 어렵다. 물이 많으면 홀렁한 죽이 되고, 물이 적으면 죽이 뻑뻑하여 식감이 떨어진다. 죽물은 한 번에 넣고 쑤어야 하는데, 농도가 맞지 않아 중간중간에 물을 넣어가며 죽을 쑤면 죽이 풀기 빠진 옷처럼 후줄근하여 맛이 없다. 농도를 맞추는 것이 자신이 없을 때에는 전체의 물 양 중 5% 정도를 남겼다가 죽이 팔팔 끓을 때 조금씩 부어가며 농도를 조절하는 것은 죽의 품질에 큰 영향을 미치지 않는다. 죽이 묽으면 당황하여 중간에 물을 덜어내거나, 맛을 보충하기 위하여 부재료나 참기름을 더하기도 하는데, 맛이 되살려지지는 않는다.

　죽물의 양은 곡물의 건조 상태와 가공법, 곡물의 크기, 물에 담근 정도, 조리 도구, 열원의 종류, 불의 세기, 죽을 쑤는 장소의 온도와 습도 등의 환경에 따라서 달라진다. 곡물의 알갱이가 작으면 물을 더 많이 흡수하므로 물이 더 필요하고, 곡물의 크기가 크면 물을 줄여야 한다.

　좋은 죽을 쑤려면 쌀은 2시간 정도 물에 불려 40분 마른 불림을 한 뒤 미리 계량해 둔 물을 한 번에 넣고 쑨다.

불

　죽은 일반적으로 낮은 불에서 오랜 시간 끓일수록 더욱 부드럽고 진한 맛이 난다. 이는 곡물이 서서히 익으면서 전분이 충분히 퍼지고, 수분과 어우러져 점성이 높은 죽이 형성되기 때문이다. 만약 불이 너무 세면 수분 증발이 빨라 국물이 적어지고, 죽이 끓어 넘쳐 되직한 질감이 된다. 또한, 곡물이 골고루 익지 않아 속은 설익은 상태가 될 수 있다.

　반대로, 불이 너무 약하면 조리 시간이 길어지면서 죽이 식감을 잃을 수 있다. 따라서 중·약불을 유지하면서 꾸준히 저어주는 것이 중요하다. 죽을 끓이는 동안 계속 저어주면 곡물과 물이 균일하게 섞이고, 바닥이 눌어붙는 것을 방지할 수 있다.

　과거에는 장작불이나 숯불을 이용해 죽을 쑤었으며, 불 조절이 어려웠기 때문에 일정한 온도를 유지하는 것이 숙련된 기술이었다. 특히 숯불은 열이 은은하게 지속되는 특징이 있어 죽을 천천히, 고르게 익히는 데 유리했다. 이러한 조리 방식은 깊고 진한 맛을 내는 데 기여했지만, 지속적으로 불을 관리해야 하는 번거로움이 있었다.

　현대에는 가스레인지, 인덕션, 전기밥솥과 같은 다양한 조리 기구가 등장하면서 죽을 쑤는 방식에도 변화가 생겼다. 가스레인지는 화력을 직관적으로 조절할 수 있다는 장점이 있고, 인덕션은 일정한 온도를 유지하는 것이 용이하여 불 조절만 잘하면 균일하고 깊은 맛의 죽을 만들 수 있다. 전기밥솥을 이용하면 누구나 손쉽게 균일한 품질의 죽을 만들 수 있지만, 여전히 죽을 맛있게 만드는 핵심은 불의 강도를 적절히 유지하는 것이다.

　　　　　　　　　　　　　　제2장 죽 쑤는 비결

섶불

왕겻불

정성

죽을 쑬 때는 위아래 온도 차를 최소화하기 위해 끊임없이 저어야 하므로 밥을 짓는 것보다 더 많은 시간과 노력이 필요하다. 죽을 만드는 기본은 정성이다. 정성이 빠진 죽은 한눈에 보아도 알 수 있다. 미음, 죽, 응이 등 종류와 관계없이 죽을 만드는 재료는 가장 좋은 품질의 것으로 준비해야 한다. 대부분의 집에서는 죽을 위한 재료를 따로 챙겨 두었으며, 재료가 부족할 때는 이웃의 도움을 받기도 했다. 준비된 재료는 깨끗하게 손질해야 하며, 대충 손질하면 죽의 품격이 떨어질 뿐만 아니라 환자나 노인, 영유아가 먹는 음식이기에 더욱 신경써야 했다.

죽에 들어가는 곡물은 벌레 먹거나 질이 떨어지는 것을 골라내고, 밥을 지을 때보다 더욱 깨끗이 씻는다. 환자의 상태에 따라 곡물을 푹 고아 미음을 만들거나 거칠게 갈아 원미죽을 쑤거나, 통곡물 그대로 사용하기도 한다. 곡물은 물에 충분히 불린 후 마른 불림을 한 뒤, 한 번 더 불려 빻거나 가는 것이 좋다. 치유식으로 먹을 때에는 곡물을 쪄서 말리는 전처리 과정을 거치거나 볶아서 사용하면 곡물 속 미세한 독성을 제거할 수 있다.

채소는 기본적으로 연한 것을 사용하며, 껍질을 벗기거나 삶아서 죽이 부드러워지도록 한다. 먹는 사람의 상태에 따라 채소를 데쳐서 사용하거나 물에 담가 쓴맛을 빼거나, 손으로 주물러 부드럽게 한 후 넣는다. 견과류는 쩐 내가 나지 않는 신선한 것을 사용하고, 대추 같은 과일은 씨알이 굵고 색이 짙은 것을 고른다. 응이를 만들 때에는 넓은 그릇에 얇게 펴서 햇볕이 잘 들고 바람이 잘 통하는 곳에서 말려 곰팡이가 피지 않도록 주의해야 한다.

육류는 기름기를 제거한 후 부드럽게 두드려 사용하고, 채소는 시들거나 질긴 것은 쓰지 않는다. 건어물을 사용할 때는 방망이로 두드려 부드럽게 한 후 가시나 생선의 등뼈, 머리뼈 등이 들어가지 않도록 신중히 손질해야 한다. 부재료와의 조화가 맞지 않으면 죽이 삭아버려 본래의 식감을 잃고 망치기 쉬운데, 이는 식재료의 성질을 제대로 파악하지 못한 결과로 결국 정성이 부족했음을 의미한다.

정성은 죽을 쑬 때에만 필요한 것이 아니다. "사람이 죽을 기다려야지, 죽이 사람을 기다려서는 안 된다."라는 말이 있다. 밥은 완성된 후 일정 시간 동일한 상태를 유지하지만, 죽은 시간이 지나면서 점점 상태가 변해 맛을 크게 잃기 때문이다. 그래서 부엌에서 죽을 쑤는 사람은 죽을 먹을 사람의 상태를 수시로 살피며,

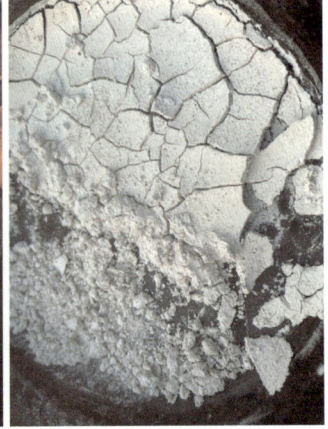

쌀 말리기   응이 말리기

적절한 타이밍에 가장 맛있는 죽을 올리기 위해 정성을 기울인다.

죽이 다 되었을 때 먹을 사람이 자리를 비웠거나 잠이 들었다면, 죽을 쑨 사람은 "죽이 퍼진다."라며 애가 탔다. 죽은 단순히 쑤는 정성만으로 완성되지 않는다. 죽을 먹는 사람이 수저를 들기까지의 모든 과정 속에 정성이 담긴다. 정성이 빠진 죽은 맛도, 영양도, 위로도 될 수 없다. 결국, 죽을 완성하는 것은 손맛이 아니라 정성이다.

솥과 도구

죽을 쑤는 과정에서 가장 중요한 요소는 곡물의 전분이 물과 결합하며 점성을 띠고 농축되는 것이다. 이 과정에서 조리 환경은 죽의 질감과 맛을 결정하는 중요한 역할을 하며, 특히 솥의 재질과 열전도율이 품질에 큰 영향을 미친다. 〈정조지〉에서는 죽을 끓일 때 가장 적합한 솥으로 돌솥을, 그다음으로 무쇠솥을, 마지막으로 노구솥을 추천하였다. 이는 조리 과정에서 발생하는 열전달 속도와 쌀의 전분이 우러나는 정도에 따른 차이에서 기인한 것이다.

돌솥은 열전도율이 낮아 천천히 가열되지만, 열을 균일하게 유지하면서 쌀의 전분을 서서히 우려내는 특징이 있다. 이로 인해 점도가 높고 부드러운 질감의 죽이 완성되며, 쌀알이 반투명해지면서 시각적으로도 높은 완성도를 보인다. 반면,

노구솥은 오븐과 유사한 성질을 지니고 있어 급격하게 가열되는 특징이 있으며, 이러한 성질은 서서히 익혀야 하는 죽의 조리 환경에 적합하지 않다. 〈정조지〉 과정지류(菓飣之類)에서도 노구솥을 사용하여 '가수저라(加須底羅)'를 굽는 이유를 마치 오븐처럼 작용하기 때문이라고 기록한 바 있다. 무쇠솥은 열 보존력이 우수하여 많은 양의 죽을 조리할 때 적합하지만, 뚜껑이 무겁고 내부 온도가 일정하게 유지되지 않는 특성이 있어 지속적으로 저어 주어야 한다. 사기솥 역시 무쇠솥과 비교하면 보온성이 다소 떨어지지만, 열이 균일하게 분포하여 무난한 결과물을 얻을 수 있는 장점이 있다.

현대에는 다양한 재질의 솥이 사용되고 있으며, 주로 스테인리스스틸, 알루미늄, 도자기, 코팅 소재 등이 있다. 최근 널리 사용되는 코팅된 솥은 표면이 매끄러워 눌어붙음이 적고 세척이 용이하다는 장점이 있다. 그러나 내구성이 낮아 고온에서 장시간 조리할 경우 코팅이 손상될 가능성이 있으며, 일부 코팅제는 특정 화학 반응을 유발할 수 있어 조리 목적에 따라 신중한 선택이 필요하다.

특히 약재를 포함한 죽을 조리할 경우 재료의 성분이 온도와 조리 환경에 따라 변형될 가능성이 크다. 약재의 성분을 최대한 보존하기 위해서는 바닥이 두껍고 일정한 온도를 유지할 수 있는 솥을 사용하는 것이 바람직하다. 금속 성분과 약재 성분 간의 화학 반응을 방지하기 위해 도자기나 내열성이 높은 무쇠솥이 적합하다.

죽을 조리하는 과정에서는 지속적으로 저어 주는 것이 중요한데, 이는 전분을 균일하게 분산시키고 눌어붙음을 방지하기 위한 필수적인 과정이다. 젓는 도구로는 실리콘 소재의 주걱이 가장 좋다. 유연하여 조작이 용이할 뿐만 아니라 나무, 놋쇠, 스테인리스 등 단단한 소재보다 솥의 표면 손상을 최소화하면서 효과적으로 혼합할 수 있기 때문이다.

또한, 죽을 쑬 때는 솥의 크기를 충분히 고려해야 한다. 과거에는 곡물즙을 인삼탕보다 귀한 음식으로 여겼을 정도로, 조리 과정에서 곡물의 전분과 영양 성분이 서서히 용출되며 높은 농축도를 형성하는 것이 중요하였다. 작은 솥을 사용할 경우 넘치는 현상이 발생하여 영양과 맛이 손실될 가능성이 크므로, 충분한 여유 공간을 가진 솥을 선택하는 것이 필수적이다.

솥의 선택과 조리 과정은 죽의 맛과 질감을 결정하는 중요한 요소이므로, 이를 적절히 조절함으로써 더욱 깊고 풍부한 맛을 낼 수 있다. 전통적인 조리 방식에서 얻은 지혜를 현대적인 환경에 맞춰 적용한다면, 한층 더 완성도 높은 죽을 만들 수 있을 것이다.

장

　장은 죽의 맛과 색을 결정하는 중요한 요소다. 기본적으로 소금과 간장이 간을 맞추는 데 사용된다. 죽의 종류에 따라 된장이 들어가기도 하는데 간장은 감칠맛을 더해 깊은 맛을 내고, 된장은 구수한 풍미를 더하는 역할을 한다. 특히 진간장과 된장은 죽의 색감까지 변화시킬 수 있어 된장죽이 아닌 죽에는 극히 소량을 쓰는 것이 좋다.

　예를 들어 잣죽, 콩죽, 깨죽, 팥죽, 호박죽 등은 주로 소금으로 간을 맞춰 깔끔한 맛을 살린다. 반면, 쌀과 채소가 들어간 죽은 다양한 조미료를 조합해 맛의 균형을 맞춰야 한다. 이때, 죽의 풍미를 해치지 않도록 간수를 뺀 깨끗한 소금을 사용해야 한다. 그렇지 않으면 불필요한 쓴맛이 발생해 전체적인 맛이 떨어질 수 있다.

　결국, 장은 죽의 맛과 색을 조절하는 핵심 요소로, 각 죽의 특성에 맞는 적절한 조합을 활용하면 더욱 깊고 완성도 높은 맛을 낼 수 있다.

죽의 맛과 색을 결정하는 다양한 장

장독대

　　　　　　　　　　제2장 죽 쑤는 비결

그릇

정성을 다해 끓인 죽은 마지막 한 숟가락까지 따뜻하게 즐길 수 있도록 그릇을 신중히 골라 담았다. 따뜻하게 먹어야 하는 죽은 숯불에 미리 데우거나 뜨거운 물에 담가 온기를 머금은 그릇에 옮겨 담는다. 그렇게 하면 첫술을 뜨는 순간부터 마지막 한 점까지 온기가 오래도록 머물러 식지 않는 따스함을 느낄 수 있다.

죽을 쑤는 동안 담을 그릇과 곁들일 찬을 미리 준비하는 것도 중요하다. 죽이 완성된 후에야 서둘러 찬을 마련하면, 그 사이 죽이 식어 본래의 따뜻한 맛을 잃고 형태마저 변할 수 있기 때문이다. 그러니 조용히 끓어오르는 죽의 상태를 지켜보며 곁들일 찬도 정성껏 차려두는 것이 좋다. 그렇게 하면 죽을 상에 올리는 순간까지 온기가 머물고, 그 온정을 더욱 깊이 느낄 수 있다.

죽을 먹을 때는 작은 그릇에 덜어 한술씩 천천히 음미하는 것이 일반적이다. 뜨거운 온도를 적당히 식혀가며 입안에서 퍼지는 부드러운 맛을 즐길 수 있고, 숟가락을 여러 번 담그면서 침이 섞여 죽이 삭는 것을 방지할 수도 있다.

죽 쉽게 쑤는 방법

　　죽을 쑤는 일은 시간과 정성이 필요한 과정이다. 하지만 몇 가지 방법만 활용하면 조리 시간을 줄이면서도 깊고 풍부한 맛을 유지할 수 있다.

　　먼저, 쌀을 깨끗이 씻어 두 시간 정도 물에 불린 후 한 시간 동안 마른 상태로 두면 조직이 적당히 부드러워진다. 이후 쌀을 70~80% 정도 익도록 쪄서 준비해 두면, 필요할 때 빠르게 죽을 끓일 수 있다. 이렇게 찐 쌀은 소분하여 냉장 또는 냉동 보관하면 더욱 편리하게 사용할 수 있다.

　　죽에 들어가는 부재료 역시 미리 준비해 두면 조리 시간을 단축할 수 있다. 나물이나 고기 같은 재료는 미리 삶아 소분한 후 냉동 보관하면 필요할 때 바로 사용할 수 있다. 팥, 옥수수, 완두콩 같은 곡물도 미리 익혀 두면 조리 과정이 훨씬 수월해진다. 또한, 육수를 미리 농축해 냉동했다가 사용하면 깊은 맛을 내면서도 조리 시간은 크게 줄일 수 있다.

　　조리 과정에서도 시간을 효과적으로 활용하는 것이 중요하다. 보통 죽을 끓일 때 넘칠 것을 염려해 처음부터 솥뚜껑을 열어두는 경우가 많은데 초반에는 뚜껑을 닫아 솥 안의 온도를 빠르게 올리는 것이 좋다. 이렇게 하면 연료도 절약할 수 있고, 곡물이 더욱 부드럽게 퍼진다. 뜸을 들일 때도 잠시 뚜껑을 덮어 수분을 유지하면 촉촉하고 부드러운 죽이 완성된다.

　　즉석밥을 활용하는 것도 좋은 방법이다. 일정한 품질이 보장된 즉석밥을 사용

제2장 죽 쑤는 비결

쌀을 마른 불림하기

하면 쌀을 불릴 필요 없이 빠르게 조리할 수 있다. 여기에 부재료만 적절히 추가하면 균일한 맛과 품질을 유지하면서도 간편하게 죽을 끓일 수 있다.

이처럼 미리 준비하고 조리 과정을 최적화하면, 시간은 줄이면서도 깊고 풍부한 맛을 지닌 죽을 완성할 수 있다. 정성은 그대로이지만 조리 시간은 훨씬 짧아진다.

죽의 육수

프랜차이즈 죽 전문점 대표는 "우리 죽의 미래는 육수가 결정한다."고 한다. 죽 전문점의 성공 비결도 차별화된 육수에 달려 있다고 한다. 〈정조지〉를 살펴보면, 흥미롭게도 죽을 끓이는 데 육수를 사용한 기록을 찾기 어렵다. 〈정조지〉의 다른 요리들에서는 육수가 활용된다. 예를 들어, 권5 할팽지류(割烹之類)에서는 채소를 장물(장으로 만든 국물)에 절인 후 데치거나, 고기를 구울 때 떨어진 기름이 육수가 된다. 또 권2 구면지류(糗麵之類)에서는 고기를 장물에 삶아 육수를 내는 과정이 나온다. 여기서 '장물'이란 단순한 간장물이 아니라 생강, 후추, 산초 같은 향신료가 들어간 간장 육수다. 즉, 국물 요리에서는 육수를 사용했지만, 죽에는 그러한 언급이 없다. 예를 들어, 〈정조지〉에 기록된 담채죽(淡菜粥)과 하추죽(河樞粥)은 홍합과 건어물에 멥쌀을 더해 쑤는 죽이다. 현대라면 육수를 넣을 법하지만, 조리법에는 단순히 소금이나 간장으로 간을 맞추라고만 되어 있다. 대신, 죽의 맛을 살리기 위해 산초, 후추, 화초, 생강 같은 향신료를 사용해 생기를 더하고 상쾌한 맛을 내도록 했다. 그렇다면 선인들이 죽에 육수를 사용하지 않은 이유가 무엇일까? 첫째, 죽을 하나의 독립된 요리로 여기고, 밥처럼 담백한 맛을 추구했기 때문이다. 둘째, 육수를 넣으면 죽 본연의 맛이 희미해질 가능성을 우려했을 것이다. 셋째, 죽의 풍미를 결정짓는 장류와 부재료의 맛이 이미 충분하여 굳이 육수를 더할 필요가 없었을 수도 있다.

제2장 죽 쑤는 비결

육수가 죽에 본격적으로 사용되기 시작한 시기는 명확하지 않지만, 아마도 일제 강점기 이후일 가능성이 크다. 일본의 조미료 아지노모토(味の素, あじのもと)가 등장하면서부터 식재료 본연의 맛을 강조하는 전통 방식보다 감칠맛을 빠르고 효과적으로 내는 조리법이 선호되었다. 이후 조미료의 유해성이 논란이 되면서 이를 대체할 맛 요소로 육수가 자리잡게 되었다. 적절히 활용된 육수는 음식의 풍미를 더욱 풍부하게 하지만, 과도하게 사용될 경우 문제가 생긴다. 육수의 강한 풍미가 주재료의 맛을 덮어 버려 음식 본연의 섬세한 단맛과 신맛, 신선함을 잃게 된다. 또한, 모든 죽이 비슷한 풍미를 가지게 되어 개성이 사라질 위험이 있다. 특히, 고기 육수를 지나치게 많이 사용하면 불필요한 지방 함량이 증가해 음식이 느끼해지고 고칼로리화되며, 맛의 균형도 깨질 수 있다. 육수에 지나치게 의존하면 조리법이 단조로워지고, 다양한 재료의 활용이 줄어든다. 결국, 훌륭한 죽을 만들기 위해서는 육수를 보조적인 도구로 활용하되, 식재료 본연의 맛을 살리는 음식 철학을 유지하는 것이 중요하다.

일본의 아지노모토

죽에 육수를 잘 활용하는 방법

물의 비중이 높은 죽 요리에서 좋은 육수를 사용한다는 것은 단순히 맛을 향상시키는 것을 넘어, 죽을 건강식이자 치유식, 그리고 예방식으로서 더욱 가치 있게 만드는 중요한 요소다. 그러나 육수를 과하게 사용하면 맛의 균형이 깨질 수 있으므로 적절한 활용법을 숙지하는 것이 중요하다.

먼저, 육수의 양은 죽의 농도를 고려해 조절해야 하며, 물과 함께 섞어 사용하는 것이 이상적이다. 또한, 고기나 해물 육수보다는 채소 육수가 재료 본연의 맛을 살리는 데 더욱 효과적이므로 적극적으로 활용하는 것이 좋다.

특히, 황기, 황정, 지골피(구기자 뿌리) 등 약재로 만든 한방 육수는 건강을 고려한 탁월한 선택이 될 수 있다. 〈정조지〉에서 언급된 고려 시대의 황실 음료인 율추나 통연실 같은 전통 재료 역시 죽 육수로 활용하기에 적합하다.

육수를 사용할 때는 농축 육수를 한 번에 넣기보다 조리 과정 중간마다 맛을 확인하면서 점진적으로 추가하는 것이 바람직하다. 또한, 육수의 양을 줄이는 대신 허브나 향신료, 과일주, 식초 등의 다양한 조미료를 활용하면 한층 깊고 풍부한 풍미를 더할 수 있다.

결국, 좋은 육수를 적절히 활용하는 것은 죽의 맛을 한층 끌어올릴 뿐만 아니라 영양과 치유의 가치를 극대화하는 조리법이다.

죽십리(粥十利)

죽은 혈색을 좋아지게 하고, 기운을 돕고,
수명을 늘리며, 갈증을 없애 주고,
심신을 안락하게 하고, 말을 잘하게 하고,
풍증을 없애게 하고, 음식을 잘 내리고,
말소리가 맑고, 주림을 제어하는 데 좋은데
특히 아침에 먹으면 좋다.

죽을 먹어서 얻는 열 가지 이로움을 '죽십리(粥十利)'라 한다. 그러나 죽은 단순한 음식이 아니다. 그것은 절제와 균형의 상징이며, 몸과 마음을 다스리는 귀한 보약이다.

옛 선인들은 늘 경계했다. "섭섭할 때 수저를 놓아라.", "위장의 7부만 채워라.", "적게 먹어야 오래 산다." 지나친 포만은 탐욕이며, 결국 병을 부른다는 깨달음이었다. 현대 의학 역시 과식이 노화를 앞당기고 성인병의 원인이 된다고 말한다. 그런 점에서 죽은 그 어떤 음식보다도 탁월한 건강식이라 할 수 있다.

우선, 죽은 적절한 포만감을 주어 과식을 막는다. 부드러운 식감 덕분에 위장에 부담을 주지 않으며, 특히 아침 공복에 먹으면 자연스럽게 소화기관을 깨워준다. 소화 장애나 위염을 겪는 사람들에게는 더없이 좋은 음식이다.

뿐만 아니라, 죽은 우리 몸에 충분한 수분과 영양을 공급하며 면역력을 강화하는 역할도 한다. 감기나 몸살로 기운이 떨어졌을 때 따뜻한 죽 한 그릇은 회복을 돕는 최적의 선택이 된다. 죽이 주는 온기는 혈액순환을 촉진하고 몸을 이완시키며, 심리적으로도 안정감을 주어 불안과 스트레스를 덜어준다.

칼로리가 낮은 채소, 곡물, 견과류 등을 활용하면 균형 잡힌 영양을 섭취할 수 있어 저속노화에도 기여한다. 특히, 당뇨, 고혈압, 비만과 같은 생활습관병 예방에도 효과적이다. 결국, 죽을 섭취하는 것은 단순한 식사가 아니라 몸과 마음을 다스리는 현명한 선택이 된다.

죽십리는 우리에게 죽을 먹는 것은 단순한 식습관이 아니라 건강한 삶을 위한 지혜라는 분명한 메시지를 전한다. 절제와 균형을 지키는 음식, 몸과 정신을 보호하는 음식, 그리고 장수로 이어지는 길인 죽은 그 어떤 음식보다도 가치 있는 선택이며, 죽을 멀리하면 건강도 멀어진다는 깨달음을 준다.

이제 우리의 식탁 위에 죽을 더 자주 올리는 것은 그 어떤 음식보다도 가치 있는 실천이다. 이것이 바로 건강과 장수를 위한 작은 지혜이자 실천이 아닐까.

제2장 죽 쑤는 비결

곡물로 만든 죽

죽의 본질은 곡물에서 출발한다. 곡물로 쑨 죽이야말로 〈정조지〉 죽
편의 서문을 장식하며, 그 깊은 의미를 전한다. 흔히 죽이라고 하면
쌀을 먼저 떠올리지만, 곡물 죽은 시대와 지역을 넘나들며 다양한
형태로 발전해 왔다. 각 지역의 환경과 문화에 따라 재료와 조리법이
다채롭게 변화해 온 것이다.

곡물은 영양소가 풍부하고 보관이 용이하여 죽을 만드는 데 이상적인
재료다. 쌀, 보리, 율무, 조, 기장, 녹두, 팥, 콩 등 각 지역에서 쉽게 구
할 수 있는 곡물들이 사용되었으며, 각각 독특한 풍미와 영양적 가치
를 지니고 있다.

03

특히 곡물은 단백질, 식이 섬유, 비타민, 미네랄 등을 풍부하게 함유
하고 있어 영양 균형을 갖춘 식사를 가능하게 한다. 또한, 소화가 쉽고
체내 흡수율이 높아 남녀노소 누구에게나 적합한 음식이다. 곡물 본
연의 담백한 맛을 살리기 위해 최소한의 첨가물로 간결하게 조리할 수
도 있으며, 반대로 다양한 부재료를 더해 풍미를 극대화한 요리로 발
전시키는 것도 가능하다.

더 나아가, 곡물을 다양하게 가공해 건강식, 치유식, 예방식으로 활
용하는 점은 더욱 주목할 만하다. 전통적인 곡물 죽은 단순한 옛 음
식이 아니라, 현대인의 건강한 식단에서도 중요한 역할을 한다. 과거
의 지혜와 현대 영양학적 요구를 동시에 충족시키는 이상적인 음식,
그것이 곡물로 쑨 죽이다.

이제, 곡물 죽의 이야기가 시작된다. 죽이 가진 풍부한 역사와 가치,
그리고 우리의 삶 속에서 여전히 유효한 의미를 찾아보기로 한다.

죽과 죽에 대한 총론 〈정조지〉 속의

〈정조지〉 전오지류(煎熬之類)

　　〈정조지〉의 전오지류(煎熬之類) 속에 등장하는 죽을 설레는 마음으로 만나게 되었다. 전오(煎熬)란 식재료를 달이고 오래도록 고아내는 조리법을 의미한다.

　　죽과 밥은 우리의 일상 속 가장 익숙한 음식이지만, 〈정조지〉에서는 이 두 가지를 별개의 항목으로 구분하고 있다. 밥은 '취류지류(炊餾之類)'로 분류되어 익히거나 찌는 조리법을 따르는 반면, 죽은 엿, 조청, 미숫가루와 함께 '전오지류'에 포함된다. 이 구분에서 우리는 〈정조지〉가 단순한 요리책이 아니라, 체계적이고 과학적인 사고로 쓰인 책이라는 사실을 다시금 체감하게 된다.

　　서유구 선생의 이러한 분류 속에는 죽을 바라보는 깊은 사유가 깃들어 있다. 단순히 쌀과 물을 끓이는 것이 아니라, 곡물을 볶고 정성을 다해 오랜 시간 고아내야만 완성되는 음식, 즉 죽이란 결국 인내와 기다림의 산물이며 정성이라는 조리법이 더해질 때 비로소 그 본연의 깊은 맛을 발현한다는 의미가 담겨 있다.

　　그중에서도 전오(煎熬)에는 죽이라는 음식이 품은 시간과 정성, 그리고 본질이 응축되어 있다. 죽을 쑤는 내내 '전오'라는 단어가 머릿속을 떠나지 않았다. '전오'는 단순한 조리법이 아니라, 정성으로 죽을 잘 쑤는 최고의 비법이자 철학이다.

　　죽을 쑤는 동안 모든 정성과 시간이 차곡차곡 쌓이며, 단순한 기술을 넘어 사랑과 노력이 배어든 과정으로 변한다. 전오(煎熬)는 우리의 삶 속에서도 마찬가지다. 오래도록 정성을 들이며 관계를 빚어내고, 따뜻한 죽 한 그릇 속에서 서로의 마음을 나누는 순간을 만들어 준다. 결국, 죽을 쑤는 것은 삶의 깊이를 담아내는 행위가 아닐까.

죽에 대한 총론(總論)

죽(鬻)이란 쌀을 물속에 넣고 끓여 흐물흐물해진 상태이다. 황제(黃帝)가 처음으로 곡식을 끓여서 죽을 만들었다【안주(顔籕)의 《한서(漢書)》 주(註)에 보인다】.
된 것을 '전(饘)'이라 하고, 묽은 것을 '죽(鬻)'이라 한다【공영달(孔穎達)의 《예》〈단궁(檀弓)〉 소(疏)에 보인다】.
뻑뻑한 것을 '미(糜)'라 하고, 물이 많은 것을 '죽(鬻)'이라 한다【형병(邢昺)의 《이아(爾雅)》 소에 보인다】.
죽 중에 맑은 부분을 '이(酏)'라 한다【가규(賈逵)는 "이(酏)는 죽의 맑은 부분이다. 맑은 부분은 죽에서 쌀을 제거한 것이다."라 했다】.
이(粿)【음이 이(侇)이다】와 호(餬)【음이 호(胡)이다】와 독(䭈)【음이 독(牘)이다】은 모두 죽의 별명이다.《옹치잡지》

鬻, 米投水中, 粥粥然也. 黃帝始烹穀爲鬻【見顔師古《漢書》註】.
厚曰"饘", 希曰"鬻"【見孔穎達《禮·檀弓》疏】.
稠者曰"糜", 淖者曰"鬻"【見邢昺《爾雅》疏】.
鬻之淸者曰酏【賈逵曰："酏爲粥淸. 淸者, 粥而去米也"】.
粿【音侇】也, 餬【音胡】也, 䭈【音牘】也, 皆鬻之別名也.
《饔餼雜志》

서유구 선생은 죽(粥)이 황제(黃帝)에서 비롯되었다고 보았다. 하늘에 제사를 지낼 때 올리는 정통성을 가진 밥과 같은 주식이라는 점을 강조한 것이다. 그는 죽을 "쌀[米]을 물에 넣고 흐물흐물하게 끓인 것"이라고 정의했다.

우리의 밥 짓기는 시루에 찌는 방식에서 시작되었다. 서유구 선생은 밥의 총론에서 "밥은 곡물을 익힌 것으로, 반쯤 익으면 물을 뿌려 마저 익힌다."라고 설명했다. 선생은 죽을 물에 곡물을 넣고 익히는 것, 밥을 시루에 찌는 것으로 명확히 구분했다. 선생이 살던 시대에는 가마솥으로 밥을 짓는 것이 일반적이었지만, 근원을 중시하여 밥의 조리법을 시루 찌기로 설명하여 물에 익히는 죽과 구분하였다.

'죽(粥)'이라는 한자의 형태 또한 흥미롭다. 이 글자는 죽을 쑬 때 가마솥에서 김이 올라오는 모양을 본떠 만들어졌다. 이는 죽이 단순히 끓여 먹는 음식이 아니라, 오랜 조리 과정을 거쳐 천천히 저어 가며 완성되는 음식임을 드러낸다.

서유구 선생의 죽에 대한 정의를 통해 죽이 단순한 삶은 음식이 아니라 밥보다 앞선 주식이었음을 알 수 있다. 초기에는 곡물의 거친 껍질을 제거하기 위해 갈돌로 갈았는데, 이 과정에서 껍질만 벗겨지는 것이 아니라 곡물이 깨지거나 가루가 되었다. 깨진 곡물은 죽을 쑤는 데 쓰였고, 가루는 떡을 만드는 데 사용되었다. 이후 도정 기술이 발달하며 온전한 통곡을 얻을 수 있게 되었고, 이로 인해 밥이 본격적으로 등장했다. 따라서 죽의 역사가 밥보다 앞선 것은 자연스러운 흐름이었다.

또 죽은 쌀[米]을 익힌 것이라고 하여 오직 쌀로 끓인 것을 죽으로 정의했다고 생각할 수 있지만 쌀[米]은 좁쌀, 수수쌀, 보리쌀처럼 밥을 지을 수 있는 곡물도 의미하므로 쌀을 대신할 수 있는 곡물을 물에 넣고 익힌 것이 죽이다.

선생은 물을 적게 넣어 되직한 것을 '전(饘)', 뻑뻑한 것은 '미(麋)'이며 묽어서 물이 많은 것은 '죽(鬻)'이라고 하여 수분량에 따라서 죽을 구분하였다. 지금 우리가 먹는 죽은 '전'에 가깝다고 볼 수 있다. 또한 죽을 끓인 뒤 쌀을 제거한 맑은 죽을 '이(酏)'라고 한다. '이(酏)'는 기장술을 말하므로 수분과 곡물이 섞여 있다가 곡물을 제거한 죽의 형상이 기장술처럼 투명하다는 것에서 비롯된 것 같다. '이(鬻)·호(餬)·독(饡)'이 죽의 별명이라고 한다. 선생은 죽의 별명은 소개하였지만 본문에서는 미음, 원미죽, 암죽 등으로 구분하지 않고 모두 죽이라고 하였다. 죽이 생명을 관장하는 음식이기에 그 형식보다 병을 예방하고 치유하는 효능에 더욱 가치를 두었음을 알 수 있다.

시루에 밥 찌기

제3장 곡물로 만든 죽

갱미죽 (쌀죽)

갱미죽(粳米粥, 쌀죽) 쑤기(갱미죽방)

흰죽은 늦벼로 쑤어야 가장 좋다. 돌솥으로 쑤면 맛이 좋고, 무쇠솥이 다음이고, 노구솥이 가장 못하다. 감천수를 쓰면 더 좋다. 샘이 나쁘면 죽의 색이 누렇고 제대로 되지 않는다.

죽 쑤는 법: 곱게 정미한 흰쌀을 여러 번 씻는다. 뜨거운 솥에 참기름을 떨어뜨리고 여기에 쌀을 살짝 볶아 쌀에 기름이 다 스며들기를 기다린다. 그런 다음에 물을 많이 붓고 섶나무불로 계속 끓이다가 반쯤 익어 즙이 탁해지려 하면 곧 놋국자로 그 즙을 깨끗한 그릇에 떠낸다.

또 놋국자 등으로 남아 있는 쌀을 아주 잘게 문질러서 알갱이 진 알이 남아 있지 않도록 한다. 여기에 다시 참기름을 넣고 고르게 저어가면서 조금도 눌어붙지 않도록 끓인다. 떠놓은 즙을 놋국자로 서서히 죽에 더하여 넣되, 그 즙이 졸아들면 바로 더 넣는다. 이런 식으로 계속 끓이다가 더할 즙이 없어야 그친다. 그러면 그 죽은 우유죽(牛乳粥)처럼 충분히 진해진 상태이다. 맑은 새벽에 이 죽을 마시면 진액(津液)이 생겨 노인에게 매우 좋다. 《증보산림경제》

죽을 쑬 때는 섶나무 혹은 콩대나 왕겨(벼의 겉껍질)를 사용해야 한다. 잔불을 많이 살렸다가 솥 밑에 모아서 오랜 시간 졸이면 쌀즙이 모두 물로 빠져 나와서 죽은 자연히 뻑뻑해지고 맛이 있다. 사람의 장부에 가장 유익하다. 《인사통》

죽은 햅쌀이 적당하다. 묵은쌀은 찰지지 않고 매끄럽지도 않다. 또 쌀을 대충 찧고 체로 쳐서 가루를 버리고 쑨 죽을 '파죽(破粥)'이라 하는데, 환자에게 가장 유익하다. 《화한삼재도회》

장뢰(張耒)의 《장문잠죽기(張文潛粥記)》에 "매일 아침 일찍 일어나서 큰 사발로 1 그릇 죽을 먹으면, 공복에 위가 허한 상태에서 곡기가 바로 작용하여 보하는 바가 적지 않다. 또 죽은 매우 부드럽고 기름져서 장이나 위와 서로 맞으니, 가장 좋은 음식이다."라 했다.

묘제화상(妙齊和尙)은 "산중의 승려가 매일 아침 죽을 한번 먹는 일은 건강과 깊은 관계가 있다. 만약 먹지 않으면 종일 장부가 마른 느낌을 받는다. 대개 죽은 위의 기운을 통하게 하고 진액이 생기게 한다."라 했다.

또 《소식첩(蘇軾帖)》에 "밤에 허기가 심했다. 오복고(吳復古)가 흰죽 먹기를 권하면서 '죽은 묵은 것을 밀어내고, 새로운 것을 이르게 할 수 있으며, 흉격에 이롭고, 위에 유익하다.'라 했다. 죽은 먹을 때는 상쾌하고 맛이 있어서, 죽을 먹고 난 후에는 정신을 확 깨워주니, 오묘함을 말로 할 수 없다."라 했다.《본초강목》

粳米粥方

白粥, 晚稻米爲上. 用石鼎煮則味佳, 水鐵鼎次之, 鍮鐺爲下. 用甘泉則尤佳. 泉劣則粥色黃而不成也.

煮法: 精鑿白米多洗下. 熱鼎滴香油略炒, 待油盡入. 然後多灌水, 用柴木火連連煎去, 至半熟汁欲渾, 便以鍮杓酌出其汁於淨器.

又以鍮杓之背, 微微磨碾, 而勿令米粒成泥. 復入香油攪均, 無少住火, 滾煮之. 用鍮杓, 取酌出之汁, 次次添下於粥中, 其汁旋縮旋添, 煮到無汁可添乃止, 則其粥十分濃稠如牛乳粥. 淸晨啜之, 生津液, 甚宜老人.《增補山林經濟》

煮粥, 須用木柴或豆稭、粗糠. 因多存脚火, 聚於鍋底, 熬煮多時, 米汁盡出, 粥自稠而有味. 最益人之臟腑.《人事通》

粥宜新米, 陳者不粘滑也. 又䤶碎篩去粉者曰"破粥", 最益於病人.《和漢三才圖會》

張耒《粥記》云: "每晨起, 食粥一大椀, 空腹胃虛, 穀氣便作, 所補不細. 又極柔膩, 與腸胃相得, 最爲飮食之良."

妙齊和尙說: "山中僧, 每將朝一粥, 甚繫利害. 如不食則終日覺臟腑燥涸. 蓋粥能暢胃氣, 生津液也."

又《蘇軾帖》云: "夜饑甚. 吳子野勸食白粥, 云'能推陳致新, 利膈益胃', 粥旣快美, 粥後一覺, 妙不可言也."《本草綱目》

작은 무쇠솥과 노구솥

숯으로 지은 돌솥·무쇠솥·사기솥 밥

제3장 곡물로 만든 죽

갱미죽 쑤기

예전에는 도정 기술이 발달하지 않아 깨끗하게 도정하는 데 시간과 품이 많이 들어가고 쌀의 양이 줄기 때문에 특별한 경우에만 흰쌀로 밥을 짓거나 죽을 쑤었다. 갱미죽은 벼를 곱게 도정하여 그 색을 희게 하고 많이 씻으라고 하여 갱미죽이 귀한 죽임을 직감하게 된다. 갱미죽은 늦벼를 쓰는데 늦벼는 쌀알이 단단하고 맛이 달며 독이 없다.

쌀은 눈으로 보기에 희고 깨끗해야 한다. 곱게 도정한 뒤 맑은 물이 나올 때까지 여러 번 씻어 죽을 쑤어야 죽맛이 부드러우면서 진하고 담백하다. 갱미죽의 품질은 도정과 씻기에서 비롯된다는 것을 알 수 있다.

달구어진 솥에 참기름을 넣고 쌀을 살짝 볶은 뒤, 바로 죽물을 붓지 않고 쌀에 참기름이 스미기를 기다려야 한다. 그다음 정해진 양의 물을 붓고 끓이다가 갱미가 반쯤 익으면 뽀얀 빛을 띄기 시작하는 죽물을 국자로 퍼내서 따로 둔 다음 쌀알을 놋국자로 솥의 옆면에 문지른다. 쌀알이 잘게 부숴지며 쌀은 부드러워진다.

다시 따로 두었던 쌀즙액을 조금씩 더하며 끓이는데 그 쌀즙이 다할 때까지 한다. 갱미죽은 노인의 진액을 보충하는 데 좋은 죽이라고 한다. 갱미죽은 죽의 수분량에 따라 전(饘)이나 뻑뻑한 미(糜), 묽은 죽(鬻)으로 나눈다.

〈정조지〉에 실린 죽 중 가장 상세하게 설명된 갱미죽을 익히고 나면 다른 죽 쑤는 것은 식은 죽 먹기다. 갱미죽은 마치 우유로 쑨 죽처럼 뽀얗다. 모든 죽의 바탕이자 쌀과 죽이 가진 힘과 기운이 응축된 죽이 갱미죽이다.

* 갱미(粳米)는 멥쌀을 말한다.
* 갱미죽을 쑤는 쌀은 물에 불린 뒤 반드시 마른 불림을 해야 쌀이 참기름을 잘 먹는다.
* 갱미죽을 일반 쌀죽의 농도로 하려면 일반적으로 쑤는 쌀죽보다 물을 더 잡아야 한다. 계속 즙액을 보충하며 쑤는 과정에서 수분이 증발하기 때문이다.

재료
멥쌀 300g, 물 1850g, 참기름 65g

만들기
1 멥쌀을 깨끗이 씻어 2시간 물에 불린 뒤 소쿠리에 건져서 40분 정도 마른 불림을 한다.
2 뜨거운 솥에 참기름을 넣은 뒤 1의 쌀을 넣고 쌀에 기름이 스밀 때까지 볶는다.
3 쌀에 기름이 스미면 물을 붓고 중불에서 끓이다가 쌀에서 즙이 나와 죽물이 탁해지려고 하면 국자로 죽물을 퍼서 그릇에 담아 둔다.
4 놋국자로 쌀 알갱이를 고르게 으깬 뒤 참기름을 넣고 바닥에 쌀이 눌어붙지 않도록 잘 저어가며 2~3분 정도 더 볶는다.
5 떠 놓았던 죽물을 조금씩 넣고 저어가며 마저 익히는데 쌀이 죽물을 다 먹으면 죽물 붓기를 반복하는데 죽물이 다할 때까지 쑨다.

섶나무, 콩대, 왕겨 불로 죽 쑤기

섶 불과 왕겨 불

갱미죽을 쑬 때는 은근한 불로 오랫동안 달이는 것이 중요하다. 은근한 불은 쌀 속의 영양 성분과 단맛을 효과적으로 용출시키고, 수분을 서서히 졸여 깊은 맛을 내기 때문이다. 이를 위해 선생은 잔불이 오래 유지되는 섶나무나 콩대를 땔감으로 사용할 것을 권장하였다. 또한, 왕겨 불은 은은한 불이 지속되므로 갱미죽을 오랫동안 달이는 데 적합하다.

갱미죽을 맛있게 쑤기 위해서는 다음과 같은 점에 유의해야 한다. 먼저, 쌀의 전분과 영양분이 충분히 용출될 수 있도록 오랫동안 은근한 불기운을 유지하는 것이 중요하다. 이를 위해 말린 콩대나 왕겨를 땔감으로 활용하면 효과적이다. 또한, 갱미죽이 눌어붙지 않도록 불 조절을 신중히 하는 것도 완벽한 갱미죽을 쑤는 중요한 비법이다.

한편, 섶나무는 잎나무, 풋나무, 물거리 등과 같이 땔감으로 사용되는 나무를 의미한다. 잎나무에는 싸리나무, 솔가지, 참나무 등이 포함되며, 섶나무는 가느다란 형태여서 불이 쉽게 붙는 특징이 있다. 따라서 땔감의 특성을 이해하고 적절히 불을 조절하는 것이 맛있는 갱미죽을 만드는 비결이라고 할 수 있다.

햅쌀죽

그해 새로 수확한 쌀, 즉 해를 넘기지 않은 쌀을 햅쌀이라고 한다. 햅쌀은 쌀알이 투명하고 기름 성분이 산화되지 않아 표면이 반질반질한 광택을 띤다. 또한, 주성분인 녹말(전분)과 단백질이 변질되지 않고 신선하게 유지되므로, 햅쌀로 지은 밥이나 죽은 더욱 맛이 뛰어나다.

반면, 장기간 보관된 묵은쌀은 시간이 지나면서 산화가 진행되어 기름 성분이 휘발되거나 변질될 가능성이 있다. 이로 인해 쌀의 투명도가 낮아지고 표면이 거칠어지며, 수분 보유력이 감소해 밥을 지을 때 윤기가 적고 질감이 다소 거칠어질 수 있다. 특히, 죽을 쑬 때는 뚜껑을 열어 둔 상태에서 오랜 시간 물을 넣고 쑤기 때문에 묵은쌀로는 윤기 나는 죽을 만들기가 더욱 어렵다.

신선한 쌀에는 아밀로스(amylose)와 아밀로펙틴(amylopectin)의 구조가 안정적이어서 조리 후 찰기와 탄력성이 좋다. 또한, 햅쌀은 수분 함량이 비교적 높아 죽이 부드러우면서 탄력이 있다. 따라서, 햅쌀을 사용하면 쌀의 영양 성분과 본연의 맛을 극대화할 수 있으며, 죽을 쑤면 더욱 윤기 있고 맛이 좋다. 다만, 햅쌀은 신선도를 유지하기 위해 저온 보관을 해야 한다. 햅쌀의 수분 함량은 16% 정도이고 묵은쌀의 수분 함량은 햅쌀보다 낮다.

방금 도정한 햅쌀

햅쌀죽

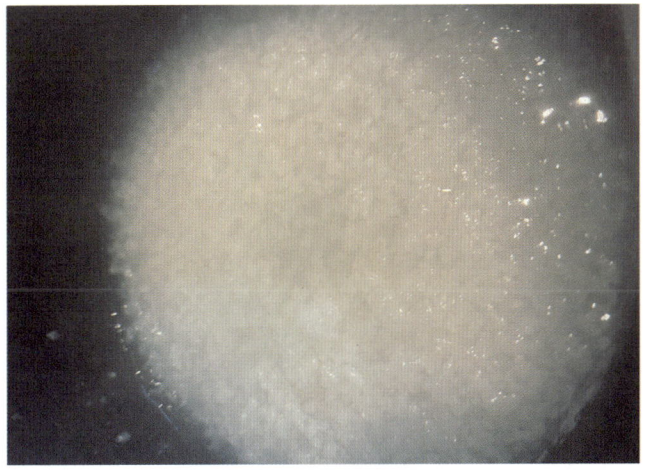

제3장 곡물로 만든 죽

파죽(破粥)

쌀을 사러 갔다가 작은 포장에 담겨 판매되는 깨진 쌀을 발견했다. 도정 과정에서 나온 쌀눈과 속껍질이 섞인 마치 아롱이 다롱이 같다. 싸라기쌀인가 싶어 반가운 마음에 살펴보니, 뜻밖에도 온전한 쌀을 일부러 깨뜨린 파쇄미였다. 유아의 이유식용으로 판매된다고 한다.

'쌀을 절구에 빻아 체에 거르는 수고를 조금만 하면 될 텐데…'라는 생각이 스치며 소비자의 온갖 필요가 실현되는 이 시대가 과연 무조건 좋은 것인지 잠시 회의감에 빠져 본다.

파죽은 원미죽의 한 종류다. 원미죽은 쌀을 깨뜨린 것을 그대로 사용하거나, 싸라기와 가루를 체에 거른 뒤 버리고 죽을 쑤기도 한다. 전자의 방식으로 쑨 원미죽은 농밀하고 고소한 맛이 특징이며, 후자의 방법으로 만들면 톱톱한 질감이 없어 투명하고 맑으며 균일한 식감을 얻을 수 있다. 〈정조지〉의 파죽은 후자의 파죽인데 환자에게 특히 좋다고 한다. 신선한 쌀이 주는 윤기와 부드러운 식감 덕분에 한층 더 깔끔하다. 입맛이 없는 환자도 먹을 수 밖에 없는 죽이다.

선생은 우리가 죽의 이로움을 깨닫기를 바란다. 이를 위해, 선생 이전 시대의 명사(名士)들이 갱미죽을 예찬한 글을 소개하며 그 유익함을 강조하고 있다. 본인의 경험을 나열하기보다는 예시를 들어 설명하는 것이 설득에 더 효과적임을 잘 알고 있는 듯하다.

중국 북송의 장뢰(張耒, 1054~1114)는 《장문잠죽기(張文潛粥記)》에서 "매일 새벽, 큰 사발에 죽을 담아 먹으면 곡기가 곧바로 빈 위에 스며들어 몸을 보호한다."라고 하였다. 그는 위와 장이 아직 제 기능을 하지 못할 때, 첫 음식으로 죽이 가장 적합하다고 강조했다. 또한, 큰 사발로 한 그릇을 먹어도 부담이 없을 만큼 기름지고 부드러워 위장에 무리가 가지 않는다고 하였다. 좋은 쌀로 정성껏 쑨 죽은 쌀알이 흐물거리지만, 특유의 윤기가 위장을 부드럽게 통과하는 기름의 역할을 한다고 표현했다.

묘제화상(妙齊和尙)은 산중 승려들의 건강법 중 하나가 매일 아침 죽을 먹는 것이라 하였다. 승려들은 온갖 진귀한 음식을 접할 수 있는 환경에서 살지만, 가장 좋은 양생법은 아침에 한 차례 죽을 먹는 것이라고 강조했다. 죽은 위장의 기운을 원활하게 하며, 몸에 진액이 생기도록 도와 건강을 증진시킨다. 만약 아침에 죽을 먹지 않으면 오장육부가 메마르게 된다고 하였다.

중국 북송의 시인 소식(蘇軾)은 친우인 오복고(吳復古, 1004~1101)와 밤이 깊은 줄도 모르고 긴 대화를 나누었다. 허기가 진 소식에게 오복고는 '흰죽의 이로움'을 설명하며 밤참으로 죽을 먹기를 권했다. 그는 죽이 "묵은 것을 밀어내고 새로운 것을 받아들이도록 돕고, 흉격과 위장에도 이롭다."라고 하였다. 죽은 맛이 좋은 것뿐만 아니라 정신을 맑고 상쾌하게 하며, 먹고 난 뒤에는 머리가 맑아지는 오묘한 효과가 있다고 강조했다. 양생법에 통달한 오복고가 소식에게 야식으로 죽을 권한 것도 이러한 이유에서였다.

중국인들이 아침 식사로 죽을 즐겨 먹고, 왕들의 야식으로 죽이 선택된 것을 떠올려 보면, 죽은 위장이 깨어나는 아침에도, 휴식을 위해 잠자리에 들기 전에도 부담을 주지 않는 가장 좋은 음식임을 알 수 있다. 또한, 위장을 건강하게 유지하여 몸과 마음을 윤택하게 하는 중요한 음식임을 다시금 깨닫게 된다.

깨진 쌀   파죽

제3장 곡물로 만든 죽

흰죽, 단순함 속의 깊은 아름다움

흰죽은 번잡함 없이 정갈한 맛을 지닌다. 쌀과 물, 그리고 천천히 익어가는 시간 속에서 나온 그 맛에는 과한 장식도 요란한 풍미도 없다. 흰죽을 한 숟가락 뜨는 것만으로도 마음이 따뜻해진다. 필요 없는 것을 덜어낸 순수한 맛, 그것이 흰죽이 품은 아름다움이다.

쌀을 푹 끓이면 곡물의 알갱이는 부드럽게 풀어지고, 쌀의 모든 영양소가 국물에 우러나온다. 몸이 가장 약해졌을 때에도 쉽게 소화되고 흡수된다. 특히, 병중에 먹는 흰죽은 단순한 영양 보충이 아니다. 그것은 누군가가 나를 위해 정성을 다했다는 따뜻한 마음을 전해 받는 치유의 과정이기도 하다.

《조선무쌍신식요리제법》에서는 흰죽을 다음과 같이 설명하고 있다.

"죽이란, 물만 보이고 쌀이 보이지 않으면 죽이 아니요, 쌀만 보이고 물이 보이지 않아도 죽이 아니다. 반드시 물과 쌀이 서로 조화를 이루어 부드럽고 기름지게 되어 한결같이 된 연후에야 비로소 죽이라 이를 수 있느니라."

윤문서공은 "차라리 사람이 죽을 기다릴지언정, 죽이 사람을 기다려서는 안 된다."라고 하였다. 참으로 의미 깊은 말이다. 죽은 갓 쑤어 바로 먹어야지, 오래 두면 맛이 변하고 국물이 마르니 이를 방지해야 한다는 뜻이다.

또한, 죽을 쑤는 땔감에 대해서도 다음과 같이 기록하고 있다. "죽을 쑤는 데 콩깍지나 등겨 등을 땔감으로 써야 하며, 장작불을 세게 피워서는 안 된다. 천천히, 은근한 불[晩火]로 오래 삶으면 쌀의 즙이 충분히 우러나 깊은 맛이 나고, 장부에 가장 유익하다."

이 글에서는 흰죽을 쑬 때 물과 쌀이 균형과 조화를 이루어야 함을 강조한다. 또한, 죽을 쑤는 불 조절의 중요성과 죽을 대하는 사람의 태도 역시 중요한 요소로 언급한다. 흰죽은 정성을 들이고 조화를 이루며 기다릴 줄 아는 마음 속에서 완성된다.

양
원
죽
(원
기
보
양
죽)

양원죽(養元粥, 원기보양죽) 쑤기(양원죽방)

　　참쌀 1승, 멥쌀 1승은 누렇게 되도록 볶고, 참쌀 1승, 멥쌀 1승은 생으로 쓴다. 모두 4승이다. 위 재료를 한곳에서 골고루 섞은 뒤, 맷돌에 잘게 갈아 가루를 낸다. 이 가루를 포대에 저장해 두었다가, 쓸 때마다 조금씩 죽을 쑤고 꿀을 끼얹어 상에 올리면 원기[眞元]를 보양하는 효능이 있다.《옹치잡지》

養元粥方

　　糯米一升、粳米一升, 炒黃 ; 糯米一升, 粳米一升, 生用, 共四升. 一處和均, 石磨磨細爲屑. 布帒收貯, 遇用時取少許, 煮爲粥, 澆蜜供之, 有補養眞元之功.《饔饎雜志》

양원죽(養元粥)은 원기를 보강해 주는 죽이다. 이 죽은 찹쌀과 멥쌀, 두 가지 쌀을 활용하여 만든다. 각각의 쌀 중 절반은 볶고, 나머지는 생쌀 상태로 남겨둔다. 이렇게 준비한 쌀을 서로 섞어 맷돌에 갈아 가루를 낸후, 쑤어 낸 것이 양원죽이다. 양원죽의 양은 보양(保養)을 의미하고 원은 원미(元味)를 뜻하므로 양원죽은 멥쌀과 찹쌀의 효능을 최대로 극대화한 보양원미죽이라는 것을 알 수 있다. 서유구 선생은 〈정조지〉 권1 식감촬요(食鑑撮要)에서 멥쌀은 맛은 달면서도 쓰고 성질은 평하며 독이 없고 기운을 돋우고, 근육과 뼈를 튼튼하게 하며 혈맥을 통하게 하여 그 효능이 대단하다고 하였다. 찹쌀은 성질이 따뜻하여 비장과 폐의 기운이 허한 사람에게 좋다고 한다. 멥쌀은 우리 몸을 세우고 피를 돌게 하고 찹쌀은 이 기능을 원활하게 수행하도록 돕는다는 것을 알 수 있다.

선인들은 식재료의 기능을 증진시키기 위하여 여러 방법과 지혜를 동원하였다. 곡물의 타고난 성미도 가공법에 따라 효능 또한 달라지기 때문이다. 볶은 멥쌀과 찹쌀에 생쌀을 더하여 맛과 영양이라는 두 마리 토끼를 잡았다. 곡물을 볶으면 곡물의 조직이 깨지면서 알파화되기 때문에 영양 성분이 잘 추출되고 소화가 잘되며 위장 장애가 없다. 곡물을 볶았을 때 얻는 향미는 덤인 셈이다. 센 불에서 급하게 쌀을 볶으면 쌀이 타기 때문에 약불에서 계속 저어 주어야 노릇노릇 먹음직스럽게 쌀이 볶아진다.

양원죽은 누룽지나 미숫가루로 죽을 쑨 것처럼 고소한 풍미를 자랑한다. 꿀을 더해서 먹으면 따뜻하고 달콤한 미숫가루를 먹는 것 같다. 양원죽의 비법은 찹쌀과 멥쌀을 정성스럽게 볶는 것이다. 제대로 볶지 않으면 영양 성분이 잘 추출되지 않기 때문이다.

* 곡물을 뜨거운 열로 가열하면 누렇게 변하는 것은 곡물 속의 당이 작용한 탓이다.

재료

찹쌀 200g, 멥쌀 200g, 물 2750g

만들기

1 찹쌀과 멥쌀을 각각 분량의 반씩 나눈다.

2 반씩 나눈 것을 각각 팬에 넣고 자주 저어가며 색이
누렇게 되도록 볶는다.

3 볶은 쌀과 볶지 않은 쌀을 섞는다.

4 3을 맷돌에 곱게 갈아 가루를 낸다.

5 분량의 물을 1/3쯤 덜어낸 다음 죽 가루를 조금씩
섞어가며 잘 개어준다.

6 5를 솥에 담아 죽을 쑤는데 죽이 뜨거워지면 남은
물을 조금씩 붓는다.

7 죽이 완성되면 꿀을 끼얹어 먹는다.

　　　　　　　제3장 곡물로 만든 죽

청
량
죽
(차
조
죽
)

청량죽(靑粱粥, 차조죽) 쑤기(청량죽방)

《명의별록》에 "청량미(靑粱米)로 죽을 쑤어 먹으면 기를 더하고, 속을 보하며, 몸을 가볍게 하여 수명을 늘려준다."고 했으나, 죽 쑤는 방법은 말하지 않았다. 요즘의 방법은 청량미를 백 번 씻어 노구솥 안에 물과 함께 안치고 끓이면서 졸인다. 그러다 좁쌀이 아주 문드러지면 체로 걸러 즙을 깨끗한 그릇에 담는다. 식으면 죽이 고(膏)처럼 굳어서 뻑뻑해진다. 여기에 흰꿀·생강즙을 섞어 상에 올린다. 황량(黃粱)죽과 백량(白粱)죽도 모두 이와 같다.《옹치잡지》

靑粱粥方

《名醫別錄》云"靑粱米煮粥食之, 益氣補中, 輕身長年", 而不言煮粥之法. 今法靑粱米百洗, 砂鍋內水淹煮熬, 待極糜爛, 篩取汁淨器, 放冷, 則凝稠如膏. 調白蜜、生薑汁, 供之. 黃、白粱粥, 皆倣此.《饔饎雜志》

　　　　　청량죽은 푸른 차조인 청량미(靑粱米)로 쑨 죽을 말한
다. 조에는 메조와 차조가 있는데 차조는 색에 따라 흰 조, 푸른 조, 누런 조로 구
분된다. 흰 조와 푸른 조는 성미가 다소 차고 누런 조는 따뜻하다. 조는 기장과 생
김새가 비슷하여 혼동하기 쉽지만 둘은 완전히 다른 곡물이다. 간혹 식당에서 흰
밥에 작은 노란 알곡이 송송 박힌 밥을 주며 "조밥이다."라고 하는데, 기장밥일
가능성이 높다. 기장은 껍질이 얇아 밥에 넣으면 식감이 부드럽고, 조는 껍질이
두껍고 조직이 단단하여 식감이 거칠기 때문이다.

　조는 이삭이 강아지풀을 닮았고, 기장은 우리나라에서 재배되는 품종의 경우
이삭이 길고 가늘며 벼 이삭을 닮았다. 실제로 보면 쉽게 구분되지만, 도정을 하
면 잘 구분되지 않아 조와 기장을 같은 곡물로 생각하기 쉽다.

　낱알의 크기는 조는 천 개의 무게가 2~3g 정도지만 기장은 4~5g 정도로 조가
기장보다 더 적다. 좀생이를 조에 빗대어 '좁쌀영감'이라고 칭하는 것이 참으로 적
절한 비유란 생각이 든다.《동의보감》에서도 조와 기장을 크기로 구분하여 크기
가 작으면 조, 크면 기장이라고 하였다.

어린 시절, 집에서 기르던 십자매는 사료로 메조를 주었는데, 털이 반지르르하고 노래를 잘 부르며 새끼도 잘 낳았다. 어린 마음이지만, 조가 영양이 풍부하고 좋은 곡물이라는 생각을 하게 되었다.

청량죽은 푸른 차조를 노구솥에 늦씬 고아 체에 내린 **빽빽한 차조미음**이다. 청량이란 이름에서 느껴지듯, 푸른 조는 성질이 약간 서늘하다. 조의 주성분은 녹말이지만, 쌀에 비해 단백질과 지질이 많아 식으면 묵처럼 굳는다. 특히 차조는 소화 흡수가 용이하여 어린이나 노인에게 좋다. 조처럼 지방과 단백질 함량이 높은 연자를 오래 삶았다가 연자는 부서지고 청량죽처럼 빽빽해져서 당황했던 기억이 난다.

청량죽을 쑬 때는 물에 꿀과 생강을 더하는데, 조의 성질이 찬 것을 평(平)하게 하기 위해서다. 조를 삶으면 미역처럼 불어나므로 솥은 넉넉한 것을 사용하는 것이 좋다. 차조를 오래 졸이는 간단한 방법만으로 응이와 비슷한 식감과 형상의 죽을 얻을 수 있다는 것이 신기하다. 선인들이 차조의 특성이나 성질을 잘 알고 있었기에 청량죽이 탄생할 수 있었던 것이다.

꿀과 생강을 넣지 않은 청량죽은 차조 특유의 향기로 그다지 매력적이지는 않다. 사실, 청량미의 향미는 메조나 기장보다 떨어진다. 여기에 꿀과 설탕을 더하자 특유의 불편한 향과 맛이 사라지고 달콤하고 상쾌한 죽이 되었다. 건포도나 아몬드 같은 견과류를 넣으면 보양죽이자 후식죽이 될 것 같다.

재료

차조 200g, 흰 꿀 50g, 생강즙 15g, 물 1400g

만들기

1 차조를 여러 번 씻은 뒤 조리질을 하여 돌이나 이물질을 제거한다.
2 노구솥에 차조를 담고 물을 붓는다.
3 중약불에서 2를 끓이다가 끓으면 약불로 줄인다.
4 3의 양이 1/3로 줄어들어 빽빽해지고 좁쌀이 문드러질 때까지 약불에서 졸인다.
5 4를 고운체에 거른다.
6 거른 즙을 그릇에 담고 식힌다.
7 죽이 굳으면 흰 꿀과 생강을 넣고 잘 섞어서 먹는다.

제3장 곡물로 만든 죽

조(좁쌀), 가장 오래된 곡물이자 현대의 건강식

조[粟]는 볏과 강아지풀속에 속하며, 한자로는 속(粟), 속미(粟米), 소미(小米), 황속(黃粟), 곡자(谷子)라고도 불린다. 단단한 낟알을 가진 조는 오곡(五穀) 중에서도 가장 질기고 단단하여 경속(硬粟)이라는 별칭을 가졌다.

조는 척박한 땅에서도 잘 자라며, 인류가 가장 오래전부터 식용해 온 곡물이다. 우리도 쌀과 함께 중요한 주식이었으며, 단순한 밥의 재료를 넘어 떡과 엿, 술을 만드는 데에도 사용되었다. 영양학적으로도 뛰어나 단백질과 미네랄, 비타민이 풍부하다. 특히, 단백질 함량은 콩 다음으로 많으며, 비타민 B1은 모든 곡물 중에서도 가장 풍부하다. 또한, 비타민 E는 쌀보다 약 4배가 많아 회복식으로도 유용하게 사용되었다.

조는 위를 편안하게 하고 내장을 고르게 하여 소화 기능을 돕는다고 전해진다. 《본초강목(本草綱目, 1596)》에는 "차좁쌀(차조)은 폐병을 다스린다. 차조는 폐의 곡물이니, 폐병 환자가 마땅히 먹어야 한다."라고 기록했다. 또한, 조에 풍부하게 함유된 트립토판(tryptophan)은 세로토닌(serotonin) 분비를 촉진하여 마음을 안정시키고 수면을 돕는다. 그래서 불면증이 있거나 신경이 예민할 때 좁쌀죽을 쑤어 먹거나, 좁쌀을 넣어 만든 베개를 베고 잠을 청하기도 했다.

좁쌀 속의 칼륨(포타슘, potassium)은 나트륨을 배출해 혈압을 조절하고 혈당을 완화하는 데에도 도움을 준다. 현대에 와서 조의 영양학적 우수성이 알려지면서 소비와 활용은 점점 증가하고 있다. 차조는 주로 밥에 넣어 먹는 혼반용으로 이용되고 있으며, 메조는 문배주, 막걸리, 가자미식해, 도루묵식해 같은 전통 발효식품에 사용된다.

조가 많이 재배되었던 제주도와 함경도 지방에서는 조를 이용한 다양한 음식이 전해진다. 함경도의 꼬장떡, 제주의 오메기술, 오메기떡, 고소리술은 모두 조를 활용한 대표적인 음식이다. 또한, 황해도를 비롯한 북한 지역에서 생산된 차조는 품질이 좋아 밥에 즐겨 넣어 먹을 뿐만 아니라, 의례와 명절의 시절식으로도 귀하게 여겨졌다.

조는 인류의 역사 속에서 생명력을 이어온 곡물이자 우리 조상들이 지혜롭게 활용해 온 건강식이다. 현대에 들어서도 조의 영양학적 가치는 재조명되고 있으며, 우리의 식탁 위에서 더 다양한 방식으로 활용될 가능성이 큰 곡물이다.

차조

제3장 곡물로 만든 죽

삼
미
죽

삼미죽(三米粥) 쑤기(삼미죽방)

좁쌀·멥쌀·율무 각 0.2승, 연육(蓮肉)·구기자·속황(粟黃)·싱싱한 부추 각 1냥, 마 2냥, 돼지콩팥 2개, 파 1단, 소금 0.1냥, 화초(花椒, 산초)가루 0.02냥으로 함께 죽을 쑤어 먹으면 몸을 크게 보하고 북돋는다.《군방보》

三米粥方

粟米·粳米·薏苡米各二合, 蓮肉·枸杞·粟黃·鮮韭各一兩, 山藥二兩, 猪腎二枚, 蔥一撮, 鹽一錢, 花椒末二分, 共作粥, 大補益.《群芳譜》

제3장 곡물로 만든 죽

삼미죽이라는 이름으로 미루어 세 가지의 곡물로 쑤는 간단한 죽으로 생각하였다. 삼미죽의 재료가 좁쌀, 멥쌀, 율무쌀이라는 것으로 미(米)가 쌀을 비롯한 밥을 지을 수 있는 여러 곡물을 뜻한다는 것도 다시 확인하였다. 밥이든 죽이든 건강을 위해 다양한 곡물로 짓거나 쑨 것을 먹으리라 다짐을 하며 삼미 뒤로 이어지는 재료를 보았다. 식재에 관련한 최고의 권위자가 이 죽의 창시자라는 생각이 들만큼 재료의 조합이 오묘하다. 좁쌀, 멥쌀, 율무쌀에 구기자 정도면 충분할 텐데…. 죽 재료를 찧고 체에 내리고 말리고 찌고 또 말리고 거두어 죽을 쑤느라 기운이 빠진 탓에, 이 죽을 〈정조지〉의 죽 편에 넣은 선생이 원망스러워진다.

3가지 쌀에 속이 노란 콩을 넣고, 속을 따뜻하게 하는 부추, 소화를 도와 기운을 살리는 마, 양기에 좋은 돼지 콩팥, 기순환을 돕고 곡물의 효능이 몸에 잘 흡수되게 하는 파와 화초가루를 더한 보양죽이다. 동물의 내장이 들어간 음식을 좋아하지 않아 죽을 쑤는 것을 자꾸만 미루게 한다. 돼지 콩팥을 마지막으로 삼미죽에 들어가는 모든 식재료를 준비하고 죽을 쑤기 시작한다. 곡물이 어느 정도 익은 뒤 살짝 삶은 연육과 마, 그리고 삶아 준비해 둔 돼지 콩팥을 강낭콩 크기로 썰어 넣고 불린 구기자를 넣었다. 구기자가 나비가 되어 죽에 내려앉자 죽에 생기가 돈다. 화초와 파를 넣은 뒤 마지막으로 부추를 넣자 내장 냄새가 거짓말처럼 사라져 버렸다. 오묘한 조합이라는 의심이 절묘한 조합이라는 감탄으로 바뀌는 순간이다.

삼미죽이 〈정조지〉의 죽 중에서 가장 든든하고 맛도 좋은 죽이 되었다. 살코기로 쑨 죽은 평범한 죽이고 내장죽은 내장이 주는 특유의 깊은 맛과 내장마다의 다양한 식감과 질감으로 인해 더 매력적일 수 있겠다는 생각도 들었다. 돼지 콩팥은 뜨거운 화기를 내려주고 부기를 빼 줄 뿐 아니라 철분이 풍부하여 빈혈에 좋다. 삼미죽은 세 가지 곡물과 몸을 따뜻하게 하는 화초, 부추와 파, 산속의 장어로 불리는 마, 뇌와 심장 건강에 좋은 연육, 불로장생을 상징하는 구기자와 돼지의 내장까지 마치 영웅호걸을 한 자리에 모아 놓은 것 같다.

재료

좁쌀 80g, 멥쌀 100g, 율무 100g, 연육, 속황, 구기자,
싱싱한 부추 각 1냥, 마 2냥, 돼지 콩팥 2개, 파 1단, 소금 0.1냥,
화초가루 조금

만들기

1 율무는 깨끗이 씻어 5시간 정도 물에 담가 불린다.

2 멥쌀과 좁쌀도 씻어서 2시간 정도 물에 담가 불린다.

3 연실은 속심을 뺀 다음 3시간 정도 물에 담가 불린다.

4 속황을 씻어 30분 정도 물에 불린다.

5 1, 2, 3, 4를 소쿠리에 밭쳐 물을 뺀다.

6 돼지 콩팥은 손질한 다음 통째로 물에 넣고 30분 삶
   은 뒤 꺼내 강낭콩 크기로 썰어둔다.

7 마는 껍질을 벗긴 다음 도토리 크기로 자른다.

8 부추는 씻어서 1.5cm 정도의 길이로 자른다.

9 파는 잘게 썰고 화초는 찧어서 가루를 낸다.

10 율무, 멥쌀, 좁쌀에 물을 넣고 죽을 쑤다가 끓기 직전
   에 연실을 넣는다.

11 죽이 끓으면 돼지 콩팥을 넣는다.

12 죽이 뜸 들 무렵 파, 화초가루, 부추를 넣은 뒤 소금
   으로 간을 한다.

제3장 곡물로 만든 죽

녹
두
죽

①

녹두죽(綠豆粥) 쑤기(녹두죽방)

녹두를 질그릇에 흐물흐물하게 삶았다가 쌀죽이 조금
끓으면 녹두를 넣어서 같이 끓인다. 《산가청공》

綠豆粥方

綠豆用瓦缾爛煮, 候粥少沸, 投之同煮. 《山家淸供》

예전에는 지금의 팥죽처럼 녹두죽을 즐겨 먹었다. 선인들은 음식에서 무엇보다 법과 식을 중요하게 여겼고, 팥죽은 주로 액막이나 절기식으로, 녹두죽은 일상의 죽으로 구분하여 먹었다. 녹두죽 1의 방식은 녹두를 삶은 뒤 쌀죽과 합하여 쑤는 단순한 방식이지만, 제대로 된 맛을 내기가 어려운 죽이다. 녹두나 쌀처럼 담담한 맛을 가진 재료일수록 더욱 그렇다. 그래서 좋은 녹두를 선택하는 것이 무엇보다 중요하다. 좋은 재료에서 좋은 음식이 나오는 법이니 말이다.

녹두와 쌀을 함께 끓이지 않고 녹두를 미리 삶아 두는 이유는 녹두와 쌀이 익는 속도가 다르기 때문이다. 물론 녹두를 먼저 삶다가 불린 멥쌀을 넣는 방법도 있다. 하지만 적절한 순간을 놓치면 녹두가 지나치게 퍼져 곤죽이 되고, 녹두색이 혼탁해져 지저분한 죽이 되어버린다. 주인공이어야 할 녹두가 쌀에게 주도권을 빼앗겨 버리는 것이다. 그래서 녹두는 적당하게 삶아 두고, 쌀의 상태를 눈여겨 보다가 삶아 둔 녹두를 넣는 것이 가장 좋다.

녹두와 쌀의 비율도 중요하다. 쌀이 많이 들어가면 고소한 맛이 줄어들기 때문이다. 취향에 따라 다르겠지만, 녹두의 비율이 높은 것이 녹두죽의 본래 매력을 살릴 수 있다. 팥죽이 주는 깊고 달큰한 맛과는 또 다른 매력, 녹두죽의 담백하고 부드러운 맛은 조용한 감동으로 우리의 입맛을 사로잡는다.

따뜻한 녹두죽을 먹으며, 선인들이 왜 이 죽을 평범한 일상의 음식으로 삼았는지 알 것만 같다. 단출하지만 정성이 필요한 죽, 단순하지만 그 속에 담긴 지혜가 깊은 죽이다.

* 통 녹두와 거피(去皮) 녹두
녹두죽은 통 녹두와 거피 녹두로 쑬 수 있다. 통 녹두로 끓인 죽은 맛이 구수하고 영양가이 우수하지만 식감이 거칠다. 거피 녹두를 쑬 때는 지나치게 거피한 녹두보다는 살짝 거피한 녹두를 선택하는 것이 좋다. 또 다른 방법은 통 녹두를 깨끗이 씻어 6~7시간 불린 다음 가볍게 문지른 뒤 물을 부어 1~2회 헹구어 쑨다. 이 과정에서 녹두의 껍질과 쓴맛, 콩과 특유의 비린 맛이 제거된다. 물론 녹두를 삶는 시간이 단축되고 색감도 더욱 곱다.

Tip

너무 오래 쑤면 녹두가
곤죽이 되어 식감을
잃으므로 주의한다.

재료

녹두 100g, 불린 쌀 35g, 물 570g

만들기

1 녹두를 질그릇에 퍼지게 삶아 둔다.

2 불린 멥쌀로 죽을 쑤다가 멥쌀죽이 끓으면 삶은 녹
   두를 넣는다.

3 녹두와 멥쌀이 같이 어우러지도록 잘 저어가며 죽을
   쑨다.

녹두와 녹두죽, 치유와 힐링의 음식

녹두는 예로부터 해독과 열을 내리는 효과가 뛰어난 식재료로 알려져 있다. 뿐만 아니라, 소화가 잘되고 흡수율이 높아 보양식이나 환자의 치유식으로도 널리 활용되었다. 특히 회복식으로 녹두죽을 즐겨 먹었는데, 이는 녹두가 몸을 정화하고 원기를 회복시키는 데 탁월한 역할을 하기 때문이다.

이러한 이유에서인지 〈정조지〉에는 녹두죽을 만드는 세 가지 방법이 기록되어 있다. 흥미로운 점은 모두 '녹두죽'이라는 같은 이름을 갖고 있지만, 각각의 조리법과 맛의 개성이 뚜렷하다는 것이다. 팥죽의 경우 색감과 맛이 강렬하여 변형이 쉽지 않은 반면, 녹두죽은 은은한 맛과 부드러운 색감 덕분에 다양한 조리법으로 변주가 가능하다.

녹두죽은 한 번에 강렬한 인상을 주지는 않지만, 먹을수록 매력을 느끼게 되는 죽이다. 마치 첫인상은 평범해 보이지만 알고 보면 깊이 있는 사람과도 같다. 현대 사회는 자극적인 음식과 빠르게 흘러가는 생활 방식으로 가득 차 있다. 이런 일상에서 벗어나고 싶을 때, 녹두죽 한 그릇을 먹으며 지나치게 각성된 몸과 마음을 가라앉히는 것도 하나의 힐링 방법이 될 수 있다.

녹두의 치유 효과는 동서양을 막론하고 인정받아 왔다. 《성경》 사무엘 하(Samuel 下) 17장 28~29절에서도 녹두의 가치를 찾아볼 수 있다. 이 구절에는 침상과 대야, 질그릇, 밀, 보리, 밀가루, 볶은 곡식, 콩, 팥, 볶은 녹두, 꿀, 버터, 양, 치즈 등을 가져와 다윗과 그와 함께한 백성들에게 먹였다는 내용이 나온다. 이는 녹두가 오랜 역사 속에서 중요한 영양식으로 여겨져 왔음을 보여준다.

실제로 녹두는 단백질 함량이 높고 칼슘과 철분, 비타민 B군을 풍부하게 함유하고 있어 영양학적으로도 그 가치가 뛰어나다. 해독과 면역력 강화뿐만 아니라 균형 잡힌 영양 공급에도 탁월한 역할을 한다.

녹두죽은 몸을 정화하고 마음을 다독이는 음식이며, 오래 사랑받아 온 치유식이다.

녹
두
죽

②

녹두죽(綠豆粥) 쑤기(녹두죽방)

다른 방법 : 먼저 생강을 넣고 달이다가 생강을 버린 다음 흰 꿀을 섞는다. 또 녹두를 삶아 흐물흐물하게 익힌다. 다음으로 멥쌀을 찧어서 거칠게 가루 낸다. 이어서 찹쌀가루를 생강즙에 반죽하고 주물러서 새알심을 만든다. 이 새알심을 멥쌀가루와 함께 녹두즙에 넣고 고르게 섞은 다음 다시 죽을 쑨다. 완두죽이나 동부죽도 모두 이와 같다.《옹치잡지》

綠豆粥方

一法 : 先用生薑煎湯, 去薑和白蜜, 煮綠豆爛熟. 次將粳米擣作麤末. 次將糯米粉薑汁溲之, 捏作小毬子. 同粳米屑入綠豆汁中攪均, 更煮爲粥. 豌豆、豇豆粥, 皆倣此.《饔饎雜志》

재료

물에 불린 녹두 200g, 거칠게 빻은 멥쌀 180g, 찹쌀가루 165g,
생강 40g, 생강즙 33g, 흰 꿀 40g, 물 2800g

만들기

1 물에 생강을 넣고 1시간을 달인 뒤 생강을 건진다.

2 생강 건진 물에 흰 꿀을 섞어 둔다

3 2에 물에 불린 녹두를 넣고 곤죽이 되도록 삶는다.

4 찹쌀가루를 생강즙으로 반죽하여 새알심을 만든다.

5 불린 멥쌀을 거칠게 빻아 준비해 둔다.

6 새알심과 거친 멥쌀가루를 3에 넣는다.

7 새알심이 동동 뜰 때까지 죽을 쑨다.

Tip

새알심이 죽 위로 올라오기 시작하면 3~4분 정도 더 끓여 주어야
새알심이 제대로 익는다. 새알심을 넣으면 새알에 있는 전분
성분으로 인해 죽이 눌어붙으므로 솥의 밑바닥까지 잘 저어 주면서
죽을 마무리해야 한다.

〈정조지〉에 소개된 세 가지 녹두죽 중에서 가장 맛있는 녹두죽이다. 이 녹두죽은 단순히 녹두를 삶는 것이 아니라 생강과 꿀을 달인 물에 삶아 만든다. 이는 녹두의 차가운 성질을 생강과 꿀로 보완하기 위해서다. 생강은 몸을 따뜻하게 하고 소화를 돕는 역할을 하며, 꿀은 은은한 단맛을 더해 죽의 풍미를 한층 부드럽게 만들어준다.

또한, 찹쌀가루를 생강즙으로 반죽하여 찹쌀 특유의 늘늘한 맛을 산뜻하게 바꾸었다. 이렇게 하면 질리지 않고 먹을 수 있는 죽이 된다. 녹두죽 2는 멥쌀과 찹쌀을 적절히 섞어 사용했다는 점, 그리고 생강과 꿀을 더해 체질이나 계절, 몸 상태에 관계없이 누구나 부담 없이 먹을 수 있도록 했다는 점에서 조리법에 담긴 깊은 배려를 엿볼 수 있다. 여러 사람의 다양한 몸 상태에 이롭게 작용하도록 설계된 죽이라 할 수 있다.

녹두죽을 만들 때 거칠게 갈아낸 멥쌀가루를 넣으면, 녹두가 겉돌지 않고 녹두끼리 잘 어우러지면서 식감과 맛이 더욱 풍성해진다. 거친 멥쌀가루가 익으면서 뭉치는 특성이 있는데, 이 덕분에 몰랑한 찹쌀 새알심과는 또 다른 씹는 즐거움을 준다. 이처럼 녹두죽 2는 담백한 녹두의 고소함과 찹쌀의 쫀득한 질감, 그리고 생강과 꿀이 선사하는 달콤하고 상쾌한 맛이 절묘하게 어우러진 죽이다.

해독 효과가 뛰어난 녹두와 면역력을 높여주는 생강, 그리고 원기를 보충해 주는 꿀이 조화를 이룬다. 바쁜 일상 속에서 건강을 챙기고 싶은 현대인에게 녹두죽 2는 꼭 추천하고 싶은 죽이다.

제3장 곡물로 만든 죽

녹두죽(綠豆粥) 쑤기(녹두죽방)

　다른 방법 : 녹두를 물에 불려 곱게 간 다음 물에 가라
앉혀 찌꺼기를 걸러낸 뒤, 가루를 취한다. 이어 가루를 햇볕에 말린 다음 저장해
둔다. 쓸 때는 오미자를 물에 하룻밤 담갔다가 물색이 선홍빛을 띠면 오미자는 건
져버린다. 그 물에 녹두가루를 타서 죽을 쑨 다음 흰 꿀을 섞고 상에 올린다.《옹
치잡지》

綠豆粥方

　一法 : 綠豆水泡磨細, 澄清濾滓, 取粉, 曬乾收貯. 用時五
味子水浸一宿, 待水色鮮紅, 去五味子. 以其水調綠豆粉, 煮爲粥, 和白蜜供之. 同上

제3장 곡물로 만든 죽

〈정조지〉 권2 구면지류(糗麪之類) 면(麪) 편에는 오미자 우린 물에 녹두 녹말면을 넣은 창면이 기록되어 있다. 면이라고는 하지만, 오미자의 청량감으로 여름 음료로도 손색이 없다.

요즘 녹말을 만드는 데 많이 쓰이는 감자, 옥수수, 고구마가 한반도에 늦게 유입되었기 때문에 과거에는 대부분의 녹말이 녹두에서 추출되었다고 보면 된다.

햇볕에 3일 동안 말려 완성한 녹두 녹말 응이가루에서 살짝 푸른빛이 감돈다.

건 오미자를 우려 낼 때마다 짙고 깊은 색감과 강렬한 향에 매번 놀란다. 붉고 작은 알맹이가 품고 있는 강렬한 에너지가 오미자의 본질을 대변한다. 오미자를 차게 해서 먹으면 찌르는 듯 강렬하고, 뜨겁게 마시면 약간 떫은맛이 느껴져 온도에 따라 반응이 달라지는 섬세한 특성을 지니고 있다. 요즘은 설탕을 많이 넣은 오미자청을 음료 등에 활용하는 경우가 많아, 오미자 본연의 맛과 색을 적절하게 조화시키기가 쉽지 않다.

녹두 녹말가루의 양과 오미자의 양은 정해진 것이 없으므로 취향에 따라 조절하면 된다. 오미자를 적게 넣으면 연분홍색의 죽이 되고, 많이 넣으면 불타는 노을을 죽그릇에 담게 된다. 녹두죽 3이 맛과 색이 고아 보기에 좋기도 하지만, 오미자가 녹두 응이에 담긴 영양 성분이 몸에 잘 흡수되도록 돕는 것에 이 죽의 특별함이 있다. 녹두죽 3에 시대를 초월한 지혜가 스며 있음을 깨닫게 된다.

Tip

꿀은 열에 약하여 뜨겁게 오래 달이면 꿀에 있는 유효성분이 없어지므로 가급적 음식의 마지막에 넣는 것이 좋다.

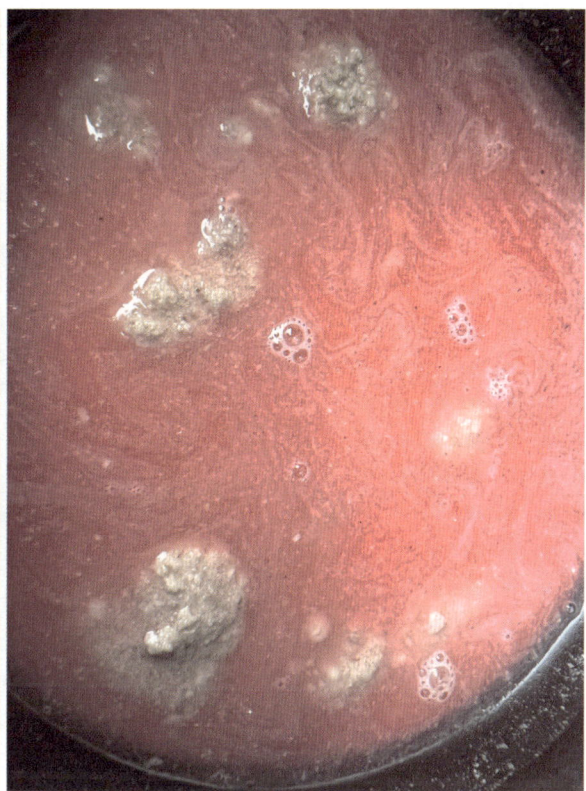

녹두죽 재료

녹두응이 50g, 말린 오미자 우린 물 550ml, 흰 꿀 45g

녹두죽 만들기

1 마른 오미자를 찬물에 담가 하룻저녁을 둔 다음 건
   지는 건져 버리고 물만 취한다.

2 녹두응이에 분량의 오미자물 중 1/3을 넣어 잘 풀
   어둔다.

3 솥에 2를 붓고 약불로 저어가며 죽을 쑨다.

4 죽이 잘 풀어지며 끓으려고 하면 남은 오미자물을
   붓고 잘 저어가며 죽을 쑨다.

5 죽이 끓어오르기 시작하면 흰 꿀을 넣는다.

녹두응이 재료

녹두 500g, 물 1500g

녹두응이 만들기

녹두를 씻어서 물을 붓고 불린 다음 물 500ml를 추가
하여 곱게 갈아준다. 다시 물 1L를 붓고 체에 내려 가
라앉힌 다음 맑은 윗물은 따라 낸다. 가라앉은 부분을
평평하고 넓은 그릇에 담아서 햇볕이 잘 쬐고 통풍이
잘 되는 곳에 둔다. 날씨가 좋을 때는 3일이면 마른다.

Tip

녹두물을 가라앉힐 때에는 겨울에는 시원한 곳에.
여름에는 반드시 냉장고에 넣는다.
가라앉은 부분을 말릴 때에는 두께 1.5cm를 넘지 않는 것이 좋다.
두꺼우면 마르는 데 시간이 걸리고 상하게 된다.
마른 응이가루는 체에 한 번 내리는데 거친 부분은
분쇄기에 넣고 갈아준다.

녹두색, 오묘한 빛깔의 매력

녹두는 '녹두색'이라는 이름만으로도 깊은 감도를 지닌 초록빛을 떠올리게 한다. 녹두색, 녹두빛이라는 단어를 들을 때마다 머릿속에서는 작은 녹두알이 두두둑~ 구르는 듯하다. 만약 녹두가 존재하지 않았다면, 이 오묘하고 독특한 색을 우리는 무엇이라 불렀을까? 어쩌면 메주에 핀 푸른곰팡이색, 혹은 구리에 낀 녹빛으로 표현했을지도 모를 일이다.

요즘은 특정한 색을 설명할 때 열매, 꽃, 과일 등 자연물의 빛깔에 빗대어 표현하는 것이 일반적이다. 단순히 '보라색'이라고 하는 것보다 바이올렛(violet)이나 라벤더(lavender)라고 하면 색감이 보다 생생하게 떠오르고, 자연과 동반된다는 생각에 정서적인 안정감까지 느껴진다. 아쉬운 점이 있다면, 우리가 색을 빗댈 때 전통적인 우리 자연물보다 외국 자연물에 기대는 경향이 강하다는 것이다.

그린 올리브(green olive)보다는 '녹두색', 레드 오렌지(red orange)보다는 '치자색', 차콜(charcoal)보다는 '먹색', 페일 옐로우(pale yellow)보다는 '송화색', 다크 체리(dark cherry)보다는 '맨드라미색'이라 부르면 어떨까? 그것은 단순한 색의 명칭이 아니라, 우리의 전통과 자연을 아끼고 사랑하는 또 하나의 방식이 될 것이다.

녹두색처럼 우리 자연이 품고 있는 색들이 외래어가 아닌 우리 고유의 이름으로 불리는 날을 기대한다.

삼
두
음

삼두음(三豆飮) 쑤기(삼두음방)

　　녹두(綠豆)·팥[赤小豆]·검정콩[黑大豆] 각 1승, 감초
절(甘草節) 2냥【안 어떤 방법에서는 감초가 없고 댓잎 1자밤을 넣는다】을 물 8승
으로 끓여 푹 익혀 먹으면 천연두를 치료한다【안 천연두를 치료할 뿐만 아니라
여름에도 쑤어서 상식할 수 있다】.

三豆飮方

　　綠豆·赤小豆·黑大豆各一升, 甘草節二兩【案 一方無甘草,
入竹葉一撮】, 以水八升, 煮極熟食之, 治天行痘瘡【案 不寧治痘, 暑月可作常食】.

제3장 곡물로 만든 죽

숫자 3은 균형과 완성을 의미한다. 〈정조지(鼎俎志)〉의 '정(鼎)'은 다리가 세 개 달린 노구솥을 뜻한다. 삼족(三足)이 있어 쉽게 넘어지지 않을 뿐 아니라 이동하기도 편리하다. 사람도 세 명이 모인 조합을 가장 이상적으로 여기는데, 이는 서로의 부족함을 채워 주기 때문이다.

《삼국지》에서 유비, 관우, 장비는 형제의 의를 맺고 도원결의를 한다. 이들은 삼국 통일을 목표로 힘을 합쳤다. 덕장인 유비의 우유부단함을 관우와 장비가 보완하면서 천하 통일의 꿈을 꿀 수 있었다. 《삼총사》에서도 달타냥, 아토스, 아라미스가 의기투합해 함께 파리로 떠난다. 둘은 불안정하지만 셋이 되면 완전체가 된다.

음식도 마찬가지다. 각각의 식재료는 영양 구성이 다르다. 예전에는 "음식을 골고루 먹어야 한다."라는 말을 자주 들었는데, 이는 균형 잡힌 영양 섭취를 위한 지혜였다.

콩은 몸에 좋지만, 콩의 종류에 따라 영양 성분이 조금씩 다르다. 지금은 콩과 팥, 콩과 녹두를 별개의 식재료로 여기지만, 팥은 작은 콩이라는 뜻에서 '소두(小豆)', 붉은색을 띠기 때문에 '적두(赤豆)'라고도 한다. 이 두 가지 특징을 합쳐 '적소두(赤小豆)'라고 부르기도 한다. 녹두도 적두와 같이 녹색으로 얻은 이름이며 녹두도 콩이다. 이를 통해 팥과 녹두와 콩이 같은 식구임을 다시 한번 확인하게 된다. 적두와 녹두를 분리해서 생각하는 것은 적두나 녹두가 다른 콩보다 맛이 좋기 때문이다.

가끔 녹두의 담백한 고소함과 팥의 깊은 단맛이 좋아 함께 죽을 쑤려고 하다가, 팥과 녹두가 섞인 죽을 본 적이 없어 시도조차 하지 않았다. 팥은 팥이요, 녹두는 녹두로 따로 보기 때문이다. 삼두음은 녹말이 많은 곡물을 넣지 않기 때문에 오래 쑤어야 푹 퍼져서 먹기 좋다. 색이 빠져 얼룩덜룩해지면서 콩의 예쁨을 잃지만, 대신 녹색, 붉은색, 검은색이 담고 있는 기운을 얻게 된다.

녹말이 많은 쌀 등의 곡물을 넣지 않기 때문에 삼두음은 오래 쑤어야 푹 퍼져서 맛이 좋다. 검고 붉고 푸른 색이 빠져 얼룩덜룩하여 콩의 예쁨을 잃었지만 대신 녹색, 붉은색, 검은색이 담고 있는 기운을 얻었다.

재료

녹두 60g, 팥 70g, 검정콩 65g, 감초 10g, 물 730g

만들기

1 녹두, 팥, 콩은 각각 깨끗하게 씻어서 물을 뺀다.

2 녹두는 3시간, 팥과 콩은 5시간 정도를 불려둔다.

3 불린 녹두, 팥, 콩을 건져서 각각 그릇에 담아둔다.

4 솥에 검정콩과 팥, 감초를 담은 뒤 용량의 물을 붓고 20분 정도 끓인다.

5 4에 녹두를 넣고 25분 정도 잘 저어가며 죽을 쑨다.

6 5에서 감초를 건져 내고 죽을 그릇에 담는다.

제3장 곡물로 만든 죽

오
두
음

오두음방(五豆飮方)

다른 방법 : 삼두음에 황대두·백대두(白大豆)를 더하
여 죽을 쑤면 '오두음(五豆飮)'이라 한다. 《본초강목》

五豆飮方

一方 : 加黃大豆、白大豆, 名"五豆飮". 《本草綱目》

신발가게 앞에 한 할머니가 텃밭에서 키운 듯한 이런저런 채소를 팔고 있다. 작지만 야무진 배추, 싱싱한 상추, 작고 부드러운 호박잎 등등. 비닐 봉투에 담긴 알록달록한 콩이 눈길을 끈다. 할머니는 당신이 먹고 남을 것 같은 콩을 다 섞어서 팔러 나왔다고 한다. 팥, 녹두, 쥐눈이콩, 흰콩, 노랑콩 등 한 눈에도 5~6가지의 콩이 보인다.

우리 음식 문화가 다양한 품종을 농사짓는 것에서 비롯되었다는 생각에 할머니의 콩들이 예사로 보이지 않는다. 여러 콩을 사는 수고와 비용을 들이지 않고도 다양한 콩이 빚는 맛과 영양을 누릴 수 있어 고마운 마음으로 할머니의 콩을 한 봉지 샀다.

그날 저녁, 할머니의 콩으로 오두음을 쑤었는데 콩에 따라 익는 속도가 달라 녹두는 푹 퍼지고, 콩과 팥은 단단했다. 콩의 크기에 따라 불리는 시간과 넣는 시간을 달리하여 다시 한 번 쑤었다. 정성이 더 들어간 만큼 제대로 된 죽이 나왔다. 삼두음에 두 가지 콩의 맛과 영양이 더해졌다는 생각만으로도 더 든든하다. 오두음 재료를 밥에 놓아서 오두반을 지어도 예쁠 것 같다.

재료

녹두 60g, 팥 50g, 검은콩 35g, 쥐눈이콩 35g,
노란콩 30g, 감초 15g, 물 800g

만들기

1 녹두, 팥, 검은콩, 쥐눈이콩, 노란콩은 깨끗이 씻어서 물을 뺀다.

2 녹두는 3시간, 쥐눈이콩은 3시간 30분, 팥, 검은콩, 노란콩은 5시간을 물에 불린다.

3 불린 녹두, 쥐눈이콩은 건져서 각각 그릇에 담고 팥, 검은콩, 노란콩은 건진 뒤 한 그릇에 담아둔다.

4 솥에 팥, 검은콩, 노란콩을 넣고 물을 부어 저어주며 20분을 쑨다

5 4에 쥐눈이콩을 더하여 5분 정도 더 끓이다가 녹두를 넣고 저어 가며 20분을 더 쑨다.

6 죽이 퍼지면 감초를 건진 뒤 골고루 섞어서 그릇에 담는다.

제3장 곡물로 만든 죽

의
이
죽
(율무죽)

①

의이죽(薏苡粥, 율무죽) 쑤기(의이죽방)

율무를 물에 담갔다가 곱게 간 다음 물에 가라앉히고 찌꺼기를 걸러낸 뒤 가루를 취한다. 이어 가루를 햇볕에 말린 다음 저장한다. 매번 조금씩 꿀물로 죽을 쑨다. 이것이 내의원(內醫院)의 약방에서 하는 방식이다. 혹 찧어서 가루 낸 것은 맛이 훨씬 뒤진다.《옹치잡지》

薏苡粥方

薏苡仁水浸磨細, 澄濾取粉, 曬乾收貯. 每用少許, 以白蜜水煮之, 此內局方也. 或擣作粉者, 味頗遜.《饔饎雜志》

의이죽 ①은 왕을 위해 내의원에서 쑤어 올리던 특별한 죽이다. 응이는 원래 율무 녹말로 만든 죽의 한 종류였으나, 이후에는 곡물의 녹말로 쑨 죽을 통칭하게 되었다. 아마도 율무로 만든 응이죽이 맛도 좋고 효능도 뛰어나 응이죽의 대표가 된 듯하다.

율무는 물에 충분히 담가 불린 뒤, 곱게 갈아 물에 가라앉힌다. 이 과정에서 윗물에 뜬 찌꺼기는 조심스럽게 걸러 내고, 바닥에 가라앉은 녹말만 취한다. 이렇게 얻은 율무 녹말은 햇볕에 말려 저장해 두었다가 필요할 때 꺼내어 꿀물을 더해 죽으로 쑤어 낸다. 이것이 바로 내의원에서 율무죽을 쑤는 방법이다.

Tip

율무는 알이 굵고 단단하기 때문에 12시간 정도 가라앉혀야 한다.
율무 녹말을 말릴 때에는 바닥이 평평한 그릇에 얇게 펴 발라야 빨리 말라 상하지 않는다. 율무 녹말은 햇볕이 너무 강하지 않고 바람이 잘 통하는 장소에서 말려야 한다.

율무를 하룻밤 충분히 불린 뒤 갈아낸 물을 희석했다. 마치 크림 같은 질감이 되었다. 상하는 것을 방지하기 위해 냉장고에 넣고 다시 하루 저녁을 가라앉혔다. 다음 날, 뽀얀 윗물 아래로 희고 고운 진흙 같은 녹말이 질퍽하게 가라앉아 있었다. 윗물을 조심스럽게 따라내어 버리고, 가라앉은 율무 녹말을 그릇에 펴서 말렸다. 이렇게 3일 만에 곱고 부드러운 율무 분말로 완성되었다. 율무응이를 만드는 데는 정성과 시간이 많이 들었지만, 그만큼 녹말의 양이 넉넉히 생산되었다.

이 율무죽은 탕약과 함께 치료 기간 동안 꾸준히 올렸을 뿐만 아니라, 병세가 회복된 이후에도 며칠 더 먹어 병이 재발하지 않도록 도움을 주었다.

율무뿐만 아니라 다른 곡물로도 같은 방법을 이용해 응이를 만들 수 있다. 정성스러운 과정 끝에 얻어지는 영양 가득한 죽은 그 자체로 보양식이 된다.

재료

율무응이 80g,
꿀 40g, 물 1080g

율무응이 재료
율무 1kg, 물 5L

율무응이 만들기

1 율무를 깨끗이 씻은 뒤 5시간 물에 불린다.

2 물에 불린 율무를 조리로 건진 뒤 소쿠리에 담아 물기를 가볍게 털어준다.

3 율무를 곱게 갈아 준다.

4 곱게 간 율무에 2.5배의 물을 부은 뒤 휘저어 섞은 다음 4시간을 시원한 곳에 가만히 둔다.

5 윗물과 아랫물로 분리되면 윗물을 따라서 버리고 아래 가라앉은 앙금을 거둔다.

6 취한 앙금은 평평하고 넓은 그릇에 담아 햇볕이 은은하고 바람이 잘 통하는 곳에서 2~3일을 말린다.

의이죽 만들기

1 율무응이에 용량의 물 중 1/8을 붓고 응어리가 섞이지 않도록 잘 섞어준다.

2 솥에 1을 넣은 뒤 남은 물을 붓고 잘 섞어준다.

3 꿀 양의 2배의 물을 붓고 잘 섞어 둔다.

4 2를 잘 저어 가며 약불에서 죽을 쑨다.

5 죽이 끓기 시작하면 3의 꿀물을 부은 뒤 다시 저어 가며 죽을 쑨다.

6 죽이 끓기 시작하면 1분 정도 더 끓인다.

Tip

앙금을 말릴 때에는 그릇에 직접 천을 덮어서 말리는 것보다는 바람이 잘 통하도록 천막 형태의 모기장을 씌우는 것이 좋다.

명의 염두경과 율무죽

조선 후기의 명의 염두경(廉斗璥)은 어릴 때부터 총명했으나, 과거에 나아가 벼슬을 하는 대신 의술에 뜻을 두고 평생 정진하였다. 의술에 정통하고 신의가 깊어 그의 명성이 널리 퍼졌고, 각지에서 난치병 환자들이 그를 찾아왔다.

그의 치료법은 단순하면서도 깊은 뜻이 있었다. 종기로 생명이 위독했던 현감 박종영이 찾아왔다. 일반적인 약으로는 차도가 없던 박종영에게 염두경은 특별한 처방을 내렸다. 그것은 다름 아닌 율무죽을 장복(長服)하는 것이었다. 누구나 쉽게 구할 수 있는 율무를 약처럼 사용한다는 사실에 사람들은 의아해했지만, 박종영은 이를 따랐고 결국 병이 완치되었다. 이 일로 인해 염두경은 '귀한 약이 아닌, 흔한 약재로 병을 고치는 명의'라는 명성을 더욱 확고히 하였다.

염두경의 신기한 의술을 경험한 사람은 박종영뿐만이 아니었다. 어느 날, 고질병을 앓던 세도가 정 판서가 아들 정운하를 염두경에게 보내 약을 구해 오도록 했다. 그는 스스로를 높은 신분이라 여겨 염두경에게 불손한 태도를 보였다. 이를 본 염두경은 자신은 가난하여 처방전을 쓸 종이조차 없노라며 그에게 도포자락을 펼치라고 하더니 그 위에 약 처방을 적어 주었다. 정운하는 이를 받고도 의심했지만, 결국 정 판서는 처방해 준 대로 치료를 받고 병이 나았다. 이 이야기는 명의란 의술도 뛰어나야 하지만, 겸손과 믿음이 얼마나 중요한지를 보여주는 사례로 전해 내려온다. 그래서 사람들은 그를 명의라 불렀고, 그의 태도는 많은 사람들에게 귀감이 되었다.

출처: 디지털음성문화대전

내의원(內醫院)

조선 시대에 왕과 왕족의 약을 조제하고 치료를 담당하던 관서는 내국(內局), 내약방(內藥房), 약원(藥院) 등으로 불렸다. 조선 건국 초기에 반포된 관제(官制)에는 이 기관의 명칭이 명확히 나타나지 않으나, 태종(太宗) 때부터 왕실의 내용약(內用藥)을 맡는 기관으로서 내약방(內藥房)이 운영되었으며, 이것이 훗날 내의원의 모태가 되었다.

세종 25년(1443) 6월, 이조(吏曹)에 계청(啓請)하여 내약방을 내의원(內醫院)으로 개칭하였다. 이때 내의원은 관원 16명과 의녀 20명을 두어 독립적인 의료 기관으로 기능하게 되었다. 세조(世祖) 때에 관제 개혁을 단행하면서 내의원의 인원을 확충하고, 이를 《경국대전(經國大典)》에 법제화하여 국가 공식 의료 기관으로 확립하였다.

내의원은 단순히 왕실의 약을 조제하는 역할뿐만 아니라, 왕과 왕비, 왕자 및 공주의 건강을 돌보고 진료하는 핵심 의료 기관이었다.

조선 말기, 개항 이후 서양 의학의 도입과 의료 체계 개편과 함께 내의원의 기능은 점차 축소되었다. 1885년(고종 22)에 전의사(典醫司)로 개편되었으며, 1895년(고종 32)에는 태의원(太醫院)으로 개칭되었다. 이후 일제 강점기(1910~1945)에는 이왕직전의국(李王職典醫局)으로 변경되면서 왕실 의료 기관으로서의 성격이 약화되었고, 점차 일본식 의료 체계로 흡수되었다.

내의원은 단순한 의료 기관이 아니라, 조선 왕실의 건강을 책임지며 왕권의 안정을 보장하는 중요한 기관이었다.

출처: 한국민족문화대백과, 조선왕조실록, 경국대전

창덕궁 내의원 전경(창덕궁 트위터)

창덕궁 약방 현판(창덕궁 트위터)

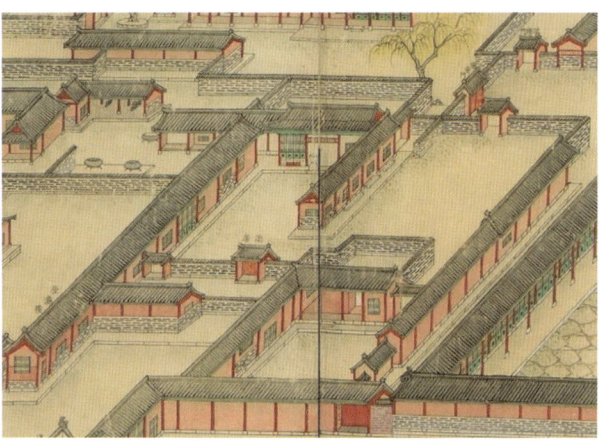

《동궐도》 중 내의원(동아대학교 석당박물관 소장)

제3장 곡물로 만든 죽

의
이
죽
(율무죽)
②

의이죽(薏苡粥, 율무죽) 쑤기(의이죽방)

　　율무를 가루 낸 다음 멥쌀과 함께 죽을 쑤어 매일 먹는다. 그러면 오래된 풍과 습비(濕痺)를 치료하고, 바른 기운을 보하며, 장위를 잘 통하게 하고, 수종(水腫)을 가시게 하며, 가슴 속의 사기(邪氣)를 제거하고, 근맥의 구련(拘攣)을 치료한다.《본초강목》

薏苡粥方

　　薏苡仁爲末, 同粳米煮粥, 日日食之, 治久風濕痺, 補正氣, 利腸胃, 消水腫, 除胸中邪氣, 治筋脈拘攣.《本草綱目》

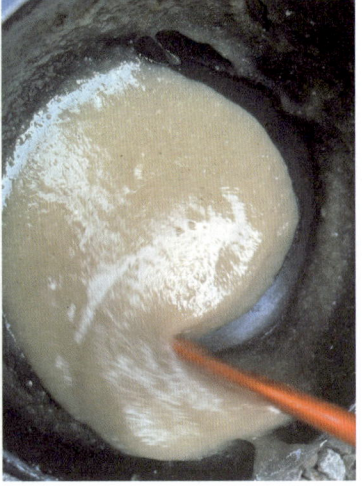

　　율무죽은 율무로 쑨 죽이다. 율무를 가루 내어 멥쌀과 함께 쑨다. 서유구 선생은 내의원에서 쑤는 율무죽(의이죽 1)보다 이 방식의 율무 죽이 맛에서 훨씬 못 미친다고 평가했다. 율무의 통곡(껍질을 벗기지 않은 곡물)을 삶으면 알이 굵고 쫄깃한 식감이 살아나며, 고소한 맛이 배가된다. 하지만 율무가 루를 사용하면 쌀, 연근, 보리의 단점을 섞어 놓은 듯하여 그다지 매력적이지 않다.

　　한때 여성잡지를 구독하는 것이 유행하던 시절, 율무죽이 피부 미용에 좋다고 해서 죽가루를 장만한 적이 있다. 하지만 기대했던 것만큼 맛이 없어 두어 번 먹고 버렸던 기억이 난다. 율무가루로 쑨 죽이 율무 응이죽보다 별로라는 선생의 말에 깊이 공감하게 된다.

　　선생과 함께 율무죽상을 받으며, "이건 내의원 방식으로 쑨 율무죽이 아니네." 라며 죽 투정을 부리는 것 같다. 선생과 같은 입맛을 가지고 맛에 대해 공감하며 한 목소리를 낼 수 있다는 사실에 고무되어 율무죽 맛이 별로여도 괜찮게 느껴진다.

　　율무죽은 되직하게 쑤는 것보다 마실 수 있는 농도로 쑤면 맛이 훨씬 낫다. 선생은 율무죽이 근육 경련을 완화하는 데 효과적이라고 하였다. 현대 의학에서도 근육 경련은 마그네슘 부족으로 인한 증상으로 본다. 율무에는 마그네슘뿐만 아니라 인, 칼륨과 같은 무기질이 풍부하다. 수천 년 동안 축적된 동양 의학의 지혜가 놀랍기만 하다. "옛날 사람들도 알 것은 다 알았더라."라는 엄마의 말이 떠오른다.

　　의이죽 ②에서는 멥쌀이 가루인지 알갱이인지 명확히 설명되어 있지 않지만, 정황상 가루를 더해 쑨 묽은 죽으로 보인다.

율무가루 100g, 멥쌀가루 50g, 물 1480g

만들기

1 율무를 씻어서 말린 뒤 곱게 갈아서 가루를 만든다.

2 율무가루를 고운체에 내린다.

3 율무가루에 멥쌀가루를 더하여 섞는다.

4 3에 분량의 물 중 1/6을 넣고 덩어리가 생기지 않도록 잘 섞는다.

5 솥에 4를 넣은 뒤 남은 물을 붓고 휘저어 준다.

6 솥을 불 위에 올리고 약불에서 저어 가면서 쑨다.

7 죽이 끓기 시작하면 2분 정도 더 쑨다.

영글어 가고 있는 율무

215   제3장 곡물로 만든 죽

어
미
죽
(양
귀
비
죽)

어미죽(御米粥, 양귀비죽) 쑤기(어미죽방)

앵속미(罌粟米, 양귀비씨)를 죽력(竹瀝)과 섞어 죽을 쑤면 단석(丹石) 때문에 독이 발동하는 증상과 음식이 내려가지 않는 증상을 치료한다. 《개보본초》

御米粥方

罌粟米和竹瀝, 煮作粥, 治丹石發動, 不下飮食. 《開寶本草》

외국에서 양귀비씨를 솔솔 뿌린 빵을 먹고, 양귀비씨를 곡물 코너에서 판매하고 있는 것을 보고 기겁을 하였다. 국경을 넘은 사랑과 금지된 사랑은 있어도, 금지된 성분이 국경을 넘었다고 허용된다는 것이 말이 안 되기 때문이다. 후일에야 양귀비 씨앗에는 환각 성분이 없으며 예전부터 양귀비씨를 빵의 토핑으로 쓰거나 기름을 짜서 먹는 식재료로 활용해 왔다는 사실을 알게 되었다.

요즘 시골에서 가장 많이 보게 되는 꽃 중의 하나가 양귀비다. 무너진 담벼락이나 이름 모를 벌판 등 피어난 장소와 상관없이 피어나 몽환적인 분위기를 연출한다. 나중에야 관상용 꽃양귀비라는 것을 알게 되었지만, 처음 양귀비를 보았을 때는 기겁을 하였다. 둘 다 양귀비에 대해 잘 몰라서 생긴 일이었다. 이런 두 번의 놀라움 때문인지 〈정조지〉의 어미죽이 낯설지 않게 느껴졌다.

런던 시내 한 마켓의 제빵 코너에서 양귀비씨를 구했다. 소중히 가지고 와서 포장을 열었다. 짙은 청보라색의 씨들이 아우성을 치는 듯 소란스럽다. 한 알은 잘 보이지 않을 정도로 작다. 씨를 씻어 물기를 뺀 다음, 한 꼬집 정도를 씹어 보았더니 땅콩이나 잣처럼 고소한 맛이 났다. 그 맛은 화려하지 않지만 깊고, 향은 강렬하지 않으나 입안에 오래 남았다. 절구에 갈자 우아한 청보랏빛에서 엄숙한 검은색으로 바뀌는 것이 신기하였다.

제대로 된 앵속미를 구했다는 생각에 희희낙락하여 어미죽을 쑤었는데 아뿔사! 대나무 진액인 죽력을 넣는 것을 깜빡했다. 앵속미의 매력에 빠져 죽력을 잊고 있었던 것이다. '죽력이 꼭 들어가야 되나?'라는 생각이 들 정도로 죽력은 쓰고 훈제 향이 강렬하다. 다시 죽력을 넣고 어미죽을 쑤었다. 맛을 보니 양귀비 씨앗의 부드럽고 고소한 맛과 죽력의 가벼운 쌉쌀함, 풋풋함이 절묘하게 어우러지면서 맛의 조화를 이루었다. 마치 자연이 빚어낸 한 편의 예술을 맛보는 듯했다.

서유구 선생은 어미죽이 위장이 좋지 않아 음식이 역류하고 배 속이 더부룩할 때 좋다고 했다.

* 우리나라에서는 양귀비 씨앗도 식용이 금지되어 있다.

앵속미(양귀비씨) 60g, 죽력 10g, 멥쌀 120g, 물 950g

만들기

1 양귀비씨는 씻어서 체망에 받쳐 물기를 완전히 뺀다.

2 1의 양귀비씨를 너무 뜨겁지 않게 달군 팬에 살짝
볶아준다.

3 볶은 양귀비씨를 곱게 갈아준다.

4 멥쌀가루로 무리죽을 쑤다가 끓으면 갈은 양귀비씨
와 죽력을 넣고 잘 저어 가며 2분 정도 더 끓여 완
성한다.

Tip

양귀비씨는 아주 알이 작기 때문에 씻을 때 물에 쓸려 나가지 않도록
주의해야 한다. 물을 뺄 때는 구멍이 아주 작은 체를 사용해야
양귀비씨가 빠져 나가지 않는다.
양귀비씨는 잘 갈아지도록 살짝 볶는 것이 좋다.

양귀비, 치명적인 아름다움의 상징

　　양귀비는 매혹적인 외형과 속성을 품고 있다. 한자로는 앵속(罌粟) 또는 어미(御米)라 불리며, '양귀비'라는 명칭은 당나라 현종의 총애를 한 몸에 받았던 후궁 양귀비(楊貴妃)의 미모에서 유래했다. 백거이(白居易, 772~846)는 그의 시에서 "후궁에 3천 미녀가 있었지만, 그들의 총애는 오직 한 사람에게만 내리네. 비로소 천하의 부모들이 아들보다 딸 낳기를 바란다네."라고 읊으며 양귀비의 치명적인 매력을 노래했다. 그만큼 그녀의 미모는 황제를 사로잡았고, 결국 역사 속에서 비극적인 운명을 맞이했다. 이처럼 양귀비라는 꽃 역시 황홀할 만큼 강렬하지만, 그 속에는 위험한 비밀이 숨어 있다. 그리스 신화에서도 양귀비는 중요한 상징으로 등장한다. 대지의 여신 데메테르(Demeter)가 죽음의 신 하데스(Hades)에게 빼앗긴 딸 페르세포네(Persephone)를 찾아 헤매일 때, 그 슬픔을 달래주던 꽃이 바로 양귀비였다. 이 이야기는 양귀비가 이별과 슬픔, 그리고 위안의 상징으로도 여겨졌음을 보여준다.

양귀비꽃

양귀비 씨앗 빵

    양귀비는 오랫동안 의학적 효능을 인정받아 사용되어 왔다. 강력한 진통 및 진정 작용을 가지고 있어 해소, 이질, 지사 치료에 효과적인 약재로 쓰였으며, 의학이 발달하지 않았던 시대에는 응급약으로도 활용되었다. 그러나 이 꽃에는 인간을 유혹하는 속성이 함께 존재했다. 양귀비에서 추출한 아편(opium) 성분이 강력한 중독성을 띠고 있어, 현대에 이르러서는 마약으로 분류되며 재배가 금지되었다. 하지만 양귀비가 모두 마약 성분을 지닌 것은 아니다. 식별 방법으로 마약성이 있는 양귀비는 줄기에 털이 없고, 열매가 크고 둥글며, 꽃의 중앙에 검은 반점이 있는 것으로 알려져 있다. 반면, 관상용 양귀비는 줄기에 털이 있으며, 열매가 도토리처럼 작고, 꽃잎에는 반점이 없는 특징을 가진다. 열매가 익으면 그 안에서 작은 씨앗이 나오는데, 이는 일부 지역에서 향신료로 사용되기도 한다. 아름다움과 위험이 공존하는 이 꽃을 바라볼 때, 우리는 매혹과 경계의 감정을 동시에 느끼게 된다.

제3장 곡물로 만든 죽

죽력(竹瀝), 대나무가 품은 신비로운 수액

죽력(竹瀝)은 대나무에서 추출한 천연 수액으로 전통 한의학과 민속에서 오랫동안 사용되어 온 귀한 재료다. 죽력은 수분 함량이 높은 3~5년생 왕대[大竹]나 모죽(毛竹)으로 만든다.

대나무를 불에 4~5일간 200~300도의 불에 태워 얻는데 이 과정은 세심한 기술과 시간이 요구된다. 대나무의 신비로운 기운과 정수를 그대로 품은 이 수액은 약재로서 특별한 가치를 지니고 있다.

대나무는 성질이 차가워 대나무에서 얻은 것들도 차갑다. 죽력은 '청열거담(清熱祛痰)' 작용으로 열을 내려주고 피를 맑게 하여 고혈압과 중풍 등의 혈관 질환에 효능이 있다. 폐의 열을 내려 담을 삭히고 기침, 가슴 답답함 등의 증상을 완화하는 데 효과가 있다. 건조한 것을 윤활하게 해주며 위를 맑게 한다. 또한, 죽력은 마음을 안정시키고 심화를 진정시키는 '안신(安神)' 효과가 있다고 하여 불면증이나 긴장 완화에 쓰이기도 했다. 또한 눈을 밝게 하고 살균 작용이 뛰어나므로 상처를 치료하는 데에도 사용되었으며, 진정 작용을 통해 피부를 보호하는 데 도움을 준다.

처음 입에 머금었을 때는 은은한 쓴맛이 느껴지지만, 뒤이어 청량감이 퍼지며 산뜻한 마무리를 남긴다. 이 미묘한 풍미는 대나무 숲에서 아침 이슬을 마시는 듯한 상쾌한 느낌을 준다.

죽력의 향은 대나무 특유의 풋풋하고 신선한 향이 은은하게 배어 있어, 자연과 밀접하게 연결된 기분을 느끼게 한다. 죽력은 특유의 쌉쌀한 맛으로 양귀비 씨앗죽처럼 고소한 맛을 지닌 죽이나 차(茶)에 넣으면 잘 어우러진다.

죽력은 햇빛을 피하고 서늘한 곳에서 보관해야 그 성질과 효능을 오래 유지할 수 있다.

죽력

제3장 곡물로 만든 죽

청
모
죽
(푸른쌀보리죽)

청모죽(靑麰粥, 푸른쌀보리죽) 쑤기(청모죽방)

쌀보리가 누렇게 익기 전 푸를 때에 수확한다. 낟알을 가려내서 절구에 넣고 물에 담근 다음 흐물흐물하게 찧은 뒤, 멥쌀가루와 섞어서 푹 끓인다. 소금 간을 해서 먹으면 색과 맛이 모두 좋다.《증보산림경제》

靑麰粥方

米麰未黃熟時, 帶靑收刈, 取粒臼中, 漬水擣爛, 和粳米粉煮熟, 調鹽食之, 色味俱佳.《增補山林經濟》

청모는 여물지 않은 풋보리로 푸른빛을 띠며 즙이 풍부하고 사탕수수 같은 단맛을 지닌다. 흔히 청모죽을 구황죽의 하나로 분류하지만, 풋보리의 향기가 스며들 때면 단순히 구황식으로 치부하기 어렵다. 풋보리에서 피어오르는 풋풋한 향기는 초여름의 산들바람을 맞아 더욱 싱그럽기만 하다.

〈정조지〉 권2 취류지류 밥 편에는 풋보리밥이 언급되지만 풋보리는 밥보다도 죽으로 활용될 때 그 진가를 발휘한다. 그러나 제대로 된 청모를 구하는 일은 쉽지 않다. 너무 이르면 이삭이 텅 비어 헛수고가 되고, 한두 날만 다른 일에 마음을 빼앗겨도 풋보리는 어느새 누런 보리로 변해 있다. 가장 좋은 방법은 직접 보리농사를 지으며 아침저녁으로 보리의 상태를 살피는 것이지만 현실적으로 어려운 일이다. 그래서 눈에 띄는 보리밭마다 이삭을 살피며 수소문해 주인을 찾는다.

풋보리를 청하기 위해 며칠의 고생 끝에 만난 농부에게 사정을 말하고 어렵게 풋보리를 얻었다. 익기 직전의 보리 이삭을 따서 낱알을 비비자 푸른빛의 즙이 배어 나온다. 풋보리의 이삭에서 나오는 보리의 양은 병아리 눈물만큼 적지만, 맛은 풋풋하고 싱그럽다. 꽃이 봉오리 상태일 때 영양 성분이 가장 풍부하듯, 보리도 풋보리 상태일 때가 가장 연하고 생명의 기운이 넘친다.

거칠 것 없는 벌판의 세찬 눈보라가 내지르던 함성과 나물 캐는 소녀들의 재잘거림, 목이 빠지게 청모를 기다리며 쉬었을 우리의 한숨이 담겨 있는 청모죽이 지금은 구황식이 아닌 미식의 죽으로 적당하다. 덜 성숙한 풋풋한 풋보리의 향과 입안에서 감기는 부드러운 단맛은 자연 그대로의 맛이 무엇인지 온몸으로 느끼게 한다.

청모죽의 진정한 매력은 신선하고 풋풋한 맛을 넘어서 시간의 흐름에 귀 기울이는 섬세함과 자연을 존중하는 겸허한 마음이다.

Tip
청모죽에 소금을 넣으면 맛도 증강되지만 푸른색이 살아나서 죽이 곱다.

재료

풋보리 알갱이 500g, 멥쌀가루 150g, 풋보리 갈 때
쓰는 물 500g, 죽 쑤는 물 930g

만들기

1 풋보리의 이삭을 불에 그으른다.

2 그을린 이삭에서 풋보리 알갱이를 털어낸다.

3 알갱이를 물에 가볍게 세척하여 돌이나 이물질을
제거한다.

4 알갱이를 절구에 넣고 물을 조금씩 부어 가며 흐물
흐물할 때까지 갈아준다.

5 중간 굵기의 체에 밭쳐 그 즙을 취한다.

6 멥쌀가루에 풋보리 즙을 더하여 잘 섞는다.

7 솥에 넣고 눌지 않도록 잘 저어 가며 중약불에서
죽을 쑤는데 소금을 넣는다.

　　　　　　　　　　제3장 곡물로 만든 죽

청보리밭

풋보리

풋보리, 자연이 품은 청초한 생명력

풋보리는 흔히 보리의 한 품종인 청보리로 착각하는 경우가 많다. 그러나 풋보리는 단순히 품종명이 아니라 아직 익지 않은 미성숙한 보리의 알곡을 의미한다. 덜 익은 과일을 우리는 청귤, 풋사과, 풋유자라 부르며 특유의 풍미를 즐긴다. 한때 먹지 말아야 할 것으로 여겨졌던 풋과일들이 이제는 완숙 과일과는 또 다른 개성으로 사랑받는 것처럼 풋보리 역시 새로운 관점에서 주목받고 있다.

풋보리는 완전히 익은 보리와는 또 다른 풋풋한 향과 상큼한 맛을 지니며, 현대인의 감각을 자극하는 신선한 매력을 선사한다. 풋보리는 영양적 가치에서도 높은 평가를 받고 있다. 특히 클로로필(chlorophyll)이 풍부하여 체내 독소를 제거하고 혈액을 정화하는 데 도움을 주며, 비타민 C와 비타민 A가 풍부해 면역력 강화와 노화 방지에도 탁월한 효과를 보인다. 뿐만 아니라 항산화 성분인 폴리페놀이 다량 함유되어 있어 활성산소를 억제하고 세포 보호에 기여한다. 이러한 건강상의 이점 덕분에 풋보리는 더 이상 단순한 미성숙한 곡물이 아니다. 이제는 현대인의 건강을 책임지는 특별한 재료가 될 수 있다.

완숙한 보리가 깊고 구수한 풍미를 지녔다면, 풋보리의 청초한 빛깔과 신선한 향은 자연의 생명력을 고스란히 담고 있기에 더욱 빛난다. 익숙한 것에서 벗어나 새로운 미각을 탐색하는 현대인들에게 풋보리는 신선한 발견이자 건강한 선택이 될 것이다. 익숙하지만 낯선, 전통적이면서도 새롭게 조명되는 풋보리는 '덜 익음'이 아니라, 새로운 맛을 의미한다.

거
승
죽
(흑
임
자
죽)

거승죽(巨勝粥, 흑임자죽) 쑤기(거승죽방)

거승(巨勝)을 구증구포(九蒸九暴)한 다음 저장한다. 복용할 때마다 0.2승씩 끓는 물에 담갔다가 베로 싼 다음 주물러서 껍질을 벗기고 다시 간다. 물에 담그고 걸러서 즙을 낸 뒤 이를 달여 마신다. 또는 여기에 멥쌀을 섞고 삶아서 죽을 쑤어 먹기도 한다. 오장이 허손(虛損)한 증상을 치료하고, 기력을 보태고, 근골을 튼튼하게 한다.《본초강목》

巨勝粥方

巨勝九蒸九暴, 收貯. 每服二合, 湯浸布裹, 挼去皮再研, 水濾汁煎飮, 和粳米煮粥食之. 治五臟虛損, 益氣力, 堅筋骨.《本草綱目》

제3장 곡물로 만든 죽

　　크고 거창함을 연상시키는 '거승(巨勝)'은 검은깨의 또
다른 이름이다. '거(巨)'는 '클 거', '승(勝)'은 '이길 승'이니, 이를 풀이하면 '크게 이
긴다'는 뜻이다. 이는 곧 검은깨(흑임자)가 우리 몸에 매우 이롭다는 의미를 담고
있는 듯하다.

　검은깨를 아홉 번 찌고 아홉 번 말리는 구증구포(九蒸九曝)를 하면 검은깨의 색
과 향이 온전히 유지될지 걱정이 되었다. 그러나 불안한 마음은 첫 번째 찌고 말
리는 과정을 거친 후 연기처럼 사라졌다. 가마솥의 뜨거운 열기와 가혹할 정도로
강렬한 여름볕을 견뎌 낸 검은깨는 여전히 검은빛과 윤기를 유지하고 있었다. 이
는 검은깨에 풍부한 지방이 자연스럽게 코팅 효과를 내어 보호했기 때문이다.

　구증구포를 마친 검은깨를 거두면서 곧 상에 오를 거승죽을 떠올리며 다음 조
리법을 읽었다. 〈정조지〉에는 구증구포한 검은깨를 뜨거운 물에 담갔다가 보자기
에 싸서 껍질을 벗기고, 다시 갈아서 물에 담가 걸러낸 즙을 취해 불에 달여 먹거
나, 쌀을 더해 죽을 쑤라고 기록되어 있다. 즉, 구증구포는 거승죽을 만들기 위한
전주곡에 불과하다는 사실을 알게 되었다.

그러나 조리법에는 뜨거운 물에 담그는 시간이 명확히 제시되지 않아 상태를 직접 확인해 보기로 했다. 뜨거운 물에 검은깨를 담근 지 5분쯤 지나자, 물이 검은깨에서 나온 기름으로 인해 미끌거렸다. 검은깨의 맛과 영양이 모두 빠져나갈까 봐 걱정되어 얼른 베주머니에 담아 미역을 빨 듯 문질러 껍질을 벗겼다. 이 검은깨를 곱게 갈아 미지근한 물에 30분간 불린 뒤 체에 걸러 즙을 내자 고소한 냄새가 퍼지며 기름기가 도는 진한 즙이 내려왔다.

구증구포를 거치지 않고 쑨 죽은 느끼하여 금방 질리지만, 거승죽은 구증구포 과정을 통해 검은깨의 과도한 지방이 제거되어 담백하면서도 깊은 고소함을 지닌다. 검은깨의 지방 함량을 조절해 누구나 부담 없이 오래 먹을 수 있도록 영양 균형을 맞춘 죽, 그것이 바로 거승죽이다.

구증구포를 한 거승죽은 윤기가 덜해 다소 거칠어 보이지만 느끼하지 않아 쉽게 질리지 않는다. 거승죽은 검은깨를 키우고 뜨거운 볕에 말려준 자연과 정성으로 구증구포를 거친 사람의 노력이 어우러져 탄생한 죽이다.

흑임자 구증구포하는 방법
흑임자를 깨끗이 씻어 물을 거둔 뒤, 시루에 넣고 푹푹 쪄서 햇볕에 바짝 말린 다음 다시 찌고 말리기를 9번 반복하여 거두어 보관한다.

제3장 곡물로 만든 죽

구증구포한 흑임자 2kg, 멥쌀 40g, 물 260g

만들기

1 구증구포한 흑임자를 겉껍질이 불도록 뜨거운 물에 담근다.
2 1을 면보에 넣어 주물러서 껍질을 벗긴다.
3 2를 돌확에 갈아준다.
4 3을 물에 담근다.
5 4를 체에 넣고 걸러서 즙을 취한다.
6 5를 끓여서 마신다.

거승(검은깨), 작은 씨앗에 담긴 불로장생의 비밀

구증구포한 흑임자즙

거승, 즉 검은깨는 흔히 '흑임자(黑荏子)'라고 불리지만, 사실 이 명칭은 정확한 표현이 아니다. '임자(荏子)'는 들깨를 가리키는 말이므로, 검은 들깨를 흑임자라고 부르는 것은 잘못된 명명이다. 올바른 표현은 '흑지마(黑芝麻)' 혹은 '흑마자(黑麻子)'이며, 이는 흰 참깨를 '백마자(白麻子)'라고 부르는 것과 같은 원리다. 전통 음식 중 하나인 '임자수탕'을 '백마자탕(白麻子湯)'이라 부르는 것도 잘못되었다. '임자수탕'은 들깨로, '백마자탕'은 참깨로 만들어야 한다. 검은깨는 '흑유마(黑油麻)', '흑호마(黑胡麻)' 등의 명칭으로도 불리며, 흰깨는 단순히 '호마(胡麻)'라고도 한다.

검은깨는 오래전부터 불로장생의 약재로 여겨졌으며, 성질이 평(平)하고 맛이 달다. 특히 흰깨보다 항산화 성분이 더욱 풍부하다. 검은깨에 함유된 리그난(lignan)과 세사몰리놀(sesamolinol)은 강력한 항산화 작용을 하며, 활성산소를 억제하고 노화를 방지하는 데 탁월한 효과를 보인다. 또한, 심혈관질환 예방에 도움을 주어 혈액순환을 개선하고 혈관 건강을 지키는 데 중요한 역할을 한다.

검은깨의 독특한 색을 만들어내는 성분인 안토시아닌(anthocyanin)은 항산화 작용뿐만 아니라 강력한 항염 효과를 지닌다. 이 성분은 세포 손상을 막고 면역력을 높이며, 염증 반응을 완화하는 역할을 한다. 게다가 검은깨는 철분 함량이 흰깨보다 약 60% 더 많아 빈혈 예방과 원기 회복에 특히 유리하다. 철분은 산소 운반과 혈액 생성에 필수적인 영양소이기 때문에 검은깨를 꾸준히 섭취하면 피로 해소와 기력 증진에도 도움을 줄 수 있다.

맛의 측면에서도 검은깨와 흰깨는 뚜렷한 차이를 보인다. 검은깨는 고소한 맛과 함께 약간의 쌉쌀한 풍미가 있어 단맛과 특히 잘 어울린다. 흑임자죽, 흑임자떡, 흑임자 아이스크림 등이 대표적인 예이다. 반면, 흰깨는 보다 순하고 부드러운 맛을 지녀 요리의 고명이나 볶음 요리에 적합하다.

검은깨를 꾸준히 섭취하면 놈을 보호하고 젊음을 유지하는 데 도움이 된다.

흑임자

구증구포(九蒸九曝), 아홉 번의 정성이 빚어낸 건강의 지혜

구증구포를 하는 유자

모든 식물은 스스로를 보호하기 위해 천연 독성이나 강한 성질을 지니고 있는데, 아무리 몸에 좋은 식재료라도 이를 제거하지 않으면 오히려 해로울 수 있다. 따라서 특정한 효능을 장기간 누리기 위해서는 재료를 제대로 가공하는 과정이 필수적이며, 그 대표적인 방법이 바로 구증구포이다. 구증구포는 재료를 아홉 차례 찌고 말리기를 반복하는 전통적인 가공법으로, 식재료의 고유한 성질을 변화시키고 독성을 제거하며 효능을 극대화하는 방식이다.

이 과정의 가장 큰 특징은 재료의 체질적 성질을 변화시킨다는 점이다. 예를 들어, 인삼은 본래 따뜻한 기운(온열성)을 지닌 약재로 체질에 따라 과다 섭취 시 열이 많은 사람에게는 오히려 해로울 수 있다. 그러나 구증구포 과정을 거치면 인삼의 성질이 완화되어 누구나 섭취할 수 있는 홍삼으로 변하게 된다. 뿐만 아니라, 미백색이던 인삼은 점차 적갈색으로 변하며, 유효성분이 더욱 농축되어 면역력 강화, 원기 회복, 항산화 작용 등의 효능이 극대화된다.

홍삼 외에도 다양한 한약재나 식재료가 구증구포 과정을 거쳐 효능이 증강된다. 숙지황(熟地黃) 또한 대표적인 사례로 생지황은 성질이 차고 다소 강한 맛을 지니지만, 구증구포를 통해 성질이 부드러워지고 몸을 보하는 효과가 증대된다. 이와 같은 방법은 오랜 시간 한의학에서 활용되어 왔으며, 단순히 약효를 높이는 것뿐만 아니라 체질에 관계없이 누구나 편하게 섭취할 수 있도록 조절하는 중요한 역할을 한다.

구증구포는 단순한 가공이 아닌, 식재료를 보다 인체에 적합하게 다듬는 전통적 지혜라 할 수 있다. 시간이 오래 걸리고 정성이 필요한 과정이지만, 그만큼 재료의 본래 기능을 최대한으로 끌어올리고 부작용을 최소화하는 효과를 지닌다. 자연에서 얻은 귀한 재료를 더욱 가치 있게 만드는 구증구포는 자연과 사람이 함께 빚어낸 건강을 위한 과학이자 예술이다.

과일, 열매, 뿌리, 꽃으로 쑨 죽

제4장은 과일, 열매, 뿌리, 꽃 등 자연이 계절마다 선사하는 재료들로 완성된 전통죽에 대한 이야기다. 선인들은 계절의 흐름을 섬세하게 포착하여 과일과 열매, 뿌리와 꽃을 활용한 전통죽을 만들어냈다. 이는 자연과 인간이 조화를 이루며 살아가는 지혜를 담은 결과물이었다. 곡물을 주재료로 한 죽에 과일의 달콤한 맛과 신선한 향을 더하고, 뿌리에서 길어 올린 강인한 생명력을 녹여냈으며, 열매의 고소한 풍미와 은은한 단맛으로 맛의 깊이를 더했다.

04

계절마다 피어나는 꽃을 더해 자연의 아름다움과 계절감을 담아내니, 한 그릇의 죽은 음식이 아니라 자연과 계절의 순환, 건강과 미학을 아우르는 하나의 조화로운 예술이 되었다.
자연의 다양한 요소로 빚어낸 전통죽은 고기나 유제품 없이도 충분한 영양을 제공하며, 깊고 풍부한 맛을 지닌다. 이러한 특징 덕분에 전통죽은 채식주의자들에게 훌륭한 선택지가 될 뿐만 아니라, 지속 가능한 식문화를 실천하는 데에도 중요한 역할을 한다. 현대의 웰빙 트렌드와 맞물려, 전통죽이 단순한 옛 음식이 아니라 현대인의 건강한 삶을 위한 대안이 되고 있다는 점도 주목할 만하다.
자연을 존중하고 계절을 반영해 만들어진 제4장의 전통죽은 단순히 죽의 조리법에 그치지 않고 자연과 조화롭게 살아가는 지혜와 건강을 동시에 품고 있어 더욱 소중하다.

산우죽 (간 마죽) ①

산우죽(山芋粥, 마죽) 쑤기(산우죽방)

【산우(山芋)는 곧 마[山藥]로, 산에서 난 것이 좋다】마의 껍질을 벗긴 다음 돌 위나 새 질그릇 위에서 진흙처럼 곱게 갈아 0.2승을 만들고, 여기에 꿀 2술을 넣는다【안 어떤 판본에는 '우유 2종지'가 있다】. 이를 뭉근한 불에 함께 볶다가 아주 뜨거워지고 나서야【아주 뜨겁지 않으면 먹을 때 목구멍이 맵다】흰죽 한 그릇에 넣고 잘 저어 먹는다. 《구선신은서》

山芋粥方

【山芋, 卽山藥, 山生者佳】去皮, 於石上, 或新瓦上, 細磨如泥二合, 蜜二匕【案 一本有'牛乳二鍾'】. 於慢火上同炒, 令極熱【不極熱則辣喉】, 乃投白粥一椀中, 攪均食. 《臞仙神隱書》

깨끗하게 손질한 마를 사기 강판에 갈아 우유와 꿀을 더해 죽을 쑤고, 쌀죽과 섞어 마무리하는 방식이다. 마는 연하고 부드러운 점액질을 품고 있어 아주 쉽게 갈아진다. 마의 질감이 순하고 착하여 손으로 다루는 느낌도 한결 부드럽다. 무언가를 갈다 보면 손에 상처가 나기 쉽지만, 마는 그런 걱정이 덜하다. 하얀 마를 강판에 갈면 눈부시게 뽀얀 마즙이 정신없이 흘러내린다.

마의 색을 그대로 유지하기 위해 흰 꿀을 넣었다. 선생은 마에 우유를 더할 수도 있다고 했다. 지금 일반화된 마와 우유의 조합이 오래되었다는 것을 알 수 있다. 우유를 더해 마죽을 만들기로 했다. 죽을 쑤는 동안 흰색의 조합이 더욱 선명해진다. 뜨겁게 쑤어 놓은 하얀 쌀죽 위에 뜨거운 마우유죽을 더하자 마, 우유, 쌀, 흰 꿀이 어우러진 순백의 합창이 완성된다.

마침 창밖에는 산우죽의 복원을 축하하는 듯 하얀 눈이 펑펑 내리고 있다.

부드럽게 갈린 마와 간간이 씹히는 쌀알, 그리고 은은한 우유의 향기. 거기에 깊고 자연스러운 흰 꿀의 단맛이 온 입안을 감싼다. 마를 곱게 갈아 끓여낸 산우죽은 마의 원래 맛이 고스란히 살아 있으면서도 부드러운 질감과 깊은 풍미가 완벽한 조화를 이루는 죽이다.

재료

마 360g, 우유 350g, 꿀 50g, 쌀죽 200g

만들기

1 흰죽을 쑤어 둔다.

2 마를 씻어 껍질을 깨끗이 깎는다.

3 마를 다시 깨끗하게 씻는다.

4 마를 사기 강판에 갈아 꿀을 넣는다.

5 흰죽에 4를 넣고 잘 섞는다.

제4장 과일, 열매, 뿌리, 꽃으로 쑨 죽

마[山藥], 땅이 기른 생명의 뿌리

마[山藥]는 원래 산에서 자생하여 '산마(山麻)'라고 불렸으며, 한약명으로는 '서여(薯蕷)' 혹은 '산약(山藥)'이라 한다. 그 특유의 미끈미끈한 점액질 속에는 뮤신(mucin) 성분이 풍부하게 함유되어 있다. 이 성분은 위를 보호하는 효과가 탁월하다. 그래서 마는 '산에서 나는 장어'라는 별명을 얻을 정도로 건강에 유익한 식재료로 알려져 있다.

마의 주성분은 녹말이며 단백질, 미네랄, 식이 섬유도 풍부하게 들어 있어 신체 기능을 개선하고 활력을 보충하는 데 도움을 준다. 마에는 디아스타아제(diastase)라는 효소가 포함되어 있어 소화 기능을 촉진하고 위장의 부담을 덜어주는 역할을 한다. 이 때문에 소화력이 약한 사람들에게 더욱 권장되며, 위 건강을 지키는 데 중요한 역할을 한다.

산약, 즉 마는 식용과 약용으로 모두 활용된다. 생으로 섭취하거나 찌거나 익혀 먹을 수 있으며, 부드러운 조직 덕분에 다양한 요리에 활용하기 좋다. 갈아서 죽처럼 만들어 먹으면 소화가 더욱 쉬워지고 위 점막을 보호하는 효과가 극대화된다. 약용으로 사용할 때는 가을에 덩이뿌리를 캐서 깨끗이 씻은 후, 적당한 크기로 잘라 햇볕에 말리거나 쪄서 보관한다.

오랜 세월 동안 마는 원기 회복과 면역력 강화, 장 건강 개선, 혈당조절 등에 효과적인 식품으로 여겨져 왔다. 특히 한방에서는 기운을 보충하고 허약한 몸을 튼튼하게 하며, 폐와 신장을 보호하는 보양식으로 귀하게 사용해왔다.

산우죽(山芋粥, 마죽) 쑤기(산우죽방)

다른 방법 : 마를 대나무칼로 깎아 껍질을 벗기고 물에
담근 다음 백반가루 약간을 물속에 뿌려 넣는다. 하룻밤을 묵혔다가 씻어서 점액
을 없앤다. 음지에서 말리거나 불에 쬐어 말린 다음 빻고 체로 걸러 가루 낸 뒤,
꿀물에 죽을 쑨다.《옹치잡지》

山芋粥方

一法 : 山藥竹刀刮去皮, 以水浸之, 糝白礬末少許入水中,
經宿洗淨去涎. 陰乾或焙乾, 擣羅爲粉, 白蜜水煮之.《饔饎雜志》

지하철에서 마를 커다란 박스째 들고 탄 부부의 마 예찬론을 듣게 되었다. 위장이 안 좋았는데 6년째 아침마다 마를 갈아 먹고 나서 지금은 활력이 넘치고 건강하다는 내용이었다. 마를 하루 먹을 양만큼으로 나눈 뒤 냉동시켜 놓고 먹는다고 한다. 저런 정성으로 마를 먹었으니 못 나을 병이 없을 것 같다. 부부의 안색이 너무나 좋아 보여 돌아오는 길에 마를 샀다. 2~3일 먹다가 그만 두었다. 냉장고에 넣어 두었는데 마가 상하여 내다버렸다. 산우죽 2를 쑤면서 마를 말려 두면 요긴하게 쓸 것 같다는 생각이 든다. 마 가루로 여러 음식을 할 수 있지만 무엇보다 쉽게 마죽을 쑬 수 있다는 점이 제일인 것 같다.

　　산우죽 1은 생마를 갈아서 쑨 죽이고, 산우죽 2는 말린 마를 가루 내어 쑨 죽이다. 마를 무쇠칼로 깎으면 무쇠 속에 들어 있는 철분이 폴리페놀을 산화시켜 마의 색이 검게 변하므로, 대나무칼로 마의 껍질을 깎아야 한다. 깎은 마는 백반물에 하루 저녁을 담갔다가 말리면 백반의 항균 작용으로 곰팡이가 피거나 상하는 것을 막고 갈변 현상을 막아 마가 희고 맑게 마른다. 또한 백반 속의 유효성분이 마에 스며들어 죽을 쑤면 백반의 효능까지 누릴 수 있어 좋다.

　　산우죽 2는 마를 백반물에 담그고 말리는 과정에서 두 차례의 법제 과정을 거친 가루로 죽을 쑤었기 때문에, 남녀노소 먹기 좋고 오래 먹어도 부작용이 없는 죽이다. 산우죽 1이 마의 생생함과 꿀의 달콤함, 우유의 고소함이 더해진 진한 맛의 죽이라면 산우죽 2는 마의 끈끈함이 덜한 산뜻한 맛의 마죽이다.

　　　마 말리기
　　　대나무칼로 마를 깎은 다음, 백반가루를 탄 물에 담가 하루 저녁을 둔 뒤, 미끌거리는 점액을 닦아내고 음지에서 말린 후 빻아서 가루를 낸다.

 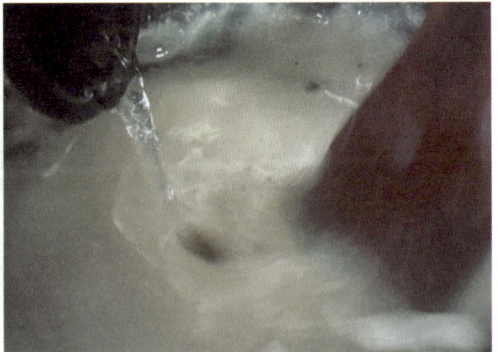

재료

마 가루 50g, 꿀 50g, 물 380g

만들기

1 분량의 물 중 1/3의 물에 꿀을 넣고 잘 섞는다.
2 마 가루와 동량의 물을 붓고 잘 섞는다.
3 1과 2를 잘 섞고 남은 물도 합한다.
4 중약불에서 타지 않도록 잘 저어 가며 죽을 쑨다.
5 죽이 끓기 시작하면 약불에서 죽을 완성한다.

* 마를 만지면 피부가 가려운데 이는 마의 껍질에 있는 독성
  물질인 옥살산칼슘(calcium oxalate) 때문이다.

* 명반(백반)
  명반은 광물성의 명반석(明礬石, Alumen)을 가공 처리한
  결정체로 만든 약재이다. 떫은맛이 나는 무색투명한 정팔
  면체의 결정으로, 물에 녹으며 수용액은 산성을 나타낸
  다. 매염제, 수렴제로 쓴다.
  명반은 한방에서 약으로 사용하는데 그 성질은 차고 서늘
  하며 맛은 아주 시고 떫다. 예로부터 모든 종류의 악창(惡
  瘡, 악성 종기)을 치료하고 탁월한 소염(消炎) 작용을 하는 중
  요한 약으로 알려져 왔다. 《동의보감》에서는 명반이 "뼈와
  이빨을 튼튼하게 하며 나력(瘰癧), 서루(鼠瘻), 옴 등을 낫
  게 한다. 담을 삭이고 이질을 멎게 하며 음식창과 악창을
  낫게 하고 코의 군살을 없애고 갑자기 목구멍이 막힌 것을
  낫게 한다."라고 하였다. 명반의 탁월한 약효는 명반 고유
  의 효능인 수렴, 지혈, 억균, 방부 작용에 기반한 것이다.

마[山藥], 선인들의 식탁에 오른 귀한 보약 음식

　　　　　마는 예로부터 식용과 약용으로 활용되어 온 귀한 재료
다. 선인들은 마를 다양한 방법으로 조리하여 떡, 죽, 다식, 약탕 등에 넣어 섭취
하며 건강을 다졌다. 조선 시대 조리서와 실록을 살펴보면, 마를 활용한 음식이
애용되었음을 알 수 있다.

　〈정조지〉에는 산약수제비[산약발어, 山藥撥魚]와 마떡(산우박탁, 山芋餺飥)을 만드는
법이 기록되어 있으며, 《규합총서(閨閤叢書)》에서는 마 가루를 찹쌀가루와 섞어 찌
는 매향병, 마를 부재료로 활용한 백설기, 복령조화고, 구선왕도고 등의 떡을 소
개하고 있다. 조선 후기에는 마를 활용한 과자류도 발달했는데,《윤씨음식법(尹氏
飮食法)》에 기록된 마단자는 노란빛을 띠는 동대문 근교의 산약을 무르게 쪄서 껍
질을 벗긴 뒤, 꿀과 반죽한 후 잣가루와 강즙을 넣어 둥글게 빚거나 주악 모양으
로 만들어 백청을 바르고 잣가루를 묻혀 완성하였다. 이 마단자는 주로 효도찬합
에 담아 올렸다.

　마를 이용한 다식 또한 존재했다. 《윤씨음식법》에 따르면, 마다식[山藥茶食]은
잡물을 제거한 뒤 깨끗한 판에서 반듯하게 다듬어 칠보 모양으로 잘라 통잣을 삶
아 박아 완성했다. 다만, 시간이 지나면서 윤기가 사라지고 딱딱해지기 쉬워 신선
할 때 섭취해야 한다고 전해진다.

　궁중에서도 마는 약용식으로 자주 사용되었다.《승정원일기》인조 10년 6월 8일
의 기록에 따르면, 인조가 약물을 복용한 후 부작용으로 설사를 하자 의관이 산
약죽(山藥粥)에 볶은 찹쌀가루와 얼음을 띄워 올릴 것을 권한 사례가 있다. 또한,
6월 10일 기록에는 연자산약죽(蓮子山藥粥)이 여러 차례 언급되며, 단맛을 보충하
기 위해 평안 감사에게 사탕을 무역하여 보내달라는 요청까지 이루어졌다고 전해
진다. 이를 통해 산약죽이 단순한 음식이 아니라 왕실에서도 신중하게 조리하여
올리던 귀한 보양식이었음을 알 수 있다.

뿐만 아니라, 마는 궁중의 내의원에서도 보중익기탕(補中益氣湯), 팔물탕(八物湯), 가미지황탕(加味地黃湯), 가감삼향산(加減蔘香散) 등의 약탕 재료로 사용되었다. 마는 허약한 기운을 보강하고 체력을 증진하는 보약으로서의 역할을 톡톡히 해 냈다.

《음식방문(飮食方文)》에 기록된 연수함춘주(延壽含春酒)는 마를 부재료로 대추, 곶감, 잣, 연실, 호두, 생강, 살구씨, 생꿀 등을 더해 탄알 크기의 환으로 만들어 먹으면 늙지 않고, 굶주리지 않으며, 백발이 흑발로 변한다고 기록되어 있을 만큼 건강 증진을 위한 귀한 보양식이었다.

우리 선인들은 마의 뛰어난 효능을 다양한 방식으로 즐겼음을 알 수 있다.

위키실록 참조

〈서동요〉와 마

《삼국유사(三國遺事)》에 따르면 신라 진평왕의 셋째 딸인 선화공주는 절세의 미인이었다고 한다. 이 소문을 들은 마를 캐서 생계를 꾸리던 맛동이라고도 불리던 서동이 공주를 사모하였다. 서동은 신라로 들어가 아이들에게 마를 나누어 주고 선화공주가 자신과 은밀하게 만나고 있다는 〈서동요〉를 만들어 부르게 하였다. 이 노래는 왕의 귀까지 들어가게 되고 선화공주는 진평왕의 노여움을 사서 궁에서 쫓겨났다. 귀양을 가던 선화공주는 미리 기다리던 서동을 알게 되어 따라가게 되었다. 서동이 묻어 놓았던 금을 진평왕에게 보내 정식으로 부부로 인정받고자 하였다. 이를 보낼 방법을 용화산의 스님과 의논하였는데 법력을 써서 하룻밤에 진평왕에게 보내 사위가 되었다. 이를 계기로 서동이 백제의 왕에 오르게 되었다. 바로 백제의 무왕(武王, ?~641)이다. 무왕 부부는 용화산 자락에 미륵사를 지었는데 진평왕이 여러 분야의 장인을 보내 도와주었다.

"아름다운 공주님 선화 공주님 맛동이와 노닐다가 궁궐로 돌아가네~"라는 어린 시절 부르던 〈서동요〉가 떠오른다. 〈서동요〉는 우리나라 최초의 향가이다. 서동은 기골이 장대하고 머리가 명민하였다고 한다. 무왕이 자양강장의 효능이 있는 마를 팔았다는 것은 우연이 아니다.

산마

이응희

마가 산골짜기에서 자라는데
긴 뿌리가 이상야릇하고도 기이하네.

땅을 파서 금빛 줄기를 뽑고
쟁반에 올릴 때는 옥 같은 살을 깎는구나

삶으면 늙은이 배를 채울 수 있고
말려서 죽을 끓이면 약하고 지친 몸의 건강을
도와주네.
오래도록 먹으면 몸이 가볍고 튼튼해지니
깡마른 신선이 어찌 나를 속였겠는가.

복령죽 (풍냉이죽)

복령죽(茯苓粥, 풍냉이죽) 쑤기(복령죽방)

복령(茯苓)을 따다가 검은 껍질을 제거하고 탄환 크기로 쪼갠다. 이를 물에 담가 붉은 즙을 우려서 제거한다. 이어 푹 쪄서 햇볕에 말리고 가루 낸 뒤 물에 타 죽을 쑤어 먹으면 심장과 신장을 보할 수 있다.《구선신은서》

茯苓粥方

茯苓採去黑皮, 剉如彈子大, 水浸去赤汁, 蒸熟曬乾作末, 水飛熬粥, 能補心腎.《臞仙神隱書》

재료
적복령 가루 50g, 물 290g

적복령 가루 재료
적복령 350g, 물 1000g

적복령 가루 만들기
1 복령을 검은 껍질을 제거하고 탄환 크기로 쪼갠 뒤, 2일을 물에 담가 붉은 즙을 우려낸다. 이를 푹 찐 다음 햇볕에 말린 뒤 가루를 낸다.

복령죽 쑤는 방법
1 적복령 가루에 분량의 물 1/3을 먼저 넣고 잘 섞어 준다.
2 1에 남은 물을 부어준다.
3 2를 맨 가루가 남지 않도록 잘 섞는다.
4 3을 바닥이 두꺼운 솥에 넣고 약불에서 눌지 않도록 저어 가며 죽을 쑨다.

복령(茯苓)은 약성이 뛰어나 대추나 감초처럼 한약 처방 전에 많이 들어가는 약초다. 〈정조지〉의 복령죽은 적복령을 가루 내어 쑨 죽이다. 선생은 그냥 "복령을 캐다가"라고 하여 적복령 백복령으로 구분하지 않았지만 물에 담가 붉은 즙을 빼라고 한 것으로 보아 적복령을 말하는 것으로 생각된다.

복령 가루에 쌀이나 다른 곡물을 더하라는 말이 없어 복령 가루만으로 어찌 죽이 될 수 있을까? 라는 의문을 갖게 된다. 이 고민은 복령을 보면 쉽게 풀린다.

복령은 섬유질로 이루어진 약초와는 다르게 삭은 조가비나 오래된 회벽처럼 독특한 질감을 가지고 있다. 적복령이나 백복령 모두 색도 세월에 바랜 듯하고, 퍼슬퍼슬 잘 부서진다. 복령의 성분은 대부분 포도당으로 이루어져 있고 복령으로만 죽을 쑤어도 죽의 형상이 된다. 복령이 순한 약재임은 곡물을 더하지 않는 것으로도 짐작할 수 있다. 향도 당귀나 천궁처럼 강하지 않아 먹어도 거부감이 없다. 물론 곡물을 추가하여 개암죽이나 호두죽, 녹각죽처럼 쌀죽에 더하거나 쌀가루를 더하여 쑤어 먹어도 좋다.

적복령은 백복령에 비해서 귀하기는 하지만 약성은 크게 다르지 않다고 한다. 복령죽을 쑤어 보면, 곡물의 가루로 쑨 죽과 구분하지 못할 정도다. 복령은 이름과 사는 장소가 주는 신비로움이 복령죽의 달고 순한 맛과 은은한 향기에 신비스럽게 담겨 있다.

복령이 땅속으로 숨은 것은 자신의 순한 성정이 혼탁함에 물드는 것을 경계하기 때문인 것 같다. 사람들이 꼬챙이로 소나무 밑 둥지를 찔러서 복령을 찾는데 은둔자 복령의 입장에서는 참으로 깜짝 놀랄 만한 일이다.

복령, 신비로운 자연의 선물

복령은 베어낸 지 여러 해가 지난 적송(붉은 소나무)의 뿌리에 기생하는 균핵 형태의 버섯류이다. 복령에는 흰색을 띠는 백복령과 붉은색을 띠는 적복령이 있으며, 이름의 유래는 "잠복하여 있다"라는 뜻의 '복(伏)'과 "신령스럽다"라는 의미의 '령(苓)'이 합쳐진 것이다. 소나무는 베어져도 그 뿌리는 살아 있어 땅속의 영양분을 빨아들이지만, 쓰일 곳이 없어 복령이 생기게 된다.

복령의 약성은 평평하고 무독하며 맛은 달고 무덤덤하다. 비장을 보호하고 가래를 삭이며, 적복령은 체내 습기를 제거하고 이뇨 작용을 촉진하는 효과가 있다. 또한 노화된 세포를 사멸시키고 어린 세포를 키워 내기 때문에 화장품의 원료로도 쓰인다. 적복령과 백복령은 속면의 색깔 차이 외에도 질감 자체에서 차이가 난다.
백복령은 좀 더 매끈한 면을, 적복령은 좀 더 거칠거칠한 면을 가지고 있다. 적복령이 약효가 더 낫다고 하는데 우리나라에서는 잘 나지 않는다. 복령은 오래 먹을수록 몸에 이로운 식품이자 약이다. 복령을 먹으면 곡식을 전혀 먹지 않고도 살 수 있다고 한다. 복령은 버드나무와는 상극이기 때문에 절대 같이 먹어서는 안 된다.
죽 이외에 복령을 활용하는 대표적인 방법으로는 복령 가루와 볶은 쥐눈이콩 가루를 같은 비율로 섞어 하루 2~3회, 한 번에 다섯 숟가락씩 섭취하는 방법이 있다. 또 다른 방법으로는 밀가루 한 되와 복령 가루 한 되를 반죽해 수제비를 만들어 하루 한 번 섭취하는 것이다. 복령을 처음 먹기 시작하면 3~4일 동안은 허기가 지고 배고픔을 느낄 수 있지만, 일주일 정도 지나면 배고픔이 사라지고 몸이 가벼워지는 효과를 경험할 수 있다. 2~3개월 지속적으로 섭취하면 눈이 밝아지고 정신이 총명해지며 활력이 증진된다. 피부미용에도 효과가 있어 살결을 아름답게 하고 오래 바르면 죽은깨를 없앤다.

복령

이응희

열 길 높이 솟은 늙은 소나무는
죽을 때 반드시 정기를 남기네.

백 년이 지나면 반토가 되고
천 년이 지나면 복령이 되는구나.

비록 적복령과 백복령으로 나누어지지만
그 쓰임새는 서로 신령스럽지.

체증을 가시게 하고 심기에 통하니
오랜 세월 동안 그 명성을 전할 수 있었구나.

제4장 과일, 열매, 뿌리, 꽃으로 쑨 죽

백
합
죽

백합죽(百合粥) 쑤기(백합죽방)

생백합【꽃이 흰 백합이 좋다】1승을 썰어 꿀 1냥과 같이 푹 끓인다【안 《증보도주공서(增補陶朱公書)》에는 "생백합 1승을 잘게 잘라 꿀 1냥과 같이 땅속에 묻어 숙성시킨 뒤 죽을 쑨다. 묻어 놓은 백합이 숙성되어 끓어오르면 백합 0.3승을 더 넣은 뒤, 끓여 먹는다."라 했다. 이것을 보면 설명이 더 자세하다】. 《구선신은서》

百合粥方

生百合【花白者佳】一升切, 蜜一兩同煮熟【案 《增補陶朱公書》云 : "生百合一升切碎, 同蜜一兩窖熟煮粥. 將起, 入百合三合, 煮食." 視此加詳】. 《臞仙神隱書》

백합 땅에 묻기

재료
백합 18개, 꿀 60g

백합을 깨끗하게 씻어 바람이 잘 통하는 곳에서 하루
저녁을 말린다. 항아리를 깨끗하게 씻은 뒤 볕에 말려 물기를 제거하고 식초를 적
신 행주로 닦아 낸 후 눕혀서 물기를 말린다. 백합을 넣고 꿀을 부은 뒤 깨끗한 나
무 수저로 잘 섞는다. 물이 들어가지 않도록 철저하게 밀봉한 뒤 땅을 항아리의
키 2.5배 이상 파서 항아리를 바르게 한 다음 묻고 흙을 잘 덮는다. 두 달 뒤 땅에
서 꺼내 백합 6개를 더 넣고 다시 땅에 넣어 숙성시킨다.

> * 백합을 숙성시키는 시간은 환경에 따라 확연하게 다르므
> 로 임의대로 정해서 한다. 땅을 파는 깊이도 지역과 온도
> 에 따라 조절해야 한다.

제4장 과일, 열매, 뿌리, 꽃으로 쑨 죽

백합 10개, 백합 숙성물 45g, 쌀 120g, 물 740g

만들기

1 숙성된 백합을 항아리에서 꺼내 먹기 좋은 크기로
   자른다.
2 항아리의 백합 숙성물은 따로 담아서 고운 면보에
   걸러 이물질을 제거한다.
3 흰쌀죽을 쑤다가 끓기 직전에 백합을 넣고 마저 쑨다.
4 죽이 뜸 들 무렵 백합 숙성물을 부어 죽을 완성한다.

엄마에게 백합 구근을 간장에 졸여서 먹는다는 이야기
를 들었지만, 꽃의 알뿌리를 먹는다는 것이 그저 이상할 뿐이었다. 백합죽을 쑤기
위해 백합에 대해 공부하면서, 백합이 아주 맛있고 몸에 좋은 식재료라는 것을
알게 되었다. 화려함과 진한 향기 때문에 먹을 수 없을 것이라는 편견을 가졌던
것이다. 백합에 대한 막연한 거부감이 일순간에 사라지게 되었다. 서유구 선생은
"백합은 성질이 평하고 독이 없다"고 했다. 백합은 순한 식재료다. 백합처럼 화려
한 사람이 사귀어 보면 순수한 영혼의 소유자였던 경험들이 떠오른다.

백합죽은 항아리에 백합 구근과 꿀을 담아 땅속에 묻었다가 쑤는 죽이다. 짠지
가 아닌 단지를 담그는 것 같다. 선생은 백합 구근의 빠른 숙성을 위해 백합을 잘
게 자르라고 하였지만 가급적 땅을 깊이 파서 오래 두려고 하였으므로, 편을 적
당히 가르기만 하였다. 백합 구근을 꿀과 섞어 항아리에 넣고 땅에 깊이 묻었다.
두 달 뒤 백합이 충분히 숙성될 만한 시기라 생각하고 백합을 추가하였다. 7달 뒤
백합 항아리를 꺼냈다. 백합에서 나온 물로 항아리가 찰랑하고 백합은 살짝 숨이
죽어 있다. 백합이 담긴 항아리를 보는 것만으로도 약이 될 것 같다. 비늘줄기인
백합의 아삭한 식감이 마치 양파피클을 씹는 듯하며, 단수수처럼 달짝지근한 물
맛이 부드럽게 혀를 감돈다. 숙성된 백합의 진액은 그 자체가 진귀한 약이다. 백
합 숙성물을 조심스럽게 면포로 걸러내어 죽물로 썼다.

죽을 쑤면 백합 특유의 아삭한 식감이 한결 부드러워지며 쌀과 자연스럽게 어
우러진다. 달콤한 꿀의 깊은 맛과 백합에서 우러난 은은한 단맛이 숙성 과정을
통해 더욱 풍부해져서 맛의 깊이가 다르다. 서유구 선생은 [안]에서 흰 꽃을 피우

는 생백합을 잘게 잘라 꿀과 함께 푹 끓여 죽을 쑤라고 하였다. 이것은 백합죽을 쑤는 방식이 아니라 백합을 꿀과 함께 항아리에 담아 땅에 묻는 것을 대신하는 방법이다. 땅에 묻을 여력이 없거나 환자가 발생하여 긴급하게 죽을 쑬 때 활용하기 좋은 일종의 속성법이라고 할 수 있다.

백합은 몸과 마음의 부조화를 치유해 주는 약성도 뛰어나지만, 정성과 시간이 더해진 백합죽이야말로 진정한 약죽(藥粥)이라는 생각이 든다. 백합죽에 향기로운 백합꽃을 더해 백합죽 사진을 찍었다.

백합뿌리, 백합전초

제4장 과일, 열매, 뿌리, 꽃으로 쑨 죽

* 백합

백합(百合)은 동양과 유럽에서 귀중한 약재로 널리 사용되었다. 그 성미(性味)는 달고 약간 쓰며, 무독(無毒)하고 차가운 성질을 지니고 있어, 폐를 촉촉하게 하고 열을 내리는 데 탁월한 효능을 발휘한다. 특히 마른 기침이나 만성기침을 완화하는 데 효과적이다.

백합은 진정 작용이 뛰어나 불안과 초조함, 가슴이 두근거리며 울렁거림, 불면증, 그리고 항알레르기에도 유용하다. 또한, 목구멍이 막힌 듯 답답하거나 기력이 쇠약하여 마음이 흥분되고 가슴이 뛰며 쉽게 놀라는 신경쇠약 증상에도 도움이 된다. 이러한 증상은 동양의 전통 의학에서 '장조(臟燥)' 또는 '백합병(百合病)'이라 불리며, 이를 치료하기 위해 백합고(百合膏)라는 약제를 활용하였다. 백합은 피부 건강에도 유익하여 백합을 으깨서 상처에 바르거나 연고로 만들어 바르면 피부를 촉촉하게 하고 피부를 재생시키는 데 도움을 준다.

이러한 효능 외에도 백합은 특별한 증상이 없어도 몸을 보하고 기운을 북돋아 전체적인 건강을 증진하는 데 기여한다. 특히 여름철에 섭취하면 몸의 열을 내리고 염증을 줄이는 효과가 있어, 더위를 이겨내는 데 도움을 주는 약재로 사랑받았다.

유럽에서도 백합은 불안증과 수면 장애를 치료하는 약재로 사용되었으며, 피부 외용제, 위장 보호제 등 다양한 용도로 활용되었다. 전통 의학에서 모두 인정받는 귀한 약재였다. 앞으로 백합에 대한 연구가 진행되면 쉽게 백합의 효능을 누리게 될 것이다.

백합에 대한 다양한 이야기

  백합(百合)은 구근이 백 개의 비늘줄기 편으로 이루어진 데서 얻은 이름이다. 우리는 나리라는 이름으로 더 많이 부른다. 동양에서 나리는 꽃보다는 전분과 약리 성분을 이용해 식용이나 약용으로 더 중요한 역할을 했다. 의약서인 《향약채취월령(鄕藥採取月令)》(1431), 《촌가구급방(村家救急方)》(1538), 《동의보감(東醫寶鑑)》(1610) 등에서 약재로서의 효능을 설명하고 있다.

  서양에서는 백합을 종교적으로 인식하는데 그 유래가 매우 오래되었다. 기원전 1580년경 미노아(Minoa) 문명의 유적인 크레타(Creta) 섬의 대저택에서 백합이 그려진 벽화가 발견되었다. 그리스 신화에는 여신 헤라의 젖을 먹던 아기 헤라클레스가 서두르다 바닥에 흘린 젖에서 백합이 핀 것이 백합의 기원이라고 전해진다. 기독교에서도 백합은 그리스도의 탄생과 부활을 상징한다. 천사 가브리엘이 마리아에게 그리스도를 낳을 것임을 알리는 '수태고지'에서 순결함의 상징으로 나리를 주었다고 전해진다. 그리스도가 십자가에 매달렸을 때 떨어진 피에서 피어난 꽃이 나리이기 때문에 부활이라는 의미도 담겨 있다. 화색이 다양하고 꽃이 아름다워 세계적으로 결혼식의 부케, 제례나 예배의 헌화용 등으로 다양하게 이용된다.

  서양에서는 결혼 30주년을 의미하며, 나리로 만든 꽃다발은 사랑하는 사람에게 주는 최고의 선물이다. 중세 독일 라이헤나우 수도원(Monastic Reichenau)의 수도원장이자 학자였던 왈라프리드 스트라보(Walafrid Strabo, 808~849)는 백합이 뱀독을 해독하는 효능이 있다고 기록했다. 이 밖에도, 중세 유럽에서는 기독교의 영향으로 백합이 순결과 동시에 선행을 상징하는 꽃으로 여겨졌다. 왕과 귀족, 가문의 문장, 성직자의 복장, 교회 장식 등에 백합이 사용되었다.

조미죽(대추죽) ①

조미죽(棗米粥, 대추죽) 쑤기(조미죽방)

대추를 흐물흐물하게 푹 삶는다. 조를 살짝 찧어 겨만 제거한 다음 대추와 한곳에 잘 섞는다. 이를 햇볕에 쬐어 7/10~8/10 정도 마르면 맷돌로 갈아 다시 햇볕에 바짝 말린 다음 저장해두고 쓰임에 대비한다. 쓸 때가 되면 맷돌로 곱게 갈아서 죽을 쑤어 간식[點心]을 만들 수 있다. 순곡(純穀, 쌀)·기장[黍稷]·수수[蜀秫]·밀가루로도 모두 죽을 쑬 수 있다.《군방보》

棗米粥方

棗煮熟爛. 將穀微碾略去糠, 和棗均作一處. 曬七八分乾, 石碾碾過, 再曬極乾, 收貯聽用. 臨時, 石磨磨細, 作粥作點心. 任用純穀、黍稷、蜀秫、麥麵, 俱可作.《群芳譜》

대추 가루 재료

대추 600g, 조 300g

대추 가루 만드는 방법

좋은 대추를 으깨지도록 푹 삶은 뒤 손으로 주물러 씨를 제거한 다음 도정이 잘 된 조를 섞어 햇볕에 말리는데 70~80% 정도 마르면 대강 손으로 부순 뒤 맷돌에 거칠게 갈아 다시 볕에 바짝 말려 보관한다.

천하의 과일들이 서로 다투며 맛과 향을 뽐내지만, 그 으뜸은 대추다. 대추는 관혼상제의 의례는 물론이요, 차, 떡, 죽, 약식, 웃기, 조림, 과자나 떡의 소, 탕약을 달일 때 등 일상을 꾸리는 데 없어서는 안 되는 과일이었다. 선인들은 집 안에 대추나무 한두 그루를 심어 가을볕에 말려 두고 그해 필요한 대추를 충당하였다. 대추로 할 수 있는 많은 음식 가운데 추천하고 싶은 음식이 바로 대추죽이다. 대추의 과육은 주성분이 탄수화물로 맛도 있어 다른 곡물이나 당을 더하지 않아도 맛이 좋은 죽이 된다.

대추죽 ①은 〈정조지〉 권2 취류지류에 수록되어 있는 도행병(桃杏餠)과 그 제법(製法)이 같다. 복숭아나 살구처럼 수분이 많은 과일은 그냥 삶고, 대추와 같은 건과는 물을 부어 수분을 더한 뒤 익혀서 곡물과 합해 볕에 바짝 말려 갈무리하여 보관했다. 이 가루를 시루에 찌면 떡이 되고, 물을 붓고 끓이면 죽이 된다. 대추 껍질의 방수 효과 때문인지 대추는 삶아도 잘 물러지지 않으므로 오래 삶아야 한다. 대추에 수분이 많으면 말리는 과정에서 상하거나 시간이 오래 걸리므로 대추는 푹 삶되, 고슬고슬해야 한다. 만약 물기가 많다면 뚜껑을 열고 불기운을 더하면서 수분을 날려 주어야 한다.

삶은 햇대추를 손으로 으깨어 씨를 발라내고 살을 취한 다음, 조와 섞어 볕에 널어 놓는다. 조의 양은 취향에 맞게 조절하면 된다. 조는 대추의 수분을 밀가루, 수수, 쌀보다 덜 흡수하므로 말릴 때에는 앞뒤를 자주 뒤집어 주면서 말려야 한다. 서유구 선생은 70~80% 정도 말리라고 했는데, 사실 아무리 말려도 선생이 말한 정도에서 멈추어 버린다. 아마 대추가 당분이 많아 과육이 끈적이기 때문인 것 같다. 말랐지만 숙지황처럼 끈끈한 대추와 조 말린 것을 맷돌에 갈아 가루를 만든 뒤 볕에 바짝 말려 보관해 두었다가 필요할 때마다 다시 곱게 갈아 죽을 쑨다. 대추죽을 쑤는 방법 중 가장 정성을 많이 들여야 하지만, 일단 만들어 두면 언제든지 대추죽을 쑤어 먹을 수 있어 수고한 보람을 느낀다. 먹을 때마다 갈아서 죽을 쑤기 때문에 갓 딴 듯한 대추의 진한 향과 햇볕에 농축된 단맛이 그지없이 감미롭다. 누구에게나 추천하고 싶은 죽이다. 가족의 건강을 위하여 단풍색의 대추와 조로 대추죽거리를 만들어 두는 것도 가을을 알차게 보내는 방법이다.

재료

대추 가루 50g, 물 440g

만들기

1 대추와 조가 섞인 거친 가루를 곱게 갈아준다.
2 1의 가루에 분량의 물 중 1/3을 넣고 잘 섞는다
3 2에 남은 물의 반을 붓고 섞어 준다.
4 바닥이 두꺼운 냄비에 3을 넣고 잘 저어 가며 중약불에서 죽을 쑤기 시작한다.
5 죽이 끓기 시작하면 약불에서 죽을 마무리한다.

조
미
죽
(대추죽)
②

조미죽(棗米粥, 대추죽) 쑤기(조미죽방)

지금의 조죽(棗粥, 대추죽) 쑤는 법 : 말린 대추 1승, 찹쌀 0.3승을 노구솥에 같이 넣은 뒤 끓이고 졸여서 문드러지면 체로 대추씨와 쌀 찌꺼기를 제거하고 상에 올린다.《옹치잡지》

棗米粥方

今棗粥法 : 乾棗一升、糯米三合, 同入鍋內, 煎熬待糜爛, 篩去棗核、米滓, 供之.《饔饎雜志》

제4장 과일, 열매, 뿌리, 꽃으로 쑨 죽

　조미죽 ②는 대추미음을 쑤는 방법이다. 미음은 곡물에
물을 충분히 붓고 곡물의 진액이 나오도록 푹 끓여 곡물의 건지를 제거한 톡톡한
액을 말한다. 조미죽 ②는 곡물과 과일에서 짠 일종의 식물성 우유라고 할 수 있다.
　대추미음은 기력이 약해 죽을 먹기 어려운 중환자에게 빠르게 영양을 공급하
는 생명의 음식이었다. 또한, 젖이 부족한 갓난아이, 심신이 쇠약한 사람, 노인에
게도 효과적인 보양식으로 사용되었다. 대추는 몸과 마음을 이완시켜 숙면을 돕
고, 환자의 빠른 회복을 촉진한다. 특히 이유식으로 먹이면 아이가 덜 울고 잘 자
므로 성질이 느긋하고 건강한 아이로 성장하도록 돕는다.
　대추와 쌀을 넣고 약한 불에서 은근히 익혀야 껍질에서 대추의 성분이 잘 우러
나온다. 꿀을 넣지 않아도 자연스러운 단맛이 부드럽게 혀를 감싸다가 부드럽게
목을 휘감으며 넘어간다. 쌀미음에 설탕이나 꿀을 더하는데 대추를 넣으면 맛도
영양도 올라가니 이보다 더 좋을 수가 없다.
　씨를 제거한 대추살과 쌀가루를 이용하면 쉽게 조미죽 ②를 만들 수 있다. 대
추살을 블렌더에 넣고 곱게 간 다음, 체에 곱게 내린 뒤 죽을 쑤다가 물에 갠 찹쌀
가루를 조금 넣으면 된다. 서유구 선생은 도구의 활용을 장려하기 위하여 〈섬용
지〉를 쓰셨는데, 블렌더나 믹서기를 보신다면 최고라고 엄지척하였을 것이다. 편
리한 도구를 쓸 때마다 장작을 지고, 장작불을 때고, 맷돌에 갈고, 절구에 찧던

선인들의 힘든 노동이 떠오르며 가슴이 애잔해지곤 한다.

조미죽 ②는 우유나 두유처럼 마셔도 좋다.

*또 다른 대추죽 쑤는 방법: 대추를 푹 삶은 뒤 적당히 식으
면 대추를 문질러 살을 취하고 씨를 제거한다. 고운체에
밭쳐 대추의 거친 껍질을 제거한 뒤 끓이다가 생강즙을 약
간 넣어 만든 새알심을 넣고 쑨다. 새알심 대신 거칠게 빻
은 쌀을 넣고 쑤어도 좋고 쌀가루와 새알을 같이 넣어도
좋은데 다만 쌀가루를 많이 넣지 않는다.

재료
말린 대추 600g, 찹쌀 220g, 물 5L

만들기
1 깨끗이 손질하여 씻은 대추와 찹쌀을 노구솥에 같
   이 넣는다.
2 1에 물을 붓고 중약불에서 서서히 삶는다.
3 2가 끓으면 약불로 낮춰 대추가 문드러질 때까지 삶
   는다.
4 죽이 끓기 시작하면 약불에서 죽을 마무리한다.

Tip
조미죽 ②를 쑤는 시간을 단축하고 싶으면 대추를 손으로 대략 뜯어
넣으면 물이 대추 속으로 들어가 대추가 무르는 시간이 단축된다.

제4장 과일, 열매, 뿌리, 꽃으로 쑨 죽

대추, 자연이 선물한 건강한 단맛

　　　　　대추는 선명한 빨간빛과 아삭한 식감을 자랑하지만, 대부분 말려서 사용한다. 말린 대추는 달콤한 맛이 농축되고 보관이 쉬워 한약재나 간식으로 널리 활용된다. 붉고 매끈한 껍질, 단단한 씨, 그리고 그 사이를 채운 달콤한 과육이 대추의 특징이다.

　비타민 C와 항산화 물질이 풍부한 대추는 면역력을 높이고 체력 회복에 도움을 준다. 특히, 위를 따뜻하게 하고 소화를 촉진하며, 간의 해독 작용을 도와 음주 후 피로 회복에도 효과적이다. 이러한 특성 덕분에 대추는 자연적인 디톡스 식품으로도 손색이 없다. 또한, 항산화 성분과 비타민 C가 피부 세포를 보호하고 콜라겐 생성을 촉진하여, 꾸준히 섭취하면 피부 탄력을 유지하는 데 도움을 준다.

　대추는 신경을 안정시키고 숙면을 돕는 효능도 있다. 대추차를 자기 전에 마시면 숙면을 유도하고 스트레스를 완화하는 데 효과적이다. 이러한 진정 작용 덕분에 한방에서는 대추를 감초처럼 여러 약재와 어우러지게 하여 약의 효과를 돕는 중요한 요소로 삼았다. 이는 대추가 조화로운 성질을 가지고 있기 때문이다.

　대추는 단순한 과일을 넘어 우리의 전통과도 깊은 관련이 있다. 전통 혼례상에 대추와 밤을 올려 자손의 번영과 다산을 기원한 풍습이 이를 잘 보여준다. 조화로운 성질을 지닌 대추는 약재로서뿐만 아니라 문화적으로도 중요한 의미를 갖는다.

건강한 단맛, 대추

율자죽 (밤쌀죽) ①

율자죽(栗子粥, 밤죽) 쑤기(율자죽방)

밤껍질을 벗기고 쌀알처럼 자른다. 멥쌀 1승마다 밤 0.2승을 함께 끓인다.《구선신은서》

栗子粥方

栗去殼, 切如米粒. 每粳米一升, 栗肉二合同煮.《臞仙神隱書》

밤을 쌀알 크기로 만든 밤쌀을 쌀과 함께 끓이는 죽이다. 〈정조지〉 권2 취류지류 밥 편의 고구마를 쌀알 크기로 만들어 말린 후, 쌀을 섞어 짓는 '저반'과 비슷하다. 저반은 쌀알 크기로 자른 고구마를 햇볕에 말려 고구마쌀이 곤죽이 되지 않도록 하지만, 조직이 단단하고 수분이 적은 밤쌀은 따로 말릴 필요가 없다.

밤쌀을 만드는 일은 어렵지 않지만 시간과 정성이 필요하다. 밤을 거칠게 다지고 급하게 죽을 쑤면 삐죽삐죽한 면이 도드라져 쌀알과 잘 섞이지 않고 이단아처럼 보인다.

쌀이 약간 덜 익어서 따끔거릴 때 밤쌀을 넣고 밤이 쌀과 어우러지도록 다른 죽보다 약한 불에서 조금 오래 익히는 것이 좋다.

율자죽 ①은 단맛이 증강된 찐밤이나 밤가루로 끓인 밤죽에 비해 특별히 내세울 것이 없지만, 보드라운 쌀과 함께 씹히는 식감이 먹는 즐거움을 준다. 밤쌀을 씹다 보면 천천히 죽을 먹게 되어 소화에도 좋고, 씹는 훈련을 해야 하는 유아의 이유식으로도 적합하다. 자극적이지 않은 평범한 맛 또한 이유식으로 적합한 요소다. 이유식 단계부터 자극적인 맛을 선호하도록 길들이면 편식하는 아이로 성장할 가능성이 크다. 율자죽 ①을 먹이는 것은 쌀밥에 이어 또 하나의 우리 맛을 알게 되는 기회가 되며, 아이의 전반적인 인격 형성에도 긍정적인 영향을 미칠 것이다.

재료

밤 50g, 쌀 170g, 물 1220g

만들기

1 껍질을 깐 밤을 쌀알 크기로 잘라 밤쌀을 만든다.

2 밤쌀은 2~3시간 햇볕에 널어 말린다.

3 불린 멥쌀에 밤쌀을 넣은 뒤 물을 붓고 중강불에서 죽을 쑨다.

4 죽이 끓기 시작하면 중약불로 줄이고 약불로 뜸을 들여 마무리한다.

율자죽(栗子粥, 밤죽) 쑤기(율자죽방)

다른 방법 : 말린 황률(黃栗)을 곱게 가루 낸 뒤 죽을 쑤고 꿀을 타 먹는다. 혹은 생밤의 껍질을 벗기고 얇게 깎아 햇볕에 말리거나 불에 쬐어 말린 다음 곱게 가루 내어 죽을 쑤기도 한다.《증보산림경제》

栗子粥方

一法 : 乾黃栗細末, 作粥和蜜食. 或生栗去皮薄削, 日曬乾, 或火焙乾, 細末作粥.《增補山林經濟》

제4장 과일, 열매, 뿌리, 꽃으로 쑨 죽

재료

밤 가루 30g, 멥쌀가루 40g, 물 460g

밤 가루 만들기

1 밤을 통째로 말려 겉껍질과 속껍질을 벗긴 다음 찧어서 가루를 낸 뒤 체에 쳐서 곱게 가루를 낸다.

율자죽 ② 쑤는 방법

1 황률을 갈아서 곱게 가루를 낸다.
2 황률 가루와 멥쌀가루를 그릇에 담고, 분량의 물 1/3과 함께 멍울이 생기지 않도록 잘 섞는다.
3 솥에 2를 담고 남은 물을 붓고 섞어 준다.
4 중약불에서 죽을 쑤다가 엉기기 시작하면 약불로 줄인다.
5 죽이 끓으면 2분 정도 더 끓여서 죽을 마무리한다.
6 꿀을 더해서 먹는다.

밤을 햇볕에 말리거나 불에 쬐어 말린 다음, 겉껍질과 속껍질을 벗겨 낸 것을 황률이라고 한다. 오래 보관할 수 있어 집집마다 가을에는 황률을 만들어 보관하여 두었다가, 물에 불려 밥이나 죽에 넣어 먹거나 약식이나 떡을 만들 때 넣었다. 먹다가 처진 밤 몇 개가 황률이 되어 있어 까 보면 아주 딱딱하여 포기를 한다.

황률을 절구에 넣고 찧으면 겉껍질과 속껍질이 벗겨지는데, 이를 맷돌에 갈아 체에 거르고 다시 갈고 거르기를 여러 차례 반복하는 힘든 과정을 거쳐야 고운 황률 가루가 얻어진다. 이 가루로 쑨 죽이 율자죽 ②다. 밤을 말리면 법제가 되고 맛과 영양은 깊어져 환자의 회복에 좋은 율자죽이 된다. 율자죽 ②는 쌀을 넣지 않고 오직 마른 밤 가루만으로 끓이는 죽이다. 쌀을 넣은 죽에 비해서 고소한 맛이 떨어지고 윤기가 덜 하지만 황률의 깊은 맛과 자연의 건강한 맛을 온전히 느낄 수 있다. 곱지 않고 거친 황률 가루로 죽을 쑤면 죽의 품질이 크게 떨어지므로 반드시 고운 가루로 죽을 쑤는 것이 좋다.

황률은 위장을 강화시키고 신장에 좋으며 근골을 튼튼하게 하여 아이와 노인뿐 아니라 모두에게 좋은 죽이다. 원문에는 쌀 등의 곡물 가루를 더하라는 말은 없지만 죽의 목적에 따라 멥쌀, 찹쌀, 율무 등의 곡물을 더하면 맛이 더 좋다.

* 황률은 가정용 분쇄기로는 잘 갈아지지 않으므로 전문점을 이용하는 것이 좋다.

제4장 과일, 열매, 뿌리, 꽃으로 쑨 죽

율자죽 (밤가루죽) ③

율자죽(栗子粥, 밤죽) 쑤기(율자죽방)

다른 방법 : 혹은 생밤의 껍질을 벗기고 얇게 깎아 햇볕
에 말리거나 불에 쬐어 말린 다음 곱게 가루 내어 죽을 쑤기도 한다.《증보산림경제》

栗子粥方

一法：日曬乾, 或火焙乾, 細末作粥.《增補山林經濟》

율자죽 ③은 황률 가루를 급하게 만들어 쑤는 밤죽이다. 특히 환자를 위해 죽을 쑤어야 할 때 율자죽 ③의 방법으로 밤죽을 쑤면 좋다. 밤을 말리면 생밤보다 더 근골을 튼튼하게 한다는 말을 듣고 밤을 탄환 모양으로 조각내어 말려 본 적이 있다. 말리는 데 시간도 많이 걸리고 습도가 높은데 자주 뒤집어 주지 않아서 일부는 상하였다. 괜찮은 것을 골라 절구에 빻았는데 돌덩어리처럼 꼼짝도 하지 않는다. 할 수 없이 분쇄기로 갈았지만 어찌나 단단한지 갈리지가 않아 애를 먹은 적이 있다. 밤을 얇게 썰어서 말리라는 선생의 당부의 글을 보는 순간, 선생이 나의 실수를 알고 계신 것 같다는 생각이 들었다. 밤을 얇게 썰면 말리는 시간도 줄고 상하지도 않을 뿐 아니라 쉽게 빻을 수 있어 일석삼조다.

3일을 햇볕에 말렸더니 바삭하게 말라서 절구에 넣고 찧기만 해도 가루가 된다. 겨울에는 따뜻한 방 안에 두면 더 잘 마를 것 같다. 통으로 말린 황률이 깊은 향을 낸다면, 율자죽 ③은 말린 시간이 짧아서인지 생밤의 풋풋한 향기와 식감이 살아 있다. 한번의 수고로 다음 해 가을까지 밤죽을 먹을 수 있으니 생으로 먹고 쪄서 먹고 구워 먹는 밤을 앞으로는 깎아서 말려 쓸 일이다. 율자죽 ③도 율자죽 ②처럼 밤 가루로만 제시되어 있지만, 다양한 곡물의 가루나 원미쌀, 옹근쌀 등으로 다채로운 식감과 맛을 낼 수 있다.

재료
밤 가루 30g, 멥쌀가루 40g, 물 450g

밤 가루 만들기
1 밤의 겉껍질과 속껍질을 벗긴 뒤 얇게 잘라서 볕에 말리거나 불에 쬐어 말려서 가루를 낸다.

율자죽 ③ 쑤는 방법
1 밤 가루와 멥쌀가루에 분량의 물 중 1/3을 부어 멍울이 생기지 않도록 잘 섞어준나.
2 1에 남은 물을 넣고 잘 섞는다.
3 솥에 2를 부은 다음 중약불에서 잘 저어 가며 쑨다.
4 죽이 끓기 시작하면 약불로 불을 낮추어 죽을 마무리한다.

율
자
죽
(삶은 밤죽)
④

율자죽(栗子粥, 밤죽) 쑤기(율자죽방)

또 다른 방법 : 생밤을 푹 삶아 껍질을 벗긴 뒤 대나무
체로 쳐서 찹쌀즙이나 멥쌀즙과 함께 죽을 쑨다.《옹치잡지》

栗子粥方

又法 : 生栗烹熟, 去殼皮, 竹篩篩下, 同糯米汁或粳米汁,
煮粥.《饔饎雜志》

가을이면 삶은 밤이 최고의 영양 간식이었다. 엄마는 가을 내내 밤을 삶아서 둥근상 위에 작은 칼과 함께 올려두었다. 삶은 밤의 껍질을 칼로 벗기는 일은 여간 귀찮은 일이 아니었다. 엄마는 집안일을 미룬 채 우리를 위해 밤 껍질을 벗기고, 우리는 새 새끼들처럼 입만 벌리고 밤을 받아먹었다. 엄마도 밤을 좋아하는 것 같은데 엄마의 입으로는 들어가지 않는다.

"가을에는 밤을 많이 먹어야 살이 찌고 예뻐진다."

엄마의 말에 밤을 받아먹던 입이 절로 다물어졌다. 형제 중 가장 보름달 같은 내가 밤을 먹으면 안 될 것 같았기 때문이다.

율자죽을 만나는 순간 상쾌한 바람이 머릿속으로 들어오는 것 같았다. '삶은 밤을 죽으로 쑤어 먹을 생각을 왜 못했을까?'라는 아쉬움까지 들었다. 만약 껍질을 제거한 밤으로 율자죽 ④를 쑬때는 반드시 쪄서 죽을 쑤어야 율자죽 ④와 같은 깊은 맛의 밤죽을 얻을 수 있다.

밤은 절구에 넣어 뭉치지 않도록 살짝 찧은 뒤, 굵고 거친 체에 내린 후 고운체에 거르는 것이 좋다. 좀 더 부드러운 식감을 원하면, 고운체에 한 번 더 내리면 된다. 밤은 이미 삶았기 때문에 오래 쑤지 않아도 된다.

밤은 소화가 잘되어 밤의 우수한 영양 성분이 몸에 잘 흡수되므로 기력과 소화력이 약한 노약자에게 밤죽은 최고의 죽이다. 〈정조지〉에 다양한 밤죽 쑤는 법이 소개되어 있는 것도 밤죽이 상시로 쑤어 먹어야 하는 죽임을 보여준다. 율자죽 ④의 부드러운 풍미에 감탄이 절로 나온다. 율자죽 ④는 여러 밤죽 중 가장 맛있는 밤죽이다.

재료

삶은 밤 120g, 찹쌀즙 100g, 물 435g

만들기

1 밤을 삶아서 겉껍질과 속껍질을 벗긴다.

2 1의 밤을 절구에 넣고 찧는다.

3 2의 밤을 굵은체에 한 차례 내린 뒤 고운체에 한번
  더 내린다.

4 찹쌀을 문드러지게 삶은 다음 체에 밭쳐 즙을 취한다.

5 4의 찹쌀즙에 3의 삶은 밤가루를 넣고 잘 개어 준다.

6 5에 물을 조금씩 부어 가며 섞는다.

7 솥에 6을 넣고 중약불에서 죽을 쑨다.

8 죽이 끓으면 약불로 낮추어 죽을 완성한다.

밤, 생명의 씨앗이 품은 영양과 성장의 비밀

밤은 씨앗을 틔운 뒤에도 그대로 뿌리에 붙어서 살아간
다. 성숙한 밤나무에서 열매(밤송이)가 열리면, 안에 우리가 먹는 씨앗인 밤이 생긴
다. 밤(밤나무 씨앗)은 발아할 때 씨앗에서 뿌리가 나온다.

이 과정에서 씨앗은 단순히 발아의 시작점이 되는 역할만 하는 것이 아니라, 발
아 후에도 밤의 본체(뿌리와 싹)에 영양을 공급하는 역할을 계속한다. 밤 씨앗 자체
가 영양분을 풍부히 가지고 있기 때문에, 뿌리와 싹이 자라기 위해 필요한 에너
지를 이 씨앗에서 얻는다. 그래서 씨앗이 완전히 떨어지지 않고 뿌리에 계속 붙어
있는 것이다.

밤 씨앗이 뿌리에 붙어 있는 모습은 마치 부모가 자식을 돌보는 것과 비슷하다.
밤나무는 어린 시기 동안 씨앗에서 받은 영양분을 통해 생존하고, 성장의 기초를
다지는 데 도움을 받는다. 이후 씨앗이 점차 작아지고 소멸되면서 독립적인 생장
과정을 시작한다.

밤 100g에는 탄수화물 34.5g, 단백질 3.5g, 지방, 칼슘, 비타민 등이 많이 들어
있다. 비타민 B1은 쌀의 4배이고, 비타민 C는 과실류 중에서 가장 많으며, 비타민
D도 풍부하다. 밤은 날카로운 가시가 촘촘히 박힌 주머니처럼 생긴 밤송이 안에
서 자란다. 밤이 성숙하면 밤송이가 절로 벌어지며, 반지르르한 갈색 갑옷을 입
은 밤 형제가 모습을 드러낸다.

대부분의 열매는 과육 속에 있는 딱딱한 씨앗으로 번식하지만, 밤은 밤 자체가
열매이자 씨앗이다. 당연히 번식 능력을 가진 밤에는 영양분이 풍부하고 품질이
우수할 수밖에 없다.

* 생률

생률에 풍부한 비타민 C는 알코올 분해에 아주 좋다. 생밤을 술안주로 먹으면 술이 덜 취하고, 다음 날 숙취를 방지해 준다. 밤에 풍부한 B1은 피부와 머릿결을 부드럽고 윤택하게 해 준다. 위장의 기능을 좋게 하여 살을 찌우고, 근골을 강화시키기 때문에 허약자나 환자에게 좋은 과일이다. 아이들에게는 생률보다는 쪄서 먹이는 것이 좋다.

제4장 과일, 열매, 뿌리, 꽃으로 쑨 죽

점점 익어가는 밤송이

바닥에 떨어져 입이 벌어진 밤송이

효부가 된 며느리

가을은 하늘이 높고 말이 살찌는 계절이라고 해서 천고마비(天高馬肥)의 계절이라고 한다. 수확의 계절인 가을에는 먹거리가 풍성하여 말뿐만 아니라 사람도 살이 찐다. 사람을 살찌우게 하는 대표적인 과일로는 밤이 첫째다. 체중 감량을 할 때는 많이 먹어서는 안 되지만, 노약자나 마른 사람을 살찌게 하는 데는 밤이 으뜸이다.

어떤 못된 며느리가 용한 점쟁이를 찾아가 시어머니를 죽이는 방법을 물었다. 점쟁이는 시어머니를 죽이는 비방을 알려주었다. 못된 며느리는 점쟁이가 알려준 방법대로 알이 굵고 실한 밤을 사서 군밤을 구웠다. 그리고 매일 군밤을 시어머니에게 주면서, 상냥한 목소리로 "어머니, 군밤 드세요."라고 말했다. 시어머니가 빨리 죽었으면 하는 마음에 못된 며느리는 시어머니에게 밤을 먹이는 일에 온갖 정성을 다하였다.

밤이 다 떨어질 즈음이 되자 마을 사람들이 못된 며느리를 천하의 효부라고 칭송하였다. 밤을 먹은 시어머니가 토실토실 살이 찌고, 기력이 좋아졌기 때문이다. 못된 며느리는 몹시 당황하였지만, 큰 깨달음을 얻고 좋은 며느리가 되어 시어머니와 함께 오래오래 행복하게 살았다는 이야기다. 물론, 밤을 계속 구워서 시어머니를 봉양했음은 두말할 필요도 없다.

이 이야기는 밤의 영양학적 우수성을 잘 담고 있어 소개해 보았다.

진군죽 (살구살죽)

진군죽(眞君粥, 살구죽) 쑤기(진군죽방)

　　살구의 씨를 빼낸 다음 죽이 익으면 함께 끓인다. 동봉(董奉)은 살구를 많이 심었다가 풍년이 들면 살구를 곡식과 바꾸었다. 그러다 흉년이 들면 사들였던 곡식을 싼 값에 팔아서 그 덕택으로 살아난 사람들이 매우 많았다. 후에 그는 대낮에 신선이 되어 승천했다. 이 때문에 살구죽을 동봉의 호를 붙여 '진군죽(眞君粥)'이라고 이름을 붙일 수 있었다.《산가청공》

眞君粥方

　　杏實去核, 候粥熟, 同煮. 董眞君多種杏, 歲稔則以杏易穀, 歲歉則以穀賤糶, 得活者甚衆. 後白日升仙. 此可名"眞君粥".《山家淸供》

　　　　제4장 과일, 열매, 뿌리, 꽃으로 쑨 죽

살구꽃은 복숭아꽃과 함께 무르익은 봄을 알림과 동시에 본격적인 농사의 시작을 알리는 꽃이다.

서유구 선생의 농서인 《행포지(杏蒲志)》는 "살구꽃이 피면 밭을 갈고, 물가의 부들을 바라보며 농사일을 챙겨라."라는 말에서 따온 것이다.

연분홍 살구꽃이 지고 나면, 녹색 잎 사이로 작은 살구가 다닥다닥 달린다. 살구의 초록 얼굴에 분홍빛이 감돌다가, 노랑·주황·분홍을 섞은 듯한 살구색이 돌면 살구가 익은 것이다. 살구의 껍질은 짧고 부드러운 솜털로 덮여 있어 벨벳과 같은 감촉을 느낄 수 있다.

살구는 과육과 과즙이 풍부하지는 않지만 향과 맛이 진하다. 살구는 복숭아나무와 함께 집 안에 많이 심었는데, 살구가 과일과 약용 식물을 겸하고 있기 때문이다. 새콤달콤한 살구는 특히 기침이나 천식 같은 호흡기 질환을 다스리고, 항암 및 피부 미용에도 효능이 있는 과일로 정평이 나 있다. 예로부터 살구는 여자에게 좋은 과일이라고 하였는데, 여자에게 좋으면 남자에게도 좋고, 남자에게 좋으면 여자에게도 좋다. 결국, 살구는 모두에게 좋은 맛있는 과일이다.

중국이나 동남아에서는 과일을 더한 죽이 있는데, 우리도 살구 이외에도 무화과나 복숭아, 포도를 넣은 과일죽으로 죽의 범위가 더 확장되었으면 좋겠다.

진군죽은 쌀에 살구의 과육을 더해서 끓이는 죽이다. 쌀죽이 가루인지 으깬 쌀인지, 통쌀로 쑤었는지는 나와 있지 않지만, 쌀가루로 쑤면 살구의 과육과 죽이 잘 엉겨 매끄럽고 곱다. 쌀죽에 살구가 더해지면 살구의 향미가 진하게 살아난다.

살구를 듬뿍 넣어 끓인 진군죽은 촌스러우면서도 화려하다.

재료

살구 10개, 쌀 100g, 물 680g

만들기

1 잘 익은 살구의 씨를 빼내고 살구의 살을 취한다.

2 흰쌀로 죽을 쑨다.

3 죽이 끓기 시작하면 1의 살구살을 넣는다.

4 다시 죽이 끓으면 죽을 마무리한다.

살구, 작은 황금빛 보석이 선사하는 건강

　　　　　　　　장미과에 속하는 살구나무는 서아시아와 중앙아시아가 원산지다. 살구는 뛰어난 영양 가치를 가진 특별한 과일로, 건강을 유지하고 질병을 예방하는 데 탁월한 효능을 발휘하여 오랜 세월 동안 전 세계에서 사랑받아 왔다.

살구는 달콤하면서도 약간의 신맛을 지니며, 신선한 과육과 독특한 향 덕분에 생과일뿐만 아니라 말린 살구, 잼, 주스, 오일 등 다양한 형태로 활용된다.

베타카로틴과 비타민 A가 풍부한 살구는 피부재생을 촉진하고, 노화를 예방하는 데 도움을 준다. 또한, 카로틴, 칼슘, 마그네슘, 인, 철분, 나트륨과 같은 무기질이 풍부하여 신체의 균형을 유지하고 전반적인 건강을 증진시키는 역할을 한다. 살구의 당 성분은 단당류 형태로 되어 있어 소화와 흡수가 빠르며, 피로와 허기를 신속하게 해소하는 데 효과적이다.

뿐만 아니라, 살구는 식이 섬유가 풍부하여 장 건강을 돕고 변비를 예방하는 데에도 유용하다. 특히, 제아잔틴(zeaxanthin)과 루테인(lutein) 같은 항산화 성분이 들어 있어 눈 건강을 보호하고 시력 저하를 예방하는 효과가 있다. 현대인은 장시간 전자 기기를 사용하면서 눈의 피로가 심해지는데, 살구는 이러한 문제를 완화하는 데 도움을 줄 수 있는 과일이다.

* 살구는 나무에서 따면 후숙이 되지 않고 물러 버리기 때문에 딱 먹기 좋을 때 따야 한다.

살구와 의사 동봉(董奉)

　　살구나무 숲이란 뜻의 행림(杏林)은 진정한 의술을 펴는 의사를 의미하는데, 이는 중국 삼국시대 오나라의 의학자인 동봉(董奉, 220~280)의 설화에서 비롯되었다. 동봉은 환자를 치료하면서도 돈을 받지 않았다. 치료를 받은 중병 환자는 다섯 그루, 경증 환자는 한 그루의 살구나무를 심도록 했다. 시간이 지나면서 살구나무가 자라 숲을 이루게 되었고, 여기에서 '행림춘만(杏林春滿, 살구나무 숲에 봄이 가득하다)', '동선행림(董仙杏林, 동봉 신선의 살구나무 숲)', '예만행림(譽滿杏林, 행림에 명예가 가득하다)' 등의 고사성어가 생겨났다.

　　동봉은 살구를 쌀과 바꾸어 마을 사람들이 굶주리지 않도록 하였다. 또한, 풍년에는 살구를 팔아 쌀을 사들였다가 흉년에는 그 쌀을 나누어 주었다. 덕분에 살아난 사람들이 매우 많았고, 동봉은 대낮에 신선이 되어 하늘로 승천하였다. 사람들은 이후 살구죽에 동봉의 호를 붙여 '진군죽'이라고 불렀다.

행인죽 (살구씨죽)

행인죽방

행인죽 쑤는 법 : 행인(살구속씨)을 여러 번 물을 바꾸어 가며 담갔다가 2~3일이 지나면 걸러낸다. 여기에 뜨거운 물을 부어 속껍질, 씨의 뾰족한 부분, 씨가 둘인 것은 제거한다. 나머지를 누렇게 볶고 곱게 갈아서 멥쌀가루와 함께 죽을 쑤어 먹는다. 《옹치잡지》

杏仁粥方

杏仁粥法 : 杏仁屢易水浸, 兩三日漉出, 湯泡去皮尖及雙仁者. 炒黃磨細, 同粳米粉煮粥食. 《饔饎雜志》

재료

살구씨 가루 25g, 습식 멥쌀가루 100g, 물 660g

만들기

1 행인을 물에 2일 반나절 정도를 담그는데 하루에 3차례 물을 갈아준다.

2 1의 행인에 뜨거운 물을 붓고 5분 정도를 둔다.

3 행인의 껍질을 벗기고 뾰족한 피침이나 비정상적인 모습의 씨앗은 제거한다.

4 행인을 깨끗한 행주로 닦아 물기를 최대한 제거한 뒤 볕에 반나절 정도를 말린다.

5 4의 행인을 골고루 누런색이 날 때까지 볶아준다.

6 행인을 곱게 간다.

7 멥쌀가루로 죽을 쑨다.

8 멥쌀가루 죽이 끓으면 행인 가루를 넣고 잘 섞어 죽을 완성한다.

수십 년 전에는 국산 화장품보다 외국산 화장품을 더 선호하였다. 그 화장품 중에는 용기에 주황색 살구가 그려진 살구 영양 크림이 있었다. 살구씨가 들어가 미백 효과가 뛰어나다고 했다. 그 뒤 살구 비누가 인기를 끌었는데, 살구씨를 넣었는지는 모르지만 비누의 색은 살구색이었다.

할머니가 약을 먹어도 기침이 멈추지 않자, 엄마가 비장한 얼굴로 살구씨와 은행을 함께 넣고 달였다. 살구씨에서 독특한 냄새가 났지만 나쁘지는 않았다. 할머니는 살구씨 달인 물을 먹고 회복하였고, 나는 살구씨가 기관지 건강에 좋다는 것을 알게 되었다. 나중에 살구씨의 약효는 뛰어나지만, 독성이 있어 위험할 수도 있다는 사실을 알았다. 행인(杏仁)을 달이는 엄마의 얼굴이 굳어 있었던 이유를 그제야 이해했다.

적당히 익은 살구를 반으로 가르면 씨앗이 과육에서 깨끗하게 분리된다. 두꺼운 골판지를 깔고 씨앗을 망치로 살살 두드리자, 꽁꽁 숨어 있던 속씨앗인 행인이 뽀얀 얼굴을 쏘옥 내민다. 세상의 모든 씨앗을 보지는 않았지만, 내가 본 씨앗 중에는 가장 아름다운 것 같다. 장미가 아름답지만 가시가 있는 것같이 물방울처럼 귀여운 행인은 약성이 뛰어나지만 독이 있다.

행인의 강력한 약성이 단단한 겉껍질을 뚫고 살구의 과육까지 전달되었기에, 살구에도 행인의 약성이 남아 있을 것 같다. 행인 특유의 향기는 살구와 아몬드를 섞은 듯 우아하고 가볍다. 사람들이 디저트에 행인을 사용했던 이유를 알 것 같다.

지금은 행인을 식품에 사용하는 것이 금지되어 있다. 독만 없었다면 널리 먹었을 것이라는 아쉬움을 안고 행인을 물에 담근 후 볶아서 법제를 하였다. 곱게 간 행인 가루를 죽에 넣자 뽀얀 죽이 살구색으로 변한다. 약이 없던 시절, 많은 사람의 생명을 구했을 행인죽을 이제는 복원하는 것으로 만족해야 한다. 먹을 수 없기에 더 귀하고 안타까운 마음으로 행인죽을 만들었다.

행인(杏仁)으로 가루를 내어 살구잼이나 빵을 만들 때 넣으면 특유의 향미를 즐기면서 건강도 챙길 수 있다. 중국이나 일본에서는 행인 가루로 행인두부를 만들기도 한다.

* **행인두부**
살구씨나 아몬드에 우유를 넣은 뒤, 한천 등을 이용해 굳힌 젤리의 일종이다. 두부는 아니지만 두부처럼 보인다고 해서 행인두부라고 한다. 예전에는 행인으로 만들었으나, 지금은 행인의 독성 때문에 아몬드로 대체되었다.

* **행인(杏仁)**
행인은 살구의 속씨앗을 말한다. 행인은 예로부터 진해, 거담의 치료약으로 쓰였으며, 단백질과 지방 그리고 인이 풍부하다. 단맛이 나는 행인은 감행인이라고 하여 볶아서 간식이나 과자를 만들어 먹고, 쓴 것은 달여서 먹으면 폐를 촉촉하게 하여 기침을 다스리는 데 효능이 있다.
살구씨에는 아미그달린(amygdalin)이라는 독성 물질이 있는데, 열을 가하면 대부분 사라진다. 또한, 살구씨는 기미나 주근깨 치료에도 효과가 좋다. 행인은 열이 많으므로 행인죽은 겨울에 먹었다.

연
자
죽
(연
밥
죽)

연자죽(蓮子粥, 연밥죽) 쑤기(연자죽방)

연실(연밥) 0.5냥의 껍질과 심을 제거하고 갈아서 가루 낸 뒤 물에 푹 끓인다. 멥쌀 0.3승으로 죽을 쑨 다음 연실가루를 넣고 고르게 저어 먹는다. 속을 보하고, 뜻을 강하게 하며, 귀와 눈의 총명함을 더한다. 《태평성혜방》

蓮子粥方

蓮實半兩去皮心, 研末, 水煮熟. 以粳米三合作粥, 入末攪均食. 補中强志, 益耳目聰明.《太平聖惠方》

제4장 과일, 열매, 뿌리, 꽃으로 쑨 죽

연실은 연밥, 연자, 연육, 연자육이라고도 하는데, 연꽃의 한 중심부에 있는 연방이라는 원뿔형 씨앗 케이스에 박혀 있는 열매다. 진흙탕에서 하늘을 향해 피는 연꽃은 겸손과 고고함을 상징하는데, 연은 약용식물로서의 가치도 크다. 연의 꽃과 잎, 줄기는 물론이요 땅속줄기인 연근과 연의 열매인 연실(蓮實, Lotus seed) 등 연의 모든 것을 식용과 약재로 사용할 수 있다. 연육(蓮肉), 연자육(蓮子肉)이란 이름에서 연실이 고기 못지않은 단백질과 지방의 공급원임을 짐작할 수 있다.

연자의 풍부한 영양 성분이 연의 강인한 생명력의 바탕으로 작용하는 것 같다.

연자는 지방과 단백질이 풍부하여 쌀에 부족한 영양을 보강하므로 쌀을 주식으로 하는 우리가 많이 먹어야 하는 열매다. 연자죽은 쌀죽에 연자를 갈아서 삶은 연자탕을 섞어 쑨 죽이다. 연자는 여러 방법으로 먹을 수 있지만 가장 효과적으로 연자의 효능을 취할 수 있는 방법이 연자죽이다. 연자는 2~3시간 정도 물에 불린 뒤, 연자의 푸른 심을 제거하는데 떫은맛에 뛰어난 약성이 있어 꼭 제거하지 않아도 된다. 연자에는 지방이 많아 아주 잘 갈린다. 갈은 연자를 물에 푹 끓이면 연자탕이 되고 이 연자탕을 쌀죽과 함께 합하면 연자죽이 된다.

선생은 다만 쌀죽과 함께 끓이지 않는 이유는 연자의 유효 성분과 고소함을 보전하려는 의미도 있지만 연자의 풍부한 지방 성분이 죽의 수분과 분리되는 것을 방지하기 위해서다. 쌀에 연자의 고소함이 더해진 맛만으로도 몸에 부족한 영양이 꽉 들어차는 듯하다. 영양이나 맛으로 쌀과 가장 완벽한 조화를 이루는 열매를 꼽으라면 단연코 연자를 꼽겠다.

재료

연자 가루 50g, 쌀 150g, 물 930g

만들기

1　연자를 충분히 물에 불린다.

2　연자의 검은 껍질을 벗긴 뒤 연자를 반으로 가른다.

3　2의 연자에서 푸른 심을 제거한다.

4　3의 연자를 갈아서 가루를 낸다.

5　4의 연자를 물에 넣고 푹 끓인다.

6　멥쌀죽을 쑨다.

7　멥쌀죽이 뜨거울 때 연자 삶은 것을 넣고 잘 섞어 죽을 완성한다.

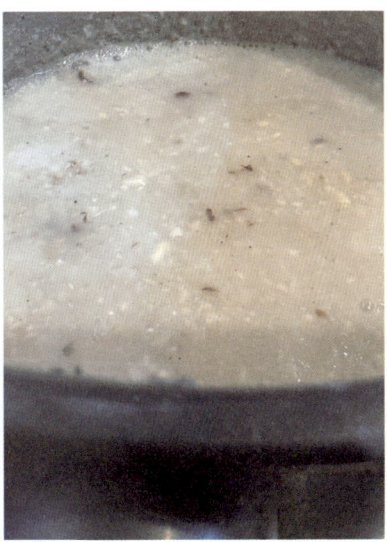

연자, 천 년을 품은 생명의 씨앗

연자는 오랜 세월 동안 중요한 약재로 활용되어 왔으며, 《동의보감》에서도 탕약 편의 첫 번째 자리를 차지할 만큼 귀한 존재로 여겨졌다. 단순한 열매가 아니라 심장 건강을 비롯한 전신의 건강을 돕는 자연의 보물이다.

연자에는 루테인(lutein), 베타카로틴(beta-carotene), 퀴놀린(quinoline) 등의 성분이 풍부하게 함유되어 있다. 이러한 성분들은 LDL 콜레스테롤의 산화를 억제하고 혈관 건강을 유지하는 데 도움을 주어, 노화를 방지하고 성인병 예방에 탁월한 역할을 한다. 또한, 연실에 포함된 필수 아미노산인 트립토판(tryptophan)은 신경계를 안정시키고 뇌 건강을 증진시키는 데 기여한다.

트립토판은 체내에서 자연적으로 생성되지 않기 때문에 반드시 음식으로 섭취해야 하며, 세로토닌(serotonin)과 멜라토닌(melatonin)으로 변환되어 기분 조절, 수면의 질 개선, 생체 리듬 조절에 중요한 역할을 한다. 트립토판이 부족하면 우울감, 불안, 불면증 등의 증상이 나타날 수 있으며, 신체의 면역 체계를 유지하는 데도 영향을 미친다.

뿐만 아니라, 연실은 기억력 향상과 뇌 건강 증진에도 효과적이다. 이는 연실이 풍부하게 함유한 칼슘, 인, 칼륨, 마그네슘, 아연 등의 미네랄 덕분이다. 특히, 연실에 포함된 식물성 아미노산인 세린(serine)은 혈전을 녹여 혈액을 맑게 하며, 심혈관 질환 예방에 도움을 준다. 세린은 포스파티딜세린(phosphatidylserine)의 전구체로서 신경 전달과 세포 신호 전달을 돕고, 뇌 기능을 유지하는 데 필수적인 성분이다. 이 성분이 부족하면 기억력 저하와 학습 장애가 발생할 수 있다.

소화 기능에도 뛰어난 연자는 아밀라아제(amylase)라는 소화 효소를 포함하고 있어 탄수화물의 소화를 돕는다. 또한, 항염 및 항산화 작용을 가진 물질들이 풍부하게 들어 있어 체내 염증을 줄이고 세포 손상을 방지하는 효과가 있다. 연자는 마른 사람이 섭취하면 체중 증가를 도울 수 있으며, 정상 체중인 경우에는 섭취량을 조절하는 것이 좋다.

연자는 단단한 껍질에 싸여 있는데, 천 년 뒤에도 발아할 정도로 생명력이 강하다.

연자로 만드는 다양한 음식들

　　　　　　연자는 소화 기능을 개선하고, 영양 균형이 잘 잡혀 있어 밥과 죽에 많이 이용되었다. 또한, 항산화 작용이 뛰어나고 심장 건강에도 도움을 주어 연잎과 함께 차로 즐겨 마시기도 했다.

　　연자는 소화가 잘되고, 양질의 지방 성분을 함유하여 포만감을 느끼게 하므로 물에 담가 불린 후 다양한 채소와 함께 수프를 끓여 먹기도 한다.

　　연자는 찬이나 안주로도 좋은 씨앗이다. 불린 연실을 볶아서 소금이나 설탕만 뿌리면 술안주로 좋다. 또한, 다른 채소와 함께 볶아 먹으면 영양가가 높고 맛도 좋아

한 끼 식사가 된다. 간장에 졸여 콩조림처럼 반찬으로 올려도 좋고, 연자를 물에 불린 뒤 쪼개서 카레에 넣으면 부드러운 식감의 카레에 색다른 식감과 영양이 더해진다.

불린 연자를 찧어 만든 연자즙은 고기를 마리네이드하거나 드레싱 소스로 활용해도 좋다. 또한, 연자를 물에 삶아 설탕이나 꿀 같은 감미료와 섞어 숙성시키면 달콤하고 건강한 간식이 된다.

이 외에도 연자빵, 연자 쿠키, 연자 샐러드, 연자 스무디, 연자 파스타, 연자 피자 등으로 다양하게 활용할 수 있다. 연자는 지방 성분이 많아 곰팡이가 생기거나 쉽게 산화되므로, 건조하고 서늘한 곳에 보관해야 한다.

* 연의 미덕

이제염오(離諸染汚)	연꽃은 진흙탕 속에서 자라지만 진흙에 물들지 않는다
불여악구(不與惡俱)	연꽃잎 위에는 한 방울의 오물도 머무르지 않고 굴러 떨어진다
계향충만(戒香充滿)	연꽃이 피면 근처의 시궁창 냄새가 사라지고 그 향기만이 가득하다
본체청정(本體淸淨)	연꽃은 그 어떤 곳에 있어도 푸르고 맑은 줄기와 잎을 유지한다
면상희이(面相喜怡)	연꽃은 둥글고 원만하여 보고 있으면 마음이 절로 온화해지고 즐거워진다
유연불삽(柔軟不澁)	연꽃의 줄기는 부드럽고 유연하여 비바람에도 쉽게 부러지지 않는다
견자개길(見者皆吉)	연꽃을 보거나 지니고 다니면 좋은 일이 생긴다
개부구족(開敷具足)	연꽃은 피고 난 뒤 반드시 열매를 맺는다
성숙청정(成熟淸淨)	연꽃은 만개했을 때 몸과 마음이 맑아지고 깨끗해 진다
생이유상(生已有想)	연꽃은 날 때부터 달라 꽃이 피지 않아도 연꽃인지를 안다

우분죽

(연근가루죽, 연근녹말죽)

우분죽(藕粉粥, 연근가루죽) 쑤기(우분죽방)

거친 연뿌리를 취하여 깨끗하게 씻고 자른 다음 방아 속에서 흐물흐물하게 찧는다. 이를 베로 짜서 즙을 내고 고운베로 다시 거른 다음 물에 가라앉히고 위의 맑은 물을 제거한다. 만약 즙이 너무 뻑뻑하여 가루를 가라앉히기가 어려울 경우 물을 더한 다음 다시 저어주면 가라앉아 가루가 된다. 이를 먹으면【안 여기서는 단지 먹는다고만 했지 쑤는 법에 대해서는 언급하지 않았지만, 마땅히 꿀물에 죽을 쑤어야 한다】몸이 가벼워져서 수명이 늘어난다.《거가필용》

藕粉粥方

藕取麤者, 淨洗截斷, 碓中擣爛. 布絞取汁, 以細布再濾, 澄去上淸水. 如汁稠難澄, 添水更攪, 卽澄爲粉. 服之,【案 此但云服之, 不及煮法, 當用蜜水煮爲粥.】輕身延年.《居家必用》

제4장 과일, 열매, 뿌리, 꽃으로 쑨 죽

연근 4kg, 물 1200g

우분 가루 만들기

연근은 깨끗이 씻어서 잘게 썰어 절구에 넣고 곱게 찧은 다음 물을 붓고 체에 거른다. 찌끼는 다시 찧어 물을 추가하여 부은 다음 잘 섞어서 체에 다시 거른 뒤 처음 내린 연근물과 잘 섞어 시원한 곳에 가라앉혀 둔다. 맑은 윗물은 따라 버리고 아래 가라앉은 녹말을 취하여 바람이 잘 통하고 햇볕이 드는 곳에 두고 바싹 말렸다가 종이봉투에 담아서 습기가 없는 곳에 보관하여 두었다가 쓴다.

우분죽은 우분의 녹말가루로 쑨 죽인지, 생우분을 갈아서 가라앉힌 우분의 물녹말로 쑨 죽인지가 명확하지 않다. 연근을 돌절구에 넣고 찧은 뒤 물을 부어 하루 저녁 동안 두면 아래에는 불투명한 갈색 즙이 가라앉고, 위에는 투명한 액체가 분리된다. 이때, 갈색의 즙을 취하여 햇볕에 말려 죽을 쑤면 응이가 되고, 아래로 가라앉은 침전 녹말을 말리지 않고 그대로 죽을 쑤면 연근 녹말죽이 된다.

원문에 '분(粉)'이라 하였고, 다음에 등장하는 검인죽 ③을 우분죽과 쑤는 방법이 같다고 하였는데, 검인죽 ①은 빻은 검인으로, 검인죽 ②는 침전 녹말로 쑤는 죽이므로 자연스럽게 검인죽 ③은 응이라는 점도 우분죽을 응이로 정하는 근거가 되었다.

우분죽을 쑤는 연근은 녹말이 많은 암연근을 사용하는 것이 좋으며, 껍질에 영양 성분이 풍부하므로 제거하지 않고 빻는 것이 좋다.

선생은 〈정조지〉 권1 식감촬요(食鑑撮要)에서 "연근을 꿀과 함께 먹으면 사람의 배와 장을 살찌게 하고, 여러 기생충이 생기지 않으며, 곡식을 끊어도 살아갈 수 있다."라고 하였다.

가라앉은 물녹말을 취하여 말리기 전, 일부를 남겨 두었다가 생녹말죽을 쑤어 보았다. 물녹말로 쑨 우분죽에서는 연근죽 특유의 싸한 맛이 살아 있어 생동감이 느껴진다. 반면, 며칠 뒤 말린 응이로 쑨 우분죽은 싸한 맛이 순화되어 연근 특유의 부드럽고 감미로운 맛이 찰진 식감과 함께 독특한 풍미를 낸다.

우분죽이 곡식을 대신할 수 있는 죽이라는 설명이 이해될 정도로 든든하면서도 건강한 맛이다. 우분죽은 연근에 포함된 탄닌 성분으로 인해 색이 하얗지 않고 갈색을 띤다. 꿀이 열에 약하기 때문에, 꿀물에 죽을 쑤는 것보다는 죽이 완성된 후에 꿀을 넣는 것도 고려해 보아야 한다.

재료

연근 녹말가루 100g, 꿀 80g, 물 770g

만들기

1 연근 녹말을 분량의 물 중 1/3을 취하여 잘 개어준다.
2 남은 물 중 일부를 취하여 꿀을 잘 개어준다.
3 2에 나머지 물을 붓고 잘 저어서 꿀물을 만든다.
4 바닥이 두꺼운 솥에 1을 넣는다.
5 4에 3의 꿀물을 붓는다.
6 중약불에서 죽이 눌지 않도록 저어 가며 죽을 쑨다.
7 죽이 끓어오르기 시작하면 약불로 줄여 잘 저어 가며 죽을 쑨다.

연근죽과 율곡

　　　　율곡은 어머니 신사임당을 여의고 오랜 기간 실의에 잠겨 건강이 상하게 되었다. 이때, 율곡의 건강을 회복시켜 준 음식이 바로 '연근죽'이었다.

　　연근은 성질이 따뜻하고, 맛이 달며 독이 없다. 또한, 강력한 항산화 작용을 통해 체내 활성산소를 제거하고 면역력을 강화하는 효과가 있다. 연근에 함유된 뮤신(mucin)은 단백질의 소화를 촉진하여 체내에서 효율적으로 사용되도록 도와주며, 궁극적으로 강정 및 강장 효과를 발휘한다.

　　생연근에는 수렴 작용이 뛰어난 탄닌과 조혈을 돕는 철분이 풍부하여 지혈과 상처 회복에 좋다. 또한, 연근에는 아스파라진, 아르지닌, 티로신 등의 아미노산이 많고, 장 건강에 유익한 펙틴과 비타민 C, 비타민 B12가 풍부하여 신진대사를 활발하게 해준다. 이로 인해 피부 건강 개선, 염증 완화, 체내 해독 작용에도 효과적이다.

연근

연꽃

뿐만 아니라, 연근은 진정 작용이 있어 불안증과 불면증을 완화하는 데 도움을 준다. 신경을 안정시키는 효과가 있어 스트레스가 많은 현대인들에게 특히 유익한 식품이다. 또한, 연근은 혈관을 강화하고 고혈압 및 동맥경화 예방에도 도움을 줄 수 있다.

연근은 단순한 먹거리가 아니라 귀중한 약재로도 사용되어 왔다. 특히, 겨울이 제철인 연근은 차가운 기운을 다스리고 몸을 따뜻하게 해주는 역할을 하므로, 추운 계절에 섭취하면 더욱 좋은 효능을 발휘한다.

* 연근은 암수가 있는데, 암연근은 길이가 짧고 통통하며 쫀득하고 부드러운 식감이 나서 조림이나 찜에 적합하고 숫연근은 길이가 길고 가늘고 아삭하여 샐러드나 튀김에 적당하다.

제4장 과일, 열매, 뿌리, 꽃으로 쑨 죽

검
인
죽
（가
시
연
밥
죽
）
①

검인죽(芡仁粥, 가시연밥죽) 쑤기(검인죽방)

가시연밥 0.3승을 푹 끓여서 껍질을 벗긴다. 이것을 멥쌀 0.1승과 함께 죽을 쑨 뒤 매일 공복에 먹으면 정기(精氣)를 더하고, 뜻을 강하게 하며, 귀와 눈에 이롭다.《경험방》

芡仁粥方

鷄頭三合, 煮熟去殼. 粳米一合煮粥, 日日空心食, 益精氣, 强志意, 利耳目.《經驗方》

　　검인은 가시연꽃의 열매를 말한다. 예전에는 방죽이나
저수지에서 흔하게 볼 수 있었지만, 지금은 만나기 어려운 식재료가 되었다. 이는
가시연꽃이 오염되지 않은 맑은 물에서만 서식하기 때문이다. 검인은 연실보다 작
고, 신비로운 느낌을 주는 붉은 껍질로 덮여 있다.
　　검인을 손질하는데, 사찰이나 선가에서 날 법한 신비로운 냄새가 난다. 설마 검
인에서 나는 냄새일까 싶어 주변을 둘러보았다. 원래 가시연꽃이 연꽃 중에서도
귀하여 신성시되는 꽃이자 그 꽃의 열매라 남다를 것이라 예상했지만, 냄새부터
가 범상치 않다. 검인이 스스로 향기를 내뿜으며 자신의 귀함을 알리고 있으니,
어찌 귀한 대접을 받지 않겠는가? 연실도 다른 연꽃처럼 은은한 향이 나지만, 검
인은 더욱 강렬하다.
　　검인죽은 검인을 물에 푹 삶아서 껍질을 벗긴 뒤 멥쌀과 섞어 쑤는 죽이다. 삶
은 검인의 껍질을 제거하는 과정에서 크기가 작아지며, 껍질을 모두 벗겨내도 빨

간 껍질이 드문드문 남아 있다. 흰쌀을 배경으로 붉은빛을 띠며 익어가는 검인의 모습이 너무나도 아름답다. 세상에, 죽이 완성되는 과정마저 이렇게 아름다울 수 있다니! 검인이 행하는 일마다 범상치 않으니, 자연스럽게 애정이 깊어진다.

다른 죽들은 쑤면 약간 탁한 빛이 도는데 검인죽은 투명하고 맑다. 마치 찬 겨울 강에 붉은 꽃이 피어난 듯한 느낌을 준다. 검인이 맑은 물에서만 살고, 혼탁한 물에서는 자라지 않는다고 하더니…. 죽에서도 검인의 성정이 그대로 드러나 있다.

맛을 보고 또 한 번 놀란다. 부드러우면서도 쫄깃한 식감은 어떤 것과도 비교할 수 없다. 이 세상 어디에서도 맛볼 수 없는 특별한 맛이다. 이런 맛을 천상의 맛이라고 하는 것일까.

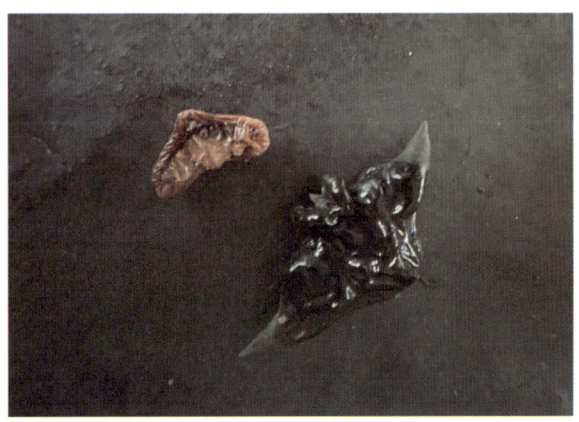

재료
검인 150g, 쌀 50g, 물 1150g

만들기
1 가시연밥을 깨끗이 씻어 물에 3시간 정도 불린다.
2 불린 가시연밥을 불린 물과 함께 푹 끓인다.
3 2의 가시연밥을 쌀 씻는 그릇에 담아 문질러 껍질을 벗겨 준비해 둔다.
4 멥쌀을 깨끗이 씻어 죽을 쑨다.
5 4의 죽이 끓기 시작하면 3의 가시연밥을 넣는다.
6 약불에서 죽이 눌지 않도록 주의하며 죽을 쑨다.

검인죽

(가시연밥의 녹말죽)

②

검인죽(芡仁粥, 가시연밥죽) 쑤기(검인죽방)

갓 익은 검인(芡仁)을 가져다가 푹 쪄서 강한 햇볕에 말리면 껍질이 곧 벌어진다. 알맹이를 빻아서 가루 내는 법은 앞의 우분죽 쑤는 방법에서와 같다.《거가필용》

芡仁粥方

芡仁取新熟者, 蒸熟烈日曬, 皮卽開, 春作粉, 如藕粉法.

《居家必用》

제4장 과일, 열매, 뿌리, 꽃으로 쑨 죽

검인 녹말 재료

검인 1kg, 물 4400g

검인 녹말 만들기

검인의 알맹이를 빻아서 물을 부어 면보에 거른 뒤 면보에 남은 찌끼를 다시 찧어 물을 붓고 면보에 거른 즙을 취해 첫물과 합하여 가라앉혀 둔다. 검인의 녹말과 물이 분리되면 윗물을 조용히 따라 버리고 가라앉은 녹말을 취하여 넓고 평평한 그릇에 담은 다음 바람이 잘 통하고 볕이 나는 곳에 두고 말린다.

검인죽 ②는 검인 녹말로 쑨 응이다. 검인죽은 검인의 알갱이를 얻는 방법을 설명하는 것으로 시작된다. 연자(蓮子)도 그렇지만, 검인이 담겨 있는 검고 단단한 껍질을 제거하는 일은 세상일 가운데 마음처럼 되지 않는 일 중 하나다.

검인은 쪄서 강한 햇볕에 말리면 껍질이 자연스럽게 벌어지면서 알갱이를 쉽게 취할 수 있다고 한다. 이렇게 찌고 건조하는 과정은 단순한 보존을 넘어, 검인에 쫄깃한 식감을 더하고 약리 작용을 강화하는 효과도 있다. 전분을 포함한 식재료는 열을 가하면 소화 효율이 개선되고, 항산화 물질이 증가하며 안정화된다. 검인 역시 이러한 조리 과정을 거치면서 생리활성 성분이 더욱 강화되었을 가능성이 크다. 선생은 검인을 얻는 방법을 알려줬지만, 이를 실행할 수가 없다. 껍질에 싸인 검인을 구할 수 없기 때문이다.

검인죽 ①에서 검인의 환상적인 맛을 경험한 터라 검인의 녹말 역시 특별할 것으로 예상했다. 실제로 검인을 가라앉혀 얻은 녹말의 결과물은 놀라웠다. 일반적으로 열매나 곡물에서 녹말을 추출하면 수분 함량이 높고 녹말의 비율이 낮은 편이나 검인은 녹말 함량이 높다. 검인죽 ①이 치밀하고 정교한 식감을 가질 수 있었던 이유다.

또한, 검인을 방풍(防風) 삶은 물에 넣으면 오래 보관해도 쉽게 상하지 않는다고 전해진다. 방풍은 전통 한방에서 감기 예방, 해독, 항균 작용을 위해 사용되는 약재로 주로 뿌리를 활용한다. 방풍 뿌리는 폴리페놀과 플라보노이드 성분이 풍부하여 항산화 작용을 하며, 소화 기능을 돕는 역할도 한다. 검인을 방풍에 담가서 죽을 쑤면 방풍이 검인의 변질을 막고 해독 작용을 더해줄 뿐만 아니라, 검인에 부족한 약성을 보완해주는 효과도 있다.

* 방풍 뿌리

한방에서는 두해살이 뿌리를 감기와 두통, 발한과 거담에 약으로 쓴다. 뿌리에는 해열 진통의 약리 작용이 있어서 건조시켜 약재로 사용한다. 약성은 온화하고 독이 없으며, 맛은 맵고 달다. 감기로 전신에 통증이 있고, 특히 관절과 근육에 동통이 심할 때 사용하면 열을 내려 주고 땀을 나게 하면서 통증을 가라앉힌다. 평소 체질이 허약하여 편두통이 있고 어지러운 증상을 느끼는 사람에게 유효하며, 피부 질환으로 습진이 생기고 소양증(搔痒症)이 심할 때도 많이 쓰인다.

제4장 과일, 열매, 뿌리, 꽃으로 쑨 죽

검인 녹말 50g, 꿀 50g, 물 420g

만들기

1 꿀에 물 100g을 넣고 잘 섞어 준다.
2 검인 녹말에 분량의 물 중 일부를 취하여 잘 개어준다.
3 1의 꿀물과 2를 합한 뒤 남은 물을 넣고 잘 섞는다.
4 바닥이 두꺼운 솥에 3을 넣고 중약불에서 잘 저어가
  며 죽을 쑨다.
5 죽이 끓어 오르면 약불로 줄여 한소끔 더 끓인 후 완
  성한다.

가시연밥, 연못이 길러낸 생명의 씨앗

　　　　　가시연꽃은 수련과의 한해살이풀로, 학명은 Euryale ferox다. 꽃이 닭 머리를 닮았다고 하여 그 열매를 계두실(鷄頭實)이라고도 부르며, 수면 위에 둥글고 넓은 잎을 띄우고 자라는데 그 이름처럼 가시가 돋아난 독특한 모습을 지니고 있다. 주로 동아시아와 남아시아 지역의 고요한 연못이나 호수, 늪의 수심이 얕은 곳에서 자생하며, 여름에서 초가을 사이 자줏빛에서 연한 보라색까지 다양한 색조의 아름다운 꽃을 피우는데, 이 꽃은 아침에 피고 저녁에 닫히며 그 과정에서 곤충을 유혹하여 수분이 이루어진다. 수정이 완료된 후 꽃은 물속으로 가라앉아 씨앗을 형성하는데, 이 씨앗이 바로 가시연밥이며, 우리나라에서는 수질오염과 서식지 감소로 인해 개체수가 급격히 줄어들어 현재 멸종위기 야생생물 II급으로 지정되어 있다.

　　가시연꽃의 씨앗은 오랜 세월 동안 인간에게 중요한 식재료이자 약재로 활용되어 왔으며, 〈정조지〉 권1 식감촬요(食鑑撮要)에서는 가시연밥이 성질이 평하고 껄끄러우며 독이 없다고 기록되어 있는데, 급병을 치료하고 정기를 북돋우며, 뜻을 강하게 하고 눈과 귀를 밝게 하며, 장복하면 몸을 가볍게 하고 허기지지 않게 하며, 신선처럼 늙지 않게 한다고 전해진다. 다만 너무 많이 섭취하면 비장과 위장에 부담을 주어 소화가 어렵다는 점도 함께 언급되어 있다.

　　기타 효능으로는 설사를 멎게 하고 영양 성분이 풍부하여 자양 강장의 효과가 뛰어나며, 신경 쇠약 증상 완화에도 도움이 된다. 특히 가시연밥의 탄수화물은 연자(蓮子)와 함께 저항성 탄수화물로 분류되어 다이어트에 효과적이며, 항산화 물질이 풍부하여 면역력을 강화하고 노화를 방지하는 효능도 있다.

　　가시연밥은 생가시연밥 기준으로 탄수화물 함량이 32%이고, 건조 후 가공된 제품에서는 77~85%로 증가한다. 참고로 품종에 따라 차이가 있지만 감자는 17%, 고구마는 20% 정도의 탄수화물을 함유하고 있다. 가시연밥이 식량으로서 높은 가치가 있음을 알 수 있다.

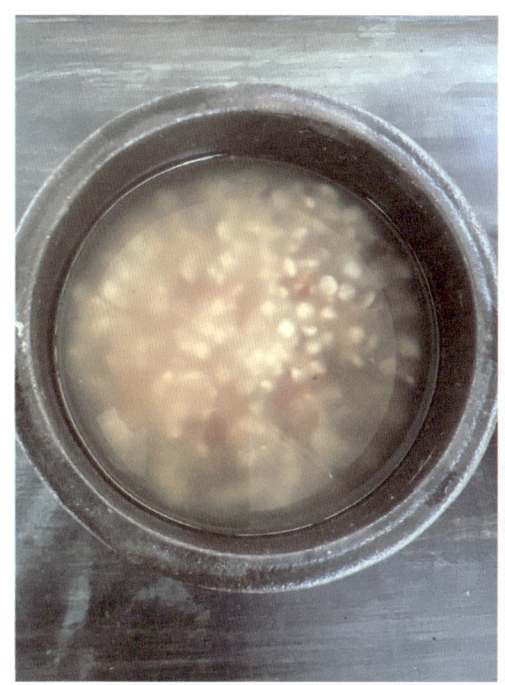

가시연밥과 가시연꽃

제4장 과일, 열매, 뿌리, 꽃으로 쑨 죽

능실죽(菱實粥, 마름죽) 쑤기(능실죽방)

마름[菱角]을 햇볕에 말린 다음 부순 쌀과 함께 죽을 쑤
면 양식을 대신할 수 있다.《본초강목》

菱實粥方

菱角暴乾, 剉米爲粥, 可代糧.《本草綱目》

재료

능실 60g, 쌀 100g, 물 780mL

만들기

1 마름을 햇볕에 말린다.

2 말린 마름을 콩알보다 조금 크게 부순다.

3 쌀을 거칠게 갈거나 절구에 찧어 부순다.

4 마름을 3의 쌀과 합한다.

5 분량의 물을 4에 붓고 중약불에서 죽을 쏜다.

6 죽이 퍼지기 시작하면 약불로 낮추어 뜸을 들여 완성한다.

　　　　　수년 전 연꽃을 구하러 방죽에 갔다가 물 위에 둥둥 떠 있는 표창 모양의 검은 물체를 보았다. 마침 연꽃 구경을 하던 분이 예전에는 흔했지만 지금은 귀해진 '마름'이라고 알려주었다. 예전에는 마름을 까서 간식으로 먹었다고 한다. 말로만 듣다가 난생처음 보는 먹는 마름이었다.

　내가 아는 마름은 "누가 누구네 집의 마름이었는데..."라는 어른들의 대화 속에 등장하는 사람 마름이었다. 어린 소견에도 마름을 살던 사람과 마름을 두었던 사람의 위치가 바뀌었다는 것을 짐작하며, 인생이란 누군가의 상황이 나아지면 누군가는 기우는 것이 시소 타기와 같다고 생각했었다.

　물에서 건진 마름은 딱지 크기의 검정색 단단한 껍질에 싸여 있는데, 비행선 같기도 하고 두건을 쓴 수도승 같은 모양새이며 맞닿는 곳에는 삐죽한 뿔이 나 있는 범상치 않은 모습이었다.

　능실죽의 주재료인 능실이 예전에 방죽에서 보았던 기이한 뿔 달린 검은 물체, 즉 마름의 이명(異名)이라는 것을 알게 되었다. 능실은 열매뿐만 아니라 잎과 줄기, 뿌리 등도 모두 식용하거나 약으로 쓰였으며, 구황식품으로도 유용하게 활용되었다는 사실을 알게 되었다. 능실은 '물에서 나는 밤'이라는 뜻으로 '물밤'이라고도 불린다. 껍질을 까면 안에서 마름의 속살이 나오는데, 까서 먹으면 밤처럼 달콤하다.

　마름죽 ①은 햇볕에 말린 마름을 절구에 넣어 찧은 거친 쌀과 함께 쑤는 원미죽이다. 담백한 쌀과 마름의 포근한 식감이 조화를 이루는 친근하고 편안한 맛이다.

능실죽(마름죽) ②

능실죽(菱實粥, 마름죽) 쑤기(능실죽방)

마름을 흐물흐물하도록 찧고 물에 걸러 가루를 낸 다음 먹으면 속을 보하고 수명을 늘려준다.《구선신은서》

菱實粥方

擣爛澄粉食, 補中延年.《臞仙神隱書》

능실 침전 녹말 재료

능실 4kg, 물 1200g

능실 침전 녹말 만들기

능실을 절구에 넣고 찧은 뒤 물과 섞어 시원한 곳에
두면 한나절이면 물과 즙으로 분리되는데 윗물은 따라
버리고 아래로 가라앉은 고운 즙만을 취한다.

능실죽은 능실을 어떻게 다루느냐에 따라 여러 가지로 나뉜다. 가장 기본적인 형태는 능실을 적당한 크기로 잘게 부수어 쌀과 함께 끓여 만드는 것으로, 이것이 바로 능실죽 ①이다. 씹히는 식감이 남아 있어 능실 본연의 질감을 느낄 수 있으며, 쌀과 조화를 이루어 부담 없이 즐길 수 있는 죽이다.

한 단계 더 나아가 능실을 절구에 곱게 찧은 뒤 물과 섞고, 가라앉은 침전 녹말만을 걸러 쑤어 낸 것이 능실죽 ②다. 이 과정에서 능실의 고운 전분만이 남기 때문에 더욱 부드러운 식감을 가지며, 점성도 적당해 목 넘김이 좋다. 이때, 녹말과 물이 분리되는 과정에서 침전 시간을 얼마나 두느냐에 따라 최종적인 농도가 달라진다. 시간이 짧으면 묽고 부드러운 죽이 되고, 충분한 시간이 지나면 걸쭉하고 깊은 맛이 우러나는 죽이 완성된다.

이와 달리, 능실죽 ③은 능실죽 ②에서 얻은 침전된 녹말을 말려 가루로 만든 후 다시 물에 풀어 쑤어 낸 것이다. 건조 과정을 거친 덕분에 점성이 더욱 강하고 쫀득한 질감을 가지지만, 신선한 능실 특유의 풋풋한 향은 다소 줄어든다. 대신 한층 더 깊고 진한 맛이 우러나기 때문에 색다른 매력이 있다.

맛을 비교하자면, 능실죽 ②는 밤과 연실, 그리고 고구마를 섞은 듯한 친숙한 풍미를 지니고 있다. 능실죽 ③보다는 덜 끈적이지만, 갓 내린 능실의 향이 살아 있어 신선하고 가벼운 느낌이 든다.

능실죽 ②와 ③은 침전된 녹말을 바로 활용할 것인지, 말려서 사용할 것인지에 따라 전혀 다른 결과물이 탄생한다.

재료
능실 침전 녹말 200g, 물 150g

만들기
1 능실 침전 녹말에 분량의 물을 붓고 잘 섞어준다.
2 1을 중약불에서 잘 저어 가며 죽을 쑨다.
3 죽이 끓기 시작하면 약불로 줄인다.
4 약불에서 죽을 완성한다.

능실죽(마름죽) ③

능실죽(菱實粥, 마름죽) 쑤기(능실죽방)

마름의 껍질을 벗기고 가루 내는 법은 우분죽 쑤는 방
법에서와 같다.《거가필용》

菱實粥方

菱角去皮作粉, 如藕粉法.《居家必用》

제4장 과일, 열매, 뿌리, 꽃으로 쑨 죽

능실 150g, 물 1L

능실을 절구에 넣고 찧은 뒤 물과 섞어 시원한 곳에 두면 한나절이면 물과 즙으로 분리되는데 윗물은 따라 버리고 아래로 가라앉은 고운 즙만을 취하여 사기그릇에 골고루 펼친 다음 햇볕에 말려서 가루를 만든다.

　

소년들은 강과 산, 들판과 저수지를 누비며 자연이 준 간식으로 허기를 채웠다. 강에서 잡은 다슬기를 삶아 먹고, 산에서는 칡뿌리를 캐 먹었다. 저수지가 보이면 마름을 따서 입에 넣었다. 자연이 선사한 이 간식들 덕분인지 소년들의 눈망울은 늘 맑고 초롱거렸다.

밤 맛이 나는 마름은 소년들에게 특별한 간식이었다. 마름의 딱딱한 껍질을 까며 서로 웃고 떠들던 그 시절은 궁핍했지만, 오히려 마음은 한없이 풍요로웠다.

생으로 먹은 마름은 더위와 갈증을 식혀 주었고, 익혀 먹으면 지친 몸에 기를 보충하고 비위를 튼튼하게 했다. 더운 여름에도 소년들이 숲과 들판을 지치지 않고 뛰어다닐 수 있었던 이유는 어쩌면 마름의 은은한 힘 덕분이었을 것이다.

능실죽 ③은 우분죽을 쑬 때처럼 마름의 껍질을 벗겨 녹말을 가라앉힌 다음, 녹말만을 취해 말린 후 그 가루로 쑤어 내는 죽이다. 능실이나 연실을 먹지 않게 된 결정적인 이유는 아마도 검고 단단한 껍질을 벗기는 일 때문이었을 것이다. 마름이나 연실 껍질을 모아 집을 지어도 좋을 것 같다는 생각을 한 적도 있다. 능실은 전분 함량이 15%로 가시연의 절반 정도에 해당한다. 능실 녹말은 장기 보관하여 두고 먹을 수 있어 활용도가 높다.

마름죽은 소화가 잘되어 어린아이나 노인들이 즐겨 먹었다. 능실로 죽을 쑤어 먹는 것이 어려울 때는 능실의 껍질인 능각도 능실과 같은 효능이 있으므로 끓여서 차로 마시면 좋다. 예전에는 마름 삶은 물을 피로 회복제로 사용하였다.

재료

능실 녹말 40g, 물 585g

만들기

1 능실 녹말에 물을 조금 넣고 잘 개어준다.

2 솥에 1을 넣고 남은 물을 넣는다.

3 2를 잘 저어서 섞은 다음, 중약불에서 저어 가며
   죽을 쑨다.

4 죽이 끓으려고 하면 약불로 낮춰 죽을 완성한다.

능실, 자연이 선물한 수(水) 곡물

      여름이 되면 연못과 논의 수면을 부드럽게 뒤덮는 마름은 특유의 잎과 생김새로 눈길을 사로잡는다. 마치 작은 방패처럼 둥근 잎은 가장자리가 톱니처럼 살짝 갈라져 있으며, 물 위를 떠다니는 듯 보이지만 사실 그 뿌리는 진흙 속 깊이 뻗어 있어 단단하게 식물을 지탱한다. 마름의 열매는 나뭇결처럼 단단하며, 속에는 녹말질이 풍부한 씨앗인 '능실'이 들어 있어 가을에 수확한다. 조선 초기에는 '말률(末栗)'이라고 불렸으며, '지(芝)', '지실(芝實)', '능각(菱角)', '수율(水栗)', '능(菱)' 등의 이름으로도 불렸다.

  예로부터 농촌 지역에서는 마름을 중요한 식량 자원으로 활용해 왔다. 흉년이나 가뭄이 들었을 때, 마름은 귀한 탄수화물 공급원이 되어 사람들의 생명을 지탱하는 구황식품 역할을 했다. 옛 기록에 따르면, 마름은 단순히 삶거나 구워 먹기도 했지만, 가루를 내어 떡이나 전병 등의 음식으로 만들어 먹기도 했다.

  이시진(李時珍, 1518~1593)은 《본초강목(本草綱目)》(1596)에서 마름의 생김새에 대해 "잎은 물 위에 떠서 납작하고, 잎 아래에는 새우처럼 생긴 넙적다리가 있다. 뾰족한 마름모꼴의 삼각형 모양이며, 한 줄기에 한 잎이 나는데 두 개씩 서로 어긋나 나비 날개 모양을 하고 있다. 5~6월에 작은 흰 꽃이 해를 등지고 핀다. 낮에는 꽃봉오리를 오므리고 있다가 저녁이 되면 벌어지고, 밤이 되면 달을 따라 돌면서 핀다고 하였으며 해를 등지기 때문에 마름의 성질은 차다."라고 하였다.

  실제로 마름은 더위를 물리치고 갈증을 해소하는 효과가 있어, 무더울 때 먹었다. 또한, 건위 작용과 체내에 알코올 성분이 축적되는 것을 막는 데 도움을 준다. 팔과 다리의 마비 증상을 풀어주고 요통과 골격, 근육의 통증을 치유하는 데 도움을 준다. 마름을 달인 물이 위암과 자궁암에도 어느 정도 효능이 있다는 일본의 임상실험 결과가 있다고 한다. 이러한 연구 결과는 전통적으로 알려진 마름의 효능이 과학적으로도 입증될 가능성을 보여준다.

제4장 과일, 열매, 뿌리, 꽃으로 쑨 죽

육
선
죽
(
여
섯
재
료
죽
)

육선죽(六仙粥, 여섯재료죽) 쑤기(육선죽방)

마·복령·연밥·검인·마름·건율(말린 밤)을 같은 양을
빻아서 가루 낸 다음 고운체로 치고 고르게 섞어서 저장해둔다. 쓸 때마다 조금
씩 볶아 죽을 쑨 뒤, 흰 꿀을 타서 먹으면 크게 보해주고 북돋아준다.《옹치잡지》

六仙粥方

山藥、茯苓、蓮子、芡仁、菱角、乾栗等分, 擣粉, 細羅過, 和
均收貯. 每用少許熬粥, 調白蜜食, 大補益.《饔饎雜志》

재료

말린 마 20g, 복령 20g, 연실 20g, 검인 20g,
마름 20g, 건율 20g, 물 565g, 흰 꿀 20g

만들기

1 같은 양의 말린 마, 말린 복령, 연실, 검인, 마름,
　건율을 각각 곱게 갈아준다.

2 1의 가루를 각각 체에 곱게 내린다.

3 2의 고운 가루를 같은 양으로 고르게 섞는다.

4 건조하고 시원한 곳에 보관한다.

5 보관해 놓은 가루를 조금씩 꺼내어 약불에서 약간
　누레질 때까지 볶는다.

6 볶은 가루에 분량의 물 중 반을 취하여 가루가
　멍울지지 않도록 잘 개어준다.

7 바닥이 두꺼운 솥에 6을 넣고 남은 물을 더한다.

8 중약불에서 잘 저어 가며 죽을 쑨다.

9 죽이 엉기면 약불에서 죽을 완성한다.

10 먹을 때 꿀을 더해준다.

　　　육선죽은 여섯 가지의 신선에 버금가는 재료로 쑨 죽이다. 육선죽을 먹으면 몸이 가볍고 늙지 않으며 신선이 되어 영원히 산다. 여섯 신선은 마, 복령, 연실, 검인, 마름, 건율로 각각이 우리 몸에 큰 이로움을 주는 식재료들이다.

　마와 복령은 땅속에서, 연밥과 검인, 마름은 흐르지 않는 연못이나 호수에서, 밤은 나무에서 구하였으므로 땅과 물, 나무의 기운이 조화를 이루고 있다. 또한, 이 여섯 가지의 재료는 모두 가을에 수확하므로 따스한 가을볕과 선선한 바람으로 말려 맑고 정갈한 기운까지 갖추게 된다.

　이 재료들을 거두어 가루를 낸 다음 저장해 두었다가 합하여 죽을 쑤는데, 그냥 쑤지 않고 먹을 때마다 가루를 볶아서 죽을 쑨다. 육선죽을 먹으려면 여섯 가지의 재료를 각각 볶는 정성이 필요하다. 신선이 되는 데 이런 정도의 정성을 마다할 사람이 없을 것이다. 볶는 과정에서 눈에 보이지 않는 해로운 곰팡이나 세균은 죽고 독성은 약해진다. 여러 재료를 섞어서 만드는 음식은 여러 재료가 가진 약성을 취할 수 있지만 서로 상충하여 몸에 해를 줄 수도 있다. 개별적으로는 우리 몸에 유익한 식재료이지만, 섞는 것은 신중해야 한다. 〈정조지〉나 고조리서에 소개된 음식은 오랜 세월 동안 수많은 사람들의 검증을 거쳤기 때문에 안심하고 먹을 수 있다. 육선죽은 여러 재료가 들어간 탓에 특별한 향이나 맛이 강조되지 않는다. 좋은 재료가 한둘이나 셋도 아닌 여섯 가지나 들어갔다는 점에서 의미를 찾을 수 있다. 마, 복령, 연실, 검인, 마름, 건율 등 영험한 기운을 담은 육선죽을 먹고 영원히 사는 신령이 되는 것은 아닌지 모르겠다.

　　　　　　　제4장 과일, 열매, 뿌리, 꽃으로 쑨 죽

해
송
자
죽
(잣
죽)

해송자죽(海松子粥, 잣죽) 쑤기(해송자죽방)

곱게 정미한 멥쌀을 물에 담갔다가 맷돌에 간 다음 고운체로 걸러 즙을 취한다. 즙이 맑게 가라앉으면 윗물을 버린다. 죽을 쑬 때는 묽거나 된 정도가 적당하게 한다. 따로 잣을 누렇게 볶아서 사기그릇 안에 넣고 흐물흐물하게 간 다음 죽에 넣어 고르게 섞는다. 약간의 소금으로 간을 해서 먹는다.《증보산림경제》

海松子粥方

精鑿粳米, 水浸石磨磨, 細篩取汁, 待澄去水. 作粥, 稀稠得所. 另將海松子炒黃, 入砂器內, 研爛後, 投粥中攪均, 少調鹽食.《增補山林經濟》

상앗빛 잣은 해송자(海松子), 송자(松子), 송자인(松子仁), 실백(實柏) 등으로 불린다. 버터처럼 부드럽고, 섬세한 향기와 고소한 맛을 지니고 있어 예로부터 귀하게 여겨진 견과류다. 잣의 자양강장 효과는 불로장생(不老長生)을 상징하며, 도가(道家)에서는 도를 닦을 때 잣을 상식했다고 전해진다.

잣은 음식과 떡의 고명, 과자로 먹을 수 있지만, 잣의 풍미를 가장 풍부하게 느낄 수 있는 음식은 잣죽이다. 쌀의 정갈한 풍미가 잣의 향기와 고소함을 더욱 돋보이게 하고, 기름진 맛을 품어 주기 때문이다.

"잣죽 먹고 이빨 쑤신다."라는 속담이 있다. 이는 잣죽을 먹은 것을 자랑하기 위해서 잇새에 끼인 잣을 쑤신다는 뜻과, 잣이 잇새에 끼일 정도로 조금 넣었다는 뜻을 함께 담고 있다. 이 속담을 통해 잣죽이 얼마나 귀한 음식이었는지 알 수 있다.

〈정조지〉의 해송자죽은 다른 고조리서에 소개된 잣죽과 쑤는 방식이 다르다. 선생은 쌀을 곱게 갈아 가라앉힌 뒤, 윗물은 버리고 아래의 뻑뻑한 쌀즙만을 취하고, 누런빛이 날 정도로 볶은 잣을 갈아서 쌀죽이 완성된 후에 섞는 독특한 방식이다. 수분이 적은 진득한 쌀즙으로 잣죽을 쑤면 잣이 죽을 삭히는 것을 방지하고, 잣죽이 농밀하여 고급스럽기 때문이다.

잣을 볶는 것은 잣의 향미를 진하게 하려는 것도 있지만, 오래 먹어도 해가 없도록 법제를 하기 위함이다. 잣 속의 아밀라아제(amylase)가 쌀의 전분을 분해하여 죽이 묽어지는데, 이 방식을 사용하면 쌀과 잣이 함께 있는 시간을 최소화하고 아밀라에제의 활성도가 저하되어 원래의 농도를 유지할 수 있다. 소금은 죽을 삭히므로 먹기 직전에 넣는 것이 좋다.

해송자죽은 잣을 볶아서 씹을 때 쫄깃한 식감을 느낄 수 있다. 볶으면서 얻어진 바삭한 식감이 익는 과정에서 부드럽게 변화하는 것이다. 장미가 '꽃의 여왕'으로 불리는 것처럼, 잣죽의 뛰어난 향미와 정결한 모습은 '죽의 여왕'으로 불리기에 손색이 없다. 특히, 〈정조지〉의 해송자죽은 여러 죽 중에서도 으뜸이라 '죽의 여왕'이라고 칭할 만하다.

> * 잣죽은 쌀가루로 쑤지만 율무가루로 쑤어도 좋다. 또 고문헌에 등장하는 잣죽은 가루로 쑤는 무리죽이지만 《온주법(蘊酒法)》에서는 "원미를 되게 쑤고 잣을 짓찧어 체에 술로 걸러라." 라고 하여 잣죽을 무리죽이 아닌 원미죽으로 쑤는 것이 다른 문헌과 다르다.

* 잣죽을 끓일 때는 반드시 쌀을 완전히 익힌 후에 잣즙을 넣고 쑤는데 오래 끓이면 잣죽이 삭기 때문이다. 또, 빨리 젓지 않고 천천히 저어 주어야 하고 금속 수저를 사용하면 안 된다. 이는 잣죽이 삭는 것을 방지하기 위해서이다.
* 잣죽은 식으면 묽어지므로 약간 되게 쑨다.

재료

잣 60g, 멥쌀즙 50g, 물 95g, 소금 3g

만들기

1 멥쌀을 물에 반나절을 불린 뒤 갈아서 고운체로 걸러 즙을 취한다.
2 1에 물을 붓고 가라앉힌 뒤, 맑은 윗물을 따라 버리고 아래 가라앉은 멥쌀즙을 취하여 준비해 둔다.
3 잣은 눈을 떼어내고 누런색이 골고루 나도록 잘 볶는다.
4 3의 잣을 사기강판에 넣고 호물호물하게 갈아 둔다.
5 2의 멥쌀즙으로 죽을 쑤는데 타지 않도록 중약불에서 잘 저어 가며 죽을 쑨다.
6 죽이 충분히 퍼지면 불을 끈 다음 잣 갈은 것을 넣고 멥쌀죽과 잘 섞는다.
7 간은 소금으로 맞추어서 먹는다.

제4장 과일, 열매, 뿌리, 꽃으로 쑨 죽

잣, 영양이 가득한 작은 보석

　　　　고소한 향과 부드러운 식감을 자랑하는 잣은 건강과 장수를 지켜주는 작은 보석이다. 잣에 풍부한 비타민과 미네랄은 피부 재생과 보호에 뛰어난 효과가 있으며, 이는 노화를 늦추는 데 도움을 준다. 또한 잣의 불포화지방산은 심혈관 건강을 증진시키고, 혈중 콜레스테롤 수치를 조절하여 심혈관계 질환을 예방하는 역할을 한다. 특히, 어린아이의 뇌 성장과 발달에도 중요한 영향을 미쳐 두뇌 건강을 돕는 영양소로도 주목받고 있다.

　《동의보감》에서는 잣이 성질이 따뜻하여 죽으로 장복하면 좋다고 한다. 해송자 죽은 기력을 길러 주고 살을 붙게 하여 마르고 허약한 사람에게 특히 좋다. 특히, 폐를 윤택하게 하여 해소, 기침에 효과가 있다.

　서유구 선생은 잣에 대해 "맛이 달고 성질이 따뜻하며 독이 없다. 오장을 매끄럽게 하고, 배고프지 않게 한다. 풍에 효과가 있고, 위장을 따뜻하게 한다. 계속 먹으면 몸이 가벼워지고 장수한다."라고 하였다. 또한, 선생은 《행포지(杏蒲志)》에서 잣기름을 짜는 법에 대해 "진자유(榛子油)와 같고, 반찬에 넣어서 먹으면 향기롭고 맛이 좋다."라고 기록하였다.

　이시진은 《본초강목(本草綱目)》(1596)에서 "잣을 동이(東夷)에서는 과일로 먹는데, 중국의 것과는 다르다. 잣은 신라의 것이 속살이 향기롭고 맛이 좋다."라고 하여 우리나라 잣의 품질이 우수했음을 알 수 있다.

　최근 연구에 따르면, 잣을 적당량 섭취하면 식욕을 조절하는 데 도움을 주어 비만 예방에도 효과적이라는 사실이 밝혀졌다. 잣에 함유된 특정 성분이 식욕 억제 호르몬의 분비를 촉진하여 과식을 방지하는 데 기여한다는 것이다. 하지만 과다 섭취하면 칼로리 섭취량이 증가할 수 있으므로, 하루 10g 정도가 적당한 섭취량으로 권장된다.

매
죽
(매
화
죽)

매죽(梅粥, 매화죽) 쑤기(매죽방)

떨어진 매화를 깨끗하게 씻고 눈 녹은 물로 끓인다. 흰
죽이 익으면 여기에 매화꽃잎을 넣고 함께 끓인다. 양만리(楊萬里)의 시에서 다음
과 같이 노래했다.
"납일(臘日) 후 봄의 풍요로움 겨우 보았는데,
수심 잠겨 바라보니, 바람결이 눈보라 만들었네.
떨어진 꽃술 거두어 죽 쑤어 먹고,
떨어진 꽃잎 좋아서 향 사르기 알맞네."
《산가청공》

梅粥方

梅落英淨洗, 用雪水煮, 候白粥熟, 同煮. 楊誠齋詩云:

"纔看臘後得春饒,
愁見風前作雪飄.
脫蕊收將熬粥吃,
落英仍好當香燒."
《 山家淸供 》

매화는 우아한 향기와 고고한 자태로도 우리를 매료시키지만, 얼어붙은 마른 가지를 뚫고 나오는 강인한 생명력에 더욱 마음이 가는 꽃이다. 서설 속에서도 단아함을 잃지 않는 매화의 모습에 굳센 의지나 결단이 담겨 있음을 느낀다. 예전에는 아름다운 매화에서 강렬한 신맛을 지닌 매실이 나왔다는 것이 요상하여, 매화와 매실이 한 나무라는 것이 연결되지 않았다. 매화를 자주 접해 본 지금은 매화의 강인함이 매실의 신맛으로 이어진 것이라는 것을 알았다. 매화가 살구꽃과 같은 시기에 피는 꽃이었다면, 아마도 매실의 맛은 덜 시고 더 달았을 것이다.

매화죽을 쑬 때는 매화의 아름다움이 돋보이도록 좋은 쌀을 고르는 것이 첫째다. 매화의 향을 잘 담기 위해 쌀은 많이 씻어 준다. 매화의 색과 향을 살리기 위해서 매화는 죽이 다 퍼진 후에 던져서 주걱으로 살짝 섞어 주면 된다.

매화는 흰색, 분홍색, 진분홍색, 홍색, 짙은 홍색을 지니는데 어떤 색의 매화로 매화죽을 끓여도 모두 향기롭고 아름답다. 매화죽은 향기로 먹는 죽이므로 맛을 논하는 것은 의미가 없다. 선비들이 매화나무를 심고 매화죽을 먹는 것은 매화의 고매함과 절개를 배우고자 하는 뜻이지 단순히 춘흥을 즐기고자 하는 죽은 아니다.

매죽방의 감동은 매화의 향기를 머금은 고아한 죽에 있지 않다. 매화를 너무 사랑하여 차마 나무에 달린 매화꽃을 따지 못하고 떨어진 매화를 주워 죽을 쑤는 선비의 아름다운 마음이다. 눈 녹은 물, 바람에 떨어진 매화를 주워 죽을 쑤는 선비… 이보다 더 아름다운 봄의 풍경이 있을까 싶다.

오직 한 그루의 나무를 심을 수 있다고 하면, 고민할 필요도 없이 매화나무를 심겠다. 매화는 봄마다 아름다운 삶이란 무엇인지, 삶의 진정한 가치는 무엇인지, 어떻게 살아야 하는지를 고고한 자태와 아름다운 향기를 통해 우리에게 가르치고 있다.

매화 30송이, 쌀 100g, 물 690g

만들기

1 금방 떨어진 매화꽃을 줍는다.

2 매화꽃을 물에 살짝 씻은 뒤 물기를 빼서 준비해
  둔다.

3 쌀을 깨끗이 씻어 1시간 물에 불려 30분 마른 불림
  을 한 쌀로 죽을 쑨다.

4 쌀죽이 완전히 익으면 준비해 둔 매화꽃을 넣고 살
  살 뒤섞어 준다.

도
미
죽
(궁궁이죽)

도미죽(荼蘼粥, 궁궁이죽) 쑤기(도미죽방)

일찍이 영취산(靈鷲山)을 지나 빈주(蘋州) 스님을 찾았는데, 낮에 보관해둔 죽이 매우 향기롭고 맛이 좋았다. 물어보니 바로 궁궁이꽃(도미화)이었다. 궁궁이꽃잎을 따서 감초 끓인 물로 데친 다음 죽이 익으면 여기에 궁궁이꽃잎을 넣고 같이 쑨다.《산가청공》

荼蘼粥方

曾過靈鷲, 訪僧蘋州. 午留粥甚香美. 詢之, 乃荼蘼花也. 采花片, 用甘草湯焯, 候粥熟, 同煮.《山家淸供》

재료

쌀 120g, 물 750g, 감초 5~6조각, 궁궁이꽃 11송이

만들기

1 감초탕을 끓인다.
2 도미화를 감초탕에 살짝 데쳐 둔다.
3 멥쌀을 깨끗이 씻어 50분 정도 불린 뒤 쌀죽을 쑨다.
4 쌀죽이 다 되면 불을 끈다.
5 2의 도미꽃을 쌀죽에 넣고 가볍게 뒤섞은 뒤 그릇에 담는다.

도미죽이라고 하면 바다에 사는 생선 도미로 끓인 죽이라 짐작한다. 도미가 담백하여 죽의 부재료로 적합한 생선이기에 더더욱 그렇다. 그러나 도미죽의 조리법을 확인해 보고서야, 생선 도미가 아닌 한약재인 천궁의 꽃으로 끓인 죽이라는 것을 알게 된다.

궁궁이라는 이름이 순우리말 같지만, 사실 한자어이며 천궁이라고도 한다. 천궁은 산에서 자라거나 재배할 수 있지만, 기후변화로 인해 꽃이 피는 시기를 맞추기가 어렵다는 것을 여러 차례 경험한 터라 아예 직접 재배를 하였다. 천궁 특유의 강한 향기가 모기를 쫓아준다는 정보도 재배 의욕을 고취시켰다.

천궁이 지나친 햇볕을 싫어하고 서늘한 곳에서 잘 자란다고 하여, 볕이 덜 드는

처마 아래에 두고 키웠다. 여름 폭염을 잘 견딜까 염려했지만, 찬 바람이 불기 시작하자 꽃망울이 맺히고 작고 하얀 꽃우산들이 하나씩 펼쳐지기 시작했다. 한의사의 옷에서나 날 법한 기분 좋은 냄새가 궁궁이에서 난다. 생각보다 향기가 고상하다. 모기 퇴치용으로만 심었다면 그 가치를 제대로 느끼지 못했을 것 같다.

꽃 음식을 만들 때마다 이 사랑스러운 꽃을 따야 하는지 늘 갈등하게 된다. 그냥 맛과 향기는 상상만 해도 될 것을…. 사람들의 "어차피 질 꽃"이라는 말에 용기를 내지만, 매번 꽃을 딸 때마다 멈칫거리게 된다. 어렵사리 궁궁이꽃을 따서 궁궁이죽을 쑤었다.

궁궁이의 성미를 조절하고 법제를 위해 감초탕에 데쳤다. 늘어진 궁궁이를 얼음물에 담그자 줄기와 함께 싱그럽게 살아난다. 흰쌀에 흰 꽃이 더해지니 아련한 느낌이 들고, 푸른 줄기는 가는 붓으로 선을 그린 듯한 수채화 같은 죽이 되었다. 쌀의 향기를 해치지 않으면서도 은은한 궁궁이 향기가 절묘한 조화를 이루어 누구나 좋아할 만하다. 맑고 푸른 하늘과 차가운 계곡 물소리, 그리고 상쾌한 가을 숲의 향기가 궁궁이죽 한 그릇으로 옮겨온 듯하다.

꽃이 지고 나면 궁궁이의 효능은 뿌리로 옮겨가고, 그 뿌리 또한 사람을 구하는 데 쓰일 것이다.

* 궁궁이(천궁)의 효능

궁궁이라고도 하는 도미(荼蘼)는 산속에서 자라는 천궁을 말한다. 맥문동의 이명이 도미(荼蘼)이므로 맥문동이 아닌가 혼란스러웠다. 그러나 도미의 미(蘼) 자가 천궁을 뜻하고 천궁의 싹을 미무(蘼蕪)라고 하는 점, 도미죽을 천궁의 영취산에서 먹었다는 점, 죽이 향기롭다고 한 것을 근거로 향기가 강하고 산에서 자라는 천궁의 꽃을 더해 쑨 죽이 맞는 것 같다.

천궁은 혈액을 맑게 하고 순환을 원활하게 해주는 효능이 있어, 혈액순환을 개선하고 냉증에 도움을 주므로 부인과 질환에 많이 쓰이는 약재다. 또한 '두통의 요약(要藥)'으로 불리며, 풍한(風寒)으로 인한 두통, 편두통 등에 효과적이다. 천궁이 '활혈거어(活血祛瘀)'의 대표적 약재이기 때문이다. 이 외에도 항염 작용이 뛰어나 관절염, 근육통, 신경통 등 염증성 질환 완화에 효과가 있으며, 진정 효과로 신경을 안정시키는 데도 도움을 준다.

방
풍
죽
_(방풍나물죽)

방풍죽(防風粥, 병풍나물죽) 쑤기(방풍죽방)

아침 이슬을 머금은 병풍나물의 첫 싹을 가져다 해를 보지 않게 둔다. 곱게 정미한 멥쌀로 죽을 쑤다가 반쯤 익으면 병풍나물을 넣고, 끓어오르면 차가운 오지그릇에 옮겨 담는다. 반쯤 식혀서 먹으면 달콤한 향기가 입안에 가득하여 3일이 지나도 사그라들지 않는다. 《성소부부고(惺所覆瓿藁)》

防風粥方

乘露曉滴初芽, 令不見日. 精春粳米作粥, 半熟投之, 候其沸, 移盛於冷瓷碗. 半溫而食之, 甘香滿口, 三日不衰. 《許集》

370

교통이 발달하지 않았던 시절에는 다른 지역에서 생산된 먹거리를 먹을 기회가 적었다. 이런 연유로 성인이 되어서도 낯선 먹거리를 접하면 이질감을 느끼는데 방풍이 그랬다.

방풍(防風)이란 이름은 중풍을 막아 주는 효능이 있어 붙여졌다고 하는데 이름에 병명(病名)을 노골적으로 담은 것도, 물에 데쳐도 숨이 잘 죽을 것 같지 않은 뻣뻣함과 향도 낯설었다. 방풍나물을 무쳤는데, 예상대로 잎끼리 겉돌아 감나무 잎 나물 같았다.

〈정조지〉 속의 방풍죽은 새벽이슬 방울이 있을 때 딴 방풍의 새싹으로 쑤라고 정해져 있기는 하지만 시들하였다. 재래시장에 갔다가 지금까지 보았던 방풍잎과는 다른, 야들야들하고 줄기가 자색인 싱싱한 어린 방풍을 발견했다. 채소전 주인은 첫 수확한 햇순이라 부드럽고 향도 그만이라고 한다. 이런 방풍은 구하기 어렵다며 마치 행운의 열쇠라도 주는 것처럼 말했다.

쌀이 반쯤 익을 무렵 방풍잎을 넣었다. 푸른 방풍잎이 흰 쌀즙에 데쳐지면서 생기가 돌았다. 죽을 뒤적여 완성하는데, 천상의 향기라고 칭해도 손색이 없을 만한 맑은 향기가 온 집안에 가득 퍼진다. 마치 산이 집안으로 성큼 걸어 들어온 것 같다.

지금까지 어떤 산야초나 채소를 넣고 쑨 죽도 방풍죽 앞에서는 명함을 내밀지 못하는 것은 물론이요, 천하의 진미도 방풍죽 한 그릇보다 못할 것 같다. 채소전 주인이 더 사라고 권유했을 때 더 사지 않은 것이 후회스러웠다. 방풍죽으로 방풍의 진가를 알게 되었다.

쌀죽에 방풍잎을 넣은 뒤 센 불에서 죽을 쑤는 것도, 방풍죽을 차가운 그릇에 담는 것도 방풍의 향기가 날아가거나 방풍의 색이 누렇게 변하는 것을 막기 위해서다. 방풍죽을 매화죽, 궁궁이죽과 함께 향이 아름다운 '향미(香味)죽'이라 이름 지어 본다.

건강에 좋다는 압박감보다는 방풍의 향을 즐기며 방풍죽을 먹으면 절로 건강해질 것 같다. 방풍죽을 먹고 나니 몸과 마음이 세속을 떠난 듯하다. 맑은 방풍죽의 향기를 음미하며 잠시나마 신선이 되어 본다.

재료

쌀 100g, 방풍 85g, 물 665g

만들기

1 곱게 정미한 쌀을 깨끗하게 씻어 물에 40~50분을 불린다.

2 1의 쌀로 쌀죽을 쑤다가 죽이 반쯤 익으며 방풍의 싹을 넣는다.

3 강불에서 죽을 마저 익힌다.

4 죽이 마저 익으면 찬 그릇에 죽을 담는다.

바람을 이기는 강인한 생명력, 방풍(防風)

　　이름 그대로 '바람을 막는다'라는 뜻을 가진 방풍(防風)은 갯기름나물로도 불리는데 바람과 소금기가 있는 바닷가의 척박한 땅에서도 자라는 강인함을 지니고 있다. 오랜 세월 한의학과 민간요법에서 치유의 효능을 인정받아 왔다. 방풍나물의 뿌리는 석방풍이라고 하여 한방에서 중풍 예방과 감기, 두통을 다스리는 약재로 쓰인다. 《동의보감》에는 방풍이 오장을 튼튼하게 하여 36가지의 풍습을 제거한다고 하였다. 방풍에는 쿠마린(coumarin)이라는 성분이 풍부하게 함유되어 있어 염증을 완화하고, 체내의 노폐물을 배출하는 데 도움을 준다. 이로 인해 혈액순환 개선과 소화력 증진 효과까지 기대할 수 있다. 검인 죽을 쑬 때 방풍 끓인 물에 검인을 담그라고 하는데 석방풍의 뛰어난 해독 작용을 활용하기 위함이다.

　　《도문대작(屠門大嚼)》에서 허균은 방풍죽을 먹은 소감을 "좋은 맛이 입안에 가득하여 3일이 지나도 가실 줄 모르는 향미로운 음식으로서 속간에서 으뜸가는 음식"이라고 하였다. 또 《증보산림경제》 치포조(治圃條)에 방풍의 뿌리를 10월에 옮겨 이른 봄에 나는 새싹으로 죽을 쑤면 그 맛이 매우 향기롭다고 기록되어 있다. 즉 "새벽이슬이 앉은 방풍의 새싹을 따다가 죽을 쑨다. 햇볕을 본 것은 좋지 않다. 멥쌀로 죽을 쑤어 쌀이 익고 반쯤 퍼졌을 때 방풍잎을 넣어 센 불에서 끓인다. 알맞게 되었을 때 차가운 사기그릇에 떠서 반쯤 식은 상태에서 먹는다. 반쯤 식은 상태로 죽의 적온을 맞추어 먹으면 그 향미가 더욱 가득하다."라고 하였다.

네이버 지식백과, 방풍 (문화원형백과 조선 시대 식문화, 2003, 문화원형 디지털콘텐츠) 참고

바닷가의 방풍

제4장 과일, 열매, 뿌리, 꽃으로 쑨 죽

갈
분
죽
(칡
가
루
죽
)

갈분죽(葛粉粥, 칡가루죽) 쑤기(갈분죽방)

갈근에서 가루 내는 법은 우분죽 쑤는 방법에서와 같다. 갈근 가루를 멥쌀가루와 같이 죽을 쑨 뒤 꿀을 타서 먹으면 숙취를 해소할 수 있다.《증보산림경제》

갈근 가루는 간성(杆城)에서 나는 것이 좋다【안 일본에서 온 갈근은 더욱 좋다】.《산림경제보》

葛粉粥方

葛根取粉, 如藕粉法. 同粳米粉作粥, 和蜜食, 能解酲.《增補山林經濟》

葛粉產杆城者佳【案 來自日本者尤佳】.《山林經濟補》

제4장 과일, 열매, 뿌리, 꽃으로 쑨 죽

갈분 녹말 재료

암칡 5kg, 물 15kg

갈분 녹말 만들기

암칡을 깨끗이 씻어 절구에 넣고 내리쳐서 곱게 빻아
물을 부어 면보에 넣고 짠 즙을 취하여 하룻밤을 두면
바닥에 흰 앙금이 가라앉는데 윗물은 따라내고 아래
의 앙금을 사기그릇에 담아서 바람이 잘 통하는 곳에
서 바싹 말린다.

찬 바람이 불 때면 잊지 않고 찾아오는 리어카 행상이 있었다. 리어카에는 제멋대로 자란 모양새의 짙은 갈색이 나는 나무뿌리가 실려 있었다. 리어카 주인이 그 뿌리를 톱으로 슥~슥~ 잘라서 압착기에 넣으면 독특한 향이 나는 갈색즙이 나왔다. 아이들은 그 광경이 신기하여 몰려가 구경하였다. 남자아이들 중에는 이 물을 달고 맛있다며 사 먹었는데, 아저씨의 수고에 비해 가격은 안타까울 정도로 저렴해 과자 한 봉지 값도 안 되었던 것 같다. 나중에야 그 뿌리가 칡뿌리라는 것을 알게 되었다.

갈분(葛粉)은 칡뿌리에 물을 부어 가며 찧은 뒤 물에 담가 앙금이 가라앉으면 거둬 말린 것이다. 칡뿌리를 짠 칡즙은 어디서나 흔하게 볼 수 있지만, 칡녹말은 귀하다.

칡은 섬유질이 질기고 많아서 칡을 찧는 일은 마당쇠가 생각날 정도로 힘든 일이다. 확독에 넣고 절구공이로 내려쳐도 꿈쩍도 안해 힘만 빠질 뿐이다. "술을 깨게 하는 능력을 지녔는데, 이 정도의 수고는 당연한 것 아니냐"고 확독에 들어앉은 칡이 거만하게 말한다.

"예쁜 갈화도 너 못지않은 술 깨는 능력을 지녔어."라며 절구공이에 분노를 담아 내려쳤다. 칡이 무너져 내린다. 이렇게 얻은 갈분으로 갈분죽을 쑤었다.

갈분죽에서는 칡 향기가 나지 않는다. 칡 향기를 좋아한다면 갈분죽이 맹탕이라고 할 수 있지만, 찰지면서도 부드러운 맛에서 섬세함이 느껴진다. 특히 식어도 다른 응이같이 묵처럼 변하지 않고 제 모습을 유지한다. 약간 투명한 것도 소화기에 부담을 주지 않을 것 같은데, 먹었을 때도 속이 편안하다. 녹말 중에서도 칡녹말을 상품으로 치는 이유를 알 것 같다.

갈분죽은 칡꽃인 갈화처럼 숙취 해소에 좋다. 갈분죽도 우뭇죽처럼 쑤라고 하여 꿀물에 쑤는 것이 맞지만, 번거롭기도 하고 영양학적으로 나중에 꿀을 넣는 것이 더 나을 것 같아 죽을 쑨 뒤 꿀을 넣었다.

　* 칡은 암수가 있는데 암칡은 전분이 많아 연하고 통통하며 맛이 달콤하고, 수칡은 섬유질이 많아 뻣뻣하며 쓴맛이 난다. 칡뿌리는 겨울에 캐는 것이 맛도 좋고 녹말도 많이 나온다.

재료

갈분 녹말 90g, 멥쌀가루 50g, 물 1250g, 꿀 30g

만들기

1 갈분 녹말과 멥쌀가루 섞은 것에 분량의 물 중 1/3을
  넣고 잘 개어준다.
2 솥에 1을 넣고 남은 물을 다 부어준다.
3 중약불에서 잘 저어가며 죽을 쑨다.
4 죽이 끓기 시작하면 약불로 줄여 완성한다.
5 완성된 죽에 꿀을 타서 먹는다.

강인한 생명력, 치유의 뿌리-칡[葛]

칡은 강인함을 상징하는 식물이다. 칡나무는 생명력이 강해서 겨울에도 얼어 죽지 않고 줄기가 살아남으며 성장 또한 빠르다. 칡넝쿨이 주변의 나무를 칭칭 감다 못해 덮고 있다시피 하는 모습을 보면 생태계가 무너지고 있는 것 같아 안타까운 마음이 들곤 한다. 예전에는 칡넝쿨의 겉껍질을 벗겨서 옷감을 짜거나 바구니나 돗자리 등의 생활용품을 만들어 썼기 때문에 칡의 번식력이 제어되었던 것 같다.

칡은 세종 때부터 구황작물로 널리 쓰이는 것이 장려되었으며, 지금은 자양강장의 효과가 있는 건강식품으로 인기가 있다. 한방에서는 칡뿌리를 '갈근(葛根)'이라 하며, 감기 몸살을 치료하는 갈근탕(葛根湯)의 주재료로 사용한다. 하지만 우리가 칡을 섭취하는 이유는 단순히 전통적인 약재로 여겨지기 때문만은 아니다. 칡은 우리 몸에 실질적인 건강 효능을 제공하는 소중한 식물이다.

칡에는 푸에라린(puerarin) 성분이 풍부하게 함유되어 있다. 이 성분은 알코올 분해를 촉진하여 숙취 해소에 도움을 주고, 간의 피로를 덜어주는 역할을 한다. 또한 카테킨(catechin) 성분은 간 기능을 활성화시켜 숙취를 해소하는 데 탁월한 효과가 있다. 이러한 이유로 조선 후기 빙허각 이씨가 저술한 《규합총서》에도 칡꽃이 술을 깨는 데 크게 도움이 된다고 기록되어 있다.

칡의 건강 효능은 이뿐만이 아니다. 칡 속에 함유된 푸에라린은 콜레스테롤 수치를 정상화하는 데 도움을 주며, 사포닌과 각종 미네랄은 피부를 맑게 가꾸는 데 효과적이다. 이에 따라 칡은 기미, 주근깨, 여드름 등 피부 개선 및 노화 방지에도 긍정적인 영향을 미친다.

특히 칡에는 이소플라본(isoflavone) 성분이 풍부하여, 여성의 갱년기 증상 완화에도 도움이 된다. 이소플라본은 식물성 에스트로겐으로 작용하여 여성 호르몬의 균형을 유지하는 데 기여하며, 이는 콩이나 석류보다 더 높은 함량을 자랑한다.

상
자
죽_(도토리죽)

상자죽(橡子粥, 도토리죽) 쑤기(상자죽방)

도토리를 15일간 물에 담가두는데, 자주 물을 갈아서 떫은맛을 제거한다. 속껍질을 제거한 도토리를 맷돌로 곱게 간 다음 깨끗한 동이에 물을 담아 맑게 가라앉힌 뒤, 찌꺼기를 제거하고 가루를 취한다. 이와 같이 5~6번을 하고 햇볕에 말려 고운체로 친다. 쓸 때마다 0.5승으로 죽을 쑤어 먹으면 4~6시간 동안 배고픔을 달랠 수 있다. 《옹치잡지》

橡子粥方

橡子水浸十五日, 屢易水去澀味. 石磨磨細, 淨盆水淹澄淸, 去滓取粉. 如是五六次, 曬乾細羅. 每用半升, 熬粥食, 可住兩三時飢. 《饔饎雜志》

도토리 가루 재료

도토리 2kg, 물 3,200g

도토리 가루 만들기

겉껍질을 깐 도토리를 물을 자주 갈아 가면서 15일간 물에 담근 뒤 도토리의 속껍질을 제거하고 맷돌에 곱게 갈은 도토리에 물을 부어 동이에 담아 가라앉힌 다음 위에 뜬 맑은 물과 찌꺼기를 따라 버리고 가라앉은 응이를 취하여 다시 물을 부어 가라앉히고 윗물을 따라 버리기를 5~6회 반복하여 떫은맛이 어느 정도 제거된 응이를 햇볕에 말린다. 말린 가루를 고운체로 친다.

상자죽은 참나뭇과에 속하는 상수리나무의 열매로 끓인 죽이다. 상수리와 도토리를 구분하지 않고, 도토리가 상수리를 포함해 참나뭇과 나무의 모든 열매를 뜻한다. 도토리가 열리는 나무 중 상수리나무의 도토리가 가장 크고, 한방에서 상수리만을 약으로 썼다.

《동의보감》상실(橡實) 편에 상수리를 '굴근도토리'라고 하여, 과거에도 상수리는 도토리 중에서도 크고 굵은 도토리라는 것을 알 수 있다. 상수리는 도토리보다 크고 펑퍼짐하다. 상수리로 묵을 끓이면 윤기가 흐르고 찰지지만, 도토리는 텁텁하고 색이 탁하여 상수리가 맛이 더 우위임을 알 수 있다.

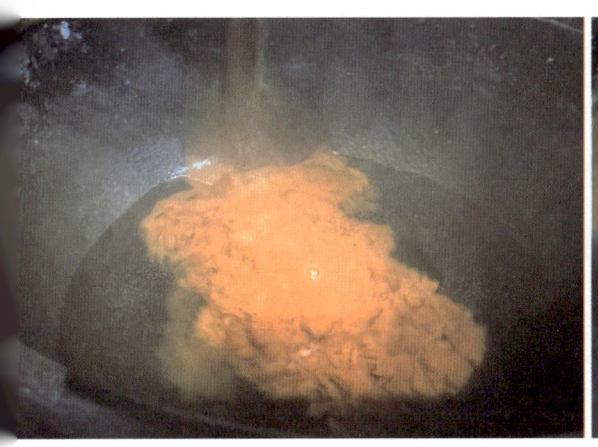

　상수리 가루를 장만하는 일은 어렵지만, 상수리 죽을 쑤는 일은 누워서 식은 죽을 먹는 것처럼 쉽다. 상자죽을 되직하게 끓이면 묵과 비슷한 형상이 되므로, 가급적 묽게 쑤어 구분 짓는 것이 좋다. 상실죽은 맛을 갖춘 죽은 아니다. 약간 쌉쌀하면서도 떫어 처음엔 무슨 맛으로 먹니 싶지만, 묘하게 끌린다. 건강한 맛이 가진 조건을 상자죽이 갖추고 있기 때문이다.

　상수리로 설사를 멎게 하고 싶을 때에는 〈정조지〉의 상실죽보다는 미음에 상수리 가루를 타서 먹는 것이 설사를 멎게 하는 데 효과적이다. 상실죽은 달고 짜고 지방이 많은 맛에 길들여지고, 첨가물이 들어간 가공식품을 많이 섭취하는 현대인에게 꼭 필요한 죽이다.

재료

도토리 가루 60g, 물 600g

만들기

1　도토리 가루를 죽물의 1/4를 넣고 망울이 생기지 않도록 잘 섞어 개어 놓는다.
2　냄비에 1을 넣고 남은 물을 부은 뒤 잘 섞는다.
3　불 곁을 떠나지 않고 계속 저어 가며 중약불에서 죽을 쑨다.
4　죽이 끓으려고 하면 약불로 낮춰 눋지 않도록 잘 저어 죽을 완성한다.

자연의 천연 해독제, 도토리

오래 전부터 자연이 선사한 식량으로 여겨진 도토리는 칼로리가 낮다는 인식으로 영양이 부족할 것이라는 오해를 받기도 한다. 그러나 도토리는 단순한 저칼로리 식품이 아니다. 탄수화물, 지방, 단백질, 비타민이 균형 있게 포함된 완전한 영양식으로, 과거에는 흉년이 들었을 때 쌀과 보리를 대신하는 주식 대용으로 활용되었다.

《동의보감》에 보면 "도토리는 성질이 따뜻하고, 맛이 쓰고 떫으며, 독이 없다. 장을 수렴하여 설사를 멎게 하고, 배고픔을 채워 흉년 때 먹는다."라고 수록되어 있다.

도토리에는 폴리페놀(polyphenol)과 플라보노이드(flavonoid) 같은 강력한 항산화 물질이 풍부하여, 체내 활성산소를 제거하고 노화를 방지하는 효과가 있다.

바닥에 떨어진 도토리

도토리 나무와 열매

또한 도토리의 떫은맛을 내는 탄닌(tannin) 성분은 혈관을 수축시키고, 혈압을 낮추며, 콜레스테롤 배출을 도와 혈관 건강을 개선하는 데 도움을 준다. 이러한 효능 덕분에 성인병 예방에도 효과적인 식품으로 평가된다.

또한, 도토리는 해독 작용이 뛰어난 식품으로 알려져 있다. 몸속에 쌓인 중금속을 배출하는 효과가 있어 환경오염으로 인한 독소 제거에 도움을 줄 수 있다. 그러나 탄닌 성분이 미네랄까지 함께 배출할 수 있기 때문에, 빈혈이 있는 사람은 도토리를 과다 섭취하지 않는 것이 좋다.

도토리는 돼지가 좋아하는 먹이로 '돼지의 밤''이라고 하여 '저의율(猪矣栗)'이라고 한다. 돼지의 고어가 '돝'이므로 도토리가 어디서 온 말인지를 알 수 있다.

도토리는 오랜 세월 동안 가난한 시절을 버티게 해 준 생존 식량이었고, 오늘날에는 건강과 다이어트를 위한 웰빙 식품으로 주목받고 있다.

제4장 과일, 열매, 뿌리, 꽃으로 쑨 죽

강
분
죽
(생강가루죽)

강분죽(薑粉粥, 생강가루죽) 쑤기(강분죽법)

햇생강을 깎아 껍질을 벗긴 다음 질그릇이나 돌 위에서 간 뒤 깨끗이 씻는다. 이를 동이 안의 물에 담그고 맑게 가라앉혀서 가루를 취한 뒤, 햇볕에 말려 저장해둔다. 쓸 때마다 0.5냥을 달여 죽을 쑤고, 여기에 흰 꿀을 타서 먹는다.

《동파잡기(東坡雜記)》에서 후하게 평가하기를 "생강은 비장(脾臟)을 건강하게 하고, 신장(腎臟)을 따뜻하게 할 수 있고, 피를 활성화시키고, 기를 보탠다."라 했다.

또 가루 내는 방법에 대해서 다음과 같이 말했다. "생강 중에 심과 찌꺼기가 없는 것을 취한다. 그러나 새끼 생강을 섞어 쓰지는 않으며, 아울러 껍질을 벗겨내고 즙을 취한 뒤 그릇 속에 저장한다. 오래 두었다가 위쪽의 누렇고 맑은 부분을 걸러 제거하고, 아래의 희고 진한 것을 취한다. 이를 음지에서 말리면 단단한 덩어리가 되는데, 덩어리를 깎아서 얻은 가루를 '강유(薑乳)'라고 부른다."라 했다. 지금 전주(全州)에서의 생강가루 내는 방법과 대체로 비슷하다.《옹치잡지》

薑粉粥法

橡新薑刮去皮, 瓦、石上磨洗淨. 盆內水浸, 澄淸取粉, 曬乾收貯. 每用半兩, 煎作粥, 調白蜜食之.

《東坡雜記》盛稱 : "薑能健脾溫腎, 活血益氣."

且著取粉法云 : "取生薑之無筋滓者. 然不用子薑錯之, 幷皮裂取汁, 貯器中. 久之, 澄去其上黃而淸者, 取其下白而濃者. 陰乾刮取麵, 謂之'薑乳'." 與今全州取薑粉法, 大體相似.《饔饎雜志》

건강에 대한 관심이 높아지면서 면역력을 증강시키는 건강식품이 인기를 끌고 있다. 끝도 없이 소개되는 건강식품을 좇다가 지칠 즈음, 면역력을 올리는 인도 음식을 주제로 한 책을 펼치게 되었다. 대부분의 음식에 생강이 들어가 있다. '면역력을 올리는 데 생강이 좋은데…, 왜 생강을 잊고 있었을까?' 늘 보고 먹을 수 있는 것에서 만족하지 못하는 것이 행복이라는 파랑새를 찾으러 여행을 떠났다가 행복은 결국 가까운 곳에 있음을 깨달은 파랑새 소녀가 된 것 같다.

건강에 좋은 식품은 반드시 비싸거나 귀한 것만은 아니라는 진리를 다시 한 번 깨닫게 되었다. 그렇게 긴 여정 끝에 가장 가까운 곳에서 찾을 수 있는 건강한 재료인 생강을 바라본다.

전분은 옥수수 같은 곡물과 감자, 고구마 등의 뿌리식물에 풍부하다. 생강도 뿌리식물이기는 하지만, 향신채와 향신료로 쓰이기 때문에 생강에 전분이 있음을 인지하지 못한다. 〈정조지〉에는 생강 음식이 대거 등장하는데, 생강 음식이 널리 알려져야 생강의 효능을 더 많이 누리게 된다.

생각보다 생강 속에 전분이 적어 어렵게 얻은 생강 전분으로 정성을 다해 생강죽을 쑤었다. 생강 전분은 하얀색인데, 생강죽에서 노르스름한 생강빛이 나는 것이 신기하다. 숨어 있던, 감추어졌던 생강이 뜨거워서 튀어나온 것 같다. 녹두나 율무, 칡 응이와는 또 다른 매력을 지닌 생강죽은 부드러운 탄력 속에 담긴 연하고 순한 생강의 맛이 그대로 녹아 있다. 몇 수저만 입에 넣어도 차가운 겨울바람에 움츠려 제 기능을 못했던 속을 따뜻하게 풀어준다. 어릴 적, 어른들이 편강을 즐기는 이유가 생강이 소화를 돕고 속을 편안하게 해 준다는 엄마의 말이 비로소 마음 깊이 스며든다. 한 그릇의 생강죽에서 전해지는 이 따스함은 어떤 말로 담아내도 부족하다.

* **생강가루 내기**
지금은 생강가루가 생강을 말려서 찧은 가루를 말하지만 〈정조지〉 속의 생강가루는 생강의 녹말을 가루 낸 것이다. 선생은 강분죽 쑤는 방법과 더불어 동파 선생이 생강을 가루 내어 취하는 방법을 상세하게 소개하며, 전주에서 생강가루를 내는 방법과 비슷하다고 하였다. 전주와 가까운 봉동의 생강이 유명하여 전주에서 생강 음식이 발달한 것 같다.

재료

강분(생강 녹말) 70g, 물 720g

생강 녹말 내는 법

좋은 생강 5kg을 강판에 갈아서 즙을 낸 뒤 그릇에 담아 가라앉힌 다음 녹말과 물이 분리되면 윗물을 조심스럽게 따른 뒤 남은 것은 말려서 녹말가루를 만든다.

강분죽 쑤는 방법

1 생강 녹말에 분량의 물 중 1/6을 붓고 잘 섞어 개어 놓는다.
2 바닥이 두꺼운 솥에 1을 넣고 남은 물을 부어 섞는다.
3 중약불에서 잘 저어 가며 죽을 쑨다.
4 죽이 익기 시작하면 약불로 낮춰 죽을 완성한다.
5 완성된 죽에 흰 꿀을 넣는다.

방금 수확한 생강 전초와 생강

생강, 따뜻한 뿌리

생강은 땅속에서 강한 생명력을 품고 자라는 뿌리식물이다. 울퉁불퉁한 겉모습과 달리 속살은 따뜻한 기운을 머금고 있다. 생강은 톡 쏘는 매운맛과 함께 진한 향과 풍미 덕분에 오랜 세월 동안 음식의 맛을 살리는 향신료이자 몸을 보호하는 자연의 약재로 사랑받아 왔다.

한의학에서는 생강을 따뜻한 성질을 가진 식품으로 분류하며, 몸을 덥히고 냉기를 몰아내는 효능이 있다고 본다. 특히 감기에 걸렸을 때 따뜻한 생강차 한 잔이 몸을 녹이고 기운을 북돋아 주는 것은 이러한 생강의 특성 때문이다. 또한 생강은 위장을 편안하게 하고 소화를 돕는 역할을 한다. 음식을 먹을 때 생강이 곁들여지는 이유는 단순히 맛의 조화를 위한 것이 아니라, 소화 기능을 촉진하려는 선조들의 지혜가 담겨 있기 때문이다.

생강이 지닌 주요 성분 중 하나인 진저롤(gingerol)은 강력한 항염 작용을 하며, 몸속 노폐물 배출과 혈액순환을 원활하게 돕는다. 이 성분은 신선한 생강에 더욱 풍부하게 함유되어 있으며, 면역력 강화에 탁월한 효과를 발휘한다. 시간이 지나거나 열을 가하면 쇼가올(shogaol) 이라는 또 다른 성분으로 변하는데, 이는 진저롤보다 강력한 항산화 작용을 하여 염증 완화에 도움을 준다.

생강에 포함된 징게론(zingerone)은 항균과 식중독 예방에 좋을 뿐만 아니라 몸속의 독소를 제거하고 면역 체계를 강화하는 데 기여한다. 특히 생강즙에 꿀을 섞어 마시면 목의 염증을 줄이고 기관지를 보호하여 준다. 생강은 단순히 맛을 더하는 조미료를 넘어 건강을 보호하고 치유하는 뿌리다.

호
도
죽
(호
두
죽
)

호도죽(胡桃粥, 호두죽) 쑤기(호도죽방)

호두살의 껍질을 벗기고 곱게 간 다음 멥쌀가루와 같이
죽을 쑤어 먹으면 사람이 살찌고 건강해지며 피부에서 윤기가 난다.《옹치잡지》

胡桃粥方

胡桃肉去皮磨細, 同粳米粉煮粥食, 令人肥健潤肌.《饔饎
雜志》

초가을, 산골 마을에 갔을 때였다. 고만고만한 나무들 사이에서 유독 잘생긴 나무 한 그루가 눈길을 끌었다. 그 나무에는 시퍼런 왕사탕 같은 열매가 매달려 있었다. 생김새가 낯설어 거부감이 들었고, 열매를 만지면 손에 시퍼런 물이 들 것 같아 눈으로만 살폈다. 식용이 가능하지 않을 것 같다는 판단이 들자, '별 희한한 것도 다 있네'라며 그 열매를 업신여겼다.

혹시 호두가 아닐까 하는 생각이 잠깐 스쳤지만, 내 머릿속에 떠오른 것은 갈색의 단단하고 울퉁불퉁한 껍질을 가진 '피호두'였다. 결국, 그것이 호두일 리 없다고 단정지은 채 대충 사진 한 장을 찍어 두었다. 그런데 나중에야 그 낯설었던 짙푸른 열매가 정말 호두였다는 사실을 알게 되었다. 어리석게도 나는 호두나무에 피호두가 매달려 있을 거라고 생각했던 것이다.

"집에 호두나무를 키우지 않아서 몰랐어요."

결국 궁색한 변명을 할 수밖에 없었다. 우리는 식재료가 어디에서 어떻게 자라고, 어떤 과정을 거쳐 내 입으로 들어오는지에는 관심이 없다. 오직 먹는 행위 자체에만 집중할 뿐이다. 그래서 풋호두를 기이한 열매로 여겼던 것이다.

이 '호두 사건'을 계기로 식재료의 일생과 역사를 아는 것은 자연을 존중하는 일이자, 삶을 더욱 풍요롭게 하는 길이라는 것을 깨달았다.

원래 호두는 은행처럼 먹을 수 없고 보관을 어렵게 하는 과피와 과육에 둘러싸여 있다. 이를 제거하고 말린 것이 호두의 씨앗인 피호두이고, 피호두의 단단한 껍데기를 제거한 것이 호두나무 열매의 '배젖'인 호두다. 배젖을 그냥 먹을 수도 있지만 배젖을 덮고 있는 떫은맛이 나고 거친 속껍질을 제거해야 음식에 사용할 수 있는 호두가 된다. 물론 속껍질은 먹어도 좋다.

호두를 넣는 양에 따라 다르긴 하지만, 호두죽의 맛은 기대한 만큼이다. 호두의 양뿐만 아니라 호두와 쌀의 굵기에 따라 각기 다른 식감의 죽이 완성된다.

잣죽처럼 무리죽으로 만들면 노인이나 환자, 어린이가 먹기에 좋다. 원미죽처럼 식감을 살려 만들면 더욱 맛있을 것이다. 호두의 고소한 맛과 부드러운 질감이 어우러진 호두죽은 영양적으로도 우수한 한 끼가 된다.

재료

호두 15알, 습식 멥쌀가루 80g, 물 950g

만들기

1 호두를 뜨거운 물에 살짝 데친다.

2 껍질은 손으로 벗기는데 골에 박힌 껍질은 꼬챙이
　　로 제거한다.

3 호두를 절구에 넣고 문드러지게 찧는다.

4 멥쌀가루에 분량의 물 중 1/5을 넣고 잘 섞는다.

5 4에 3의 호두 갈은 것을 넣고 잘 섞는다.

6 남은 물의 4/5를 넣고 잘 섞는다.

7 두꺼운 솥에 6을 넣고 중약불에서 잘 저어 가며 죽
　　을 쑨다.

8 끓으면 남은 물로 죽의 농도를 조절하여 완성한다.

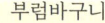

호두, 작은 열매 속의 큰 이야기

호두는 생긴 것이 복숭아 씨앗을 닮아서 '도(桃)'가 붙었고, 원산지가 우리나라가 아니라 오랑캐 나라에서 들어왔다고 하여 '호(胡)'가 붙어 호도(胡桃)가 되었다. 호두는 중국에서 들어온 가래나무의 열매라는 뜻으로 당추자(唐楸子)가 축약된 '추자'라고도 불리며, 삼국 시대에 유입된 것으로 추측된다. 그 근거는 〈신라민정문서〉에 기록된 호두에서 찾을 수 있다.

고려 충렬왕 16년(1290), 원나라에 사신으로 갔던 유청신(柳淸臣, ?~1329)이 호두 묘목과 열매를 처음 가져왔다는 기록이 있다. 이를 통해 삼국 시대에는 호두의 열매를 수입하였고, 고려 시대에 이르러 비로소 호두나무를 재배하였음을 짐작할 수 있다.

호두를 수확할 때는 나무 막대로 열매를 두드려 떨어뜨린 후, 발로 밟아 겉껍질을 벗기면 피호두가 나온다.

호두는 동서고금을 막론하고 널리 쓰이는 열매다. 우리나라에서는 정월 대보름

부럼바구니

398

호두나무와 그 열매인 호두

에 액운을 물리친다는 의미로 부럼을 깨 먹었는데, 호두를 깰 때 나는 "딱!" 소리가 액운을 쫓는다고 여겼다.

또한, 호두를 손에 쥐고 굴리며 마사지하면 뇌를 자극하고 혈액순환에 도움이 된다고 하여, 어른들이 주머니에 두어 개를 넣고 다니기도 했다.

호두를 가장 많이 소비하는 나라는 이란이다. 이란에서는 디저트뿐만 아니라, 고기를 마리네이드할 때 으깬 호두를 활용한다. 이는 호두의 높은 지방 함량이 고기를 부드럽게 하고, 비타민과 미네랄이 풍부하기 때문이다.

호두는 지방 함량이 65%에 달하는 고열량 식품으로, 100g당 약 650kcal를 제공한다. 하지만 이 지방의 대부분이 건강에 유익한 불포화지방산으로 이루어져 있어, 심혈관 건강을 증진하는 데 도움이 된다. 또한, 오메가-3 지방산이 풍부하여 뇌 건강을 지원하고, 항산화 성분이 노화 방지에도 기여한다.

호두의 겉껍질

진자죽
(개암죽)

진자죽(榛子粥, 개암죽) 쑤기(진자죽방)

개암을 멥쌀가루와 같이 죽을 쑤는데, 방법은 호두죽 쑤는 법과 같다. 진자죽은 허기를 그치게 하고, 속을 조화롭게 하며, 위를 열어준다.《옹치잡지》

榛子粥方

同粳米粉熬粥, 如胡桃粥法. 止飢調中開胃.《饔饎雜志》

제4장 과일, 열매, 뿌리, 꽃으로 쑨 죽

재료

개암 120g, 멥쌀가루 70g, 물 890g

만들기

1 개암을 살짝 데쳐서 속껍질을 깐다.
2 껍질을 벗긴 개암을 사기강판에 곱게 갈아둔다.
3 멥쌀가루에 분량의 물 중 1/5을 넣어 잘 섞어준다.
4 3에 남은 물을 마저 붓는다.
5 바닥이 두꺼운 솥에 4를 넣고 2의 개암 갈은 것을 넣는다.
6 중약불에서 죽을 쑨다.
7 죽이 끓기 시작하면 약불로 줄여 죽을 완성한다.
* 마른 개암으로 죽을 쑬 때는 개암을 물에 불려서 간다.

개암죽을 쑤려고 혹부리 영감과 도깨비 이야기로 유명한 개암을 구했다. 동화 속에서는 개암을 깰 때 나는 소리가 혹에서 난다는 혹부리 영감의 말을 믿은 도깨비가 금은보화를 주고 혹을 사 갔고, 그 덕에 혹부리 영감은 혹도 떼고 부자도 되었다. 이는 개암을 깰 때 나는 소리가 크다는 점에 착안하여 만들어진 이야기다.

개암은 도토리를 닮았지만 더 납작하고 물방울 모양이라 무척 사랑스럽다. 개암을 바구니에 한가득 담아 두었더니, 오가는 사람들이 "아, 개암~ 어릴 때 먹었는데…."라고 말한다. 개암을 먹어 본 적이 있다는 사람들의 말에 괜히 기가 죽었다.

개암나무의 열매인 개암은 '진자' 또는 '깨금'이라고도 불린다. 개암은 도토리나 무만큼 흔하지는 않지만, 우리나라 야산에서 쉽게 볼 수 있으며, 정월 대보름의 부럼으로 쓰일 만큼 흔했다. 과거에는 제사상에도 밤 대신 개암을 올리기도 했다.

개암은 생김새가 밤과 도토리의 중간쯤 되지만, 맛은 밤, 호두, 땅콩을 섞은 것 같은 풍미를 지닌다. 도토리는 떫고, 호두나 땅콩은 고소하지만 느끼한데 반해, 개암은 고소하면서도 달콤한 맛이 난다. 생으로 먹어도 좋지만, 밤처럼 구워 먹어도 별미다.

개암을 사기강판에 갈아 쌀가루와 섞어 무리죽을 쑤었다. 호두죽보다 담백하면서도 단맛이 있고, 밤이 울고 갈 정도로 고소하다. 은은한 향까지 갖춰져 있어 다른 견과류로 만든 죽보다 한층 고급스럽다. 깨끔~! 개암 깨지는 소리에 놀라 도망갔던 도깨비가 개암죽을 먹으러 다시 왔다는 이야기를 덧붙여야 할 정도로 개암죽의 맛은 상상 이상으로 훌륭하다. 개암의 꽃 또한 약성이 뛰어나다고 한다.

가을 산을 떠올릴 때 단풍과 함께 밤, 도토리, 다람쥐만 연상하고, 부럼 하면 땅콩과 호두가 대표적인데, 앞으로는 개암도 함께 떠올리면 좋겠다. 개암은 부럼으로도 좋고, 구워 먹는 것도 맛있지만, 영양과 보양죽의 재료로도 가치가 있다.

* 개암의 효능

개암이라는 이름은 '밤보다 못하다'라는 의미의 '개밤'이라는 말이 변하여 생긴 것이라고 한다. 한자로는 진자(榛子)라고 한다. 개암은 탄수화물, 단백질, 불포화 지방, 비타민 E, 철분 및 필수 영양소가 풍부하다. 위와 장을 튼튼하게 하여 기력을 돋우고, 눈을 밝게 한다. 또한, 어린이의 성장 발육과 뇌에 영양을 공급하며, 뇌세포를 보호해 기억력 향상에도 도움을 준다.

개암에 풍부한 베타시토스테롤(beta-sitosterol)은 혈액순환을 원활하게 하고, 심혈관계 환자들의 콜레스테롤 수치를 낮추는 데 도움이 된다. 베타시토스테롤은 식물의 세포막에 존재하며, 세포막을 안정화하고 구조를 유지시키기 때문에 잇몸 건강에도 좋다. 이 밖에도, 개암에 풍부한 칼륨은 노폐물 배출을 돕고 혈압을 안정화하는 데 효과적이다. 이러한 효능 외에도 개암은 배고픈 것을 잊게 하여 간식 역할을 했다.

서양 소설 속에는 개암나무가 자주 언급되며 개암을 헤이즐넛이라고 부르지만, 사실 두 열매는 속이 비슷할 뿐 품종이 완전히 다르다. 헤이즐넛은 유럽개암나무(Corylus avellana)의 열매이며, 개암(진자)은 개암나무(Corylus heterophylla)의 열매로 구분된다. 헤이즐넛의 주생산국은 튀르키예(Türkiye)로, 전 세계 헤이즐넛 생산량의 약 75%를 차지하며, 이를 압착하여 만든 오일은 밝은 노란색을 띠고 질감이 가벼우며 향이 좋지만, 가열하면 쓴맛이 나므로 다 만들어진 음식에 넣는 것이 좋다. 또한, 향 커피의 대명사인 헤이즐넛 커피는 커피 원두에 헤이즐넛 기름이나 헤이즐넛 인공 향을 입힌 것이다. 최근에는 재래종 개암나무뿐만 아니라 열매가 크고 많이 열리는 개량된 개암나무의 재배도 확산되고 있다. 개암과 관련된 전설로는 손바닥에 개암을 올려놓고 소원을 빈 뒤 깨 먹으면 소원이 이루어진다는 이야기가 전해지는데, 이는 착한 사람에게만 해당된다고 한다.

황
정
죽
(죽
대
뿌
리
죽)

황정죽(黃精粥, 죽대뿌리죽) 쑤기(황정죽방)

죽대의 뿌리를 흐르는 물을 떠다가 데쳐서 쓴맛을 제거한 다음 구증구포하고 빻아서 가루 낸 뒤, 고운체로 쳐서 저장해둔다. 쓸 때마다 0.3승으로 꿀물에 죽을 쑨다. 이 죽을 먹으면 수명을 늘려준다. 죽대뿌리는 평안도 영변(寧邊)에서 나는 것이 좋다. 《옹치잡지》

黃精粥方

黃精根用流水焯過, 去苦味, 九蒸九曝, 擣粉, 細羅過收貯. 每用三合, 蜜水煮爲粥, 食之延年. 關西 寧邊産者佳. 《饔饌雜志》

제4장 과일, 열매, 뿌리, 꽃으로 쑨 죽

재료

구증구포한 황정 가루 50g, 쌀가루 40g, 꿀 50g, 물 480g

황정 구증구포하는 방법

황정 3kg를 깨끗이 씻어 물에 데쳐서 쓴맛을 제거한 뒤 쪄서 말린 후 손으로 주무르고 다시 쪄서 말리고 주무르기를 9번 반복한다.

황정죽 쑤는 방법

1 꿀에 분량의 물 중 1/5을 넣고 잘 섞어준다.
2 1에 황정 가루와 쌀가루를 넣는다.
3 2에 남은 물의 일부를 조금씩 부어 가며 잘 섞어 준다.
4 3에 남은 물을 부어 중약불에서 죽을 쑨다.
5 죽이 끓으려고 하면 약불로 줄여 죽을 마무리한다.

황정을 둥굴레라고 부르기도 하지만, 황정은 잎의 끝 부분이 갈고리처럼 구부러져 있는 '층층갈고리둥글레'로, 둥글레와는 모양이 다르다. 《동의보감》에서는 둥글레를 상약으로 치며, 인삼보다 앞에 소개하고 있다. 이는 황정이 인삼보다 흔하지만 효능이 뛰어나 누구에게나 혜택을 주는 약재라는 것을 암시한다.

황정은 단맛이 있어 칡처럼 생으로 먹거나, 말려서 볶은 다음 차로 마신다. 특히, 구증구포를 거치면 최고의 명약이 되어 노화를 방지하고 노인의 건강에 좋다고 한다.

황정의 뿌리에는 당분 외에도 전분이 많아, 쌀이 귀한 산간 지역에서는 생황정을 쌀과 함께 넣어 구황밥을 지어 먹었다. 〈정조지〉 속의 황정죽은 구증구포한 황정을 곱게 가루 내어 죽을 쑤고, 폐와 대장을 윤택하게 하는 꿀을 더해 그 효능을 배가시킨 것이다.

〈정조지〉의 황정죽 조리법에는 쌀 등의 곡물이 들어가지 않는데, 단순 생략된 것인지 집필 과정에서 누락되었는지 알 수 없다. 다만, 황정에는 전분이 25~35%가 들어 있으므로 쌀을 넣지 않아도 죽이 된다. 구증구포를 끝낸 황정은 색이 짙게 변하고 크기는 작아졌지만, 뻣뻣하던 몸뚱이가 젤리처럼 말랑거리는 것이 범상치가 않다. 맛도 향도 예전의 평범함에서 벗어나 오묘함을 갖추었다. 구증구포를 견뎌낸 황정의 인내심이 낳은 결과지만 흐뭇하였다. 황정을 잘게 잘라서 분쇄기에 넣고 가루를 만드는데 구증구포를 하는 과정에서 생긴 진액으로 즙이 아주 끈끈하다. 황정즙에 쌀가루를 더해 죽을 쑤었다. 순하지만 감미롭고 향긋하지만 깊은 향취를 지닌 황정죽이 탄생하였다.

* 황정은 봄과 가을에 채취하는데 가을에 채취한 것이 더 좋다.

황정, 신선의 영약

　　황정은 오랜 세월 동안 한방에서 귀하게 여겨 온 약초로, 〈정조지〉의 식감촬요 편에서도 그 효능이 자세히 기록되어 있다. 맛이 달고 성질이 평하며 독이 없는 황정은 속을 보하고 기운을 북돋우며, 풍습을 제거하고 오장을 편안하게 하는 효능이 있다. 오랫동안 복용하면 몸이 가벼워지고 수명을 연장할 수 있으며 허기를 덜 느끼게 한다. 또한, '오로칠상(五勞七傷)'을 보하며 근육과 뼈를 튼튼하게 하고, 추위와 더위를 이겨낼 수 있도록 돕는다. 비장과 위장에 유익하고 심장과 폐를 촉촉하게 적셔준다. 특히, 단약으로 복용할 때 '구증구포'라는 과정을 거치면 더욱 강한 약성이 발휘되며, 이 과정을 거친 황정을 장기간 복용하면 얼굴이 늙지 않고 곡기를 끊고도 생활할 수 있을 정도로 기력을 보충해 준다고 전해진다. 《본초강목》에서는 황정을 신선들의 양식으로 여기며, 3월에 싹이 돋아나 크기가 한 자 정도 되고 잎은 대나무같이 짧고 마주 붙으며, 뿌리는 복숭아처럼 누런색에 끝이 붉은빛을 띠고, 4월에 푸르고 흰 꽃이 피고 열매는 희어서 기장과 같다고 한다. 싹이 돋아나기 전인 2월에 뿌리를 캐어 볕에 말려 사용한다고 기록하고 있다.

　한방에서는 황정을 자양강장제로 사용하며, 체질이 허약하여 마르거나 폐결핵으로 기침이 심한 경우와 당뇨로 인한 갈증 해소에도 활용되며, 혈당을 조절하는 효과가 있어 당뇨 환자에게 유용한 약재로 알려져 있다. 현대 영양학적으로도 황정은 사포닌과 플라보노이드가 풍부하여 면역력 증진과 항산화 효과가 뛰어나며, 혈압을 안정시키고 간 건강을 보호하는 데도 효과적인 것으로 밝혀졌다. 많은 사람들이 황정을 둥굴레와 같은 식물로 오해하지만, 황정은 뿌리가 굵고 다육질이며 단맛이 강한 반면, 둥굴레는 황정보다 크기가 작고 섬유질이 많으며 맛이 더 담백한 것이 특징으로 두 식물은 엄연히 다르다. 황정을 사용할 때는 매실과 함께 먹지 않는 것이 좋으며, 매화의 꽃, 잎, 씨앗 역시 황정과 함께 복용하면 좋지 않은 영향을 미칠 수 있다고 한다.

황정

이응희

저 높은 산기슭에 오르면
죽대(황정)의 뿌리가 비탈에 가득 나 있네.

옥 같은 꽃은 이슬을 머금고 피었고
푸른 잎은 바람을 맞으며 기울어져 있구나.

자줏빛 털이 겹겹으로 얽히고 설켰고
구슬 같은 뿌리는 마디마디 기이하네.

만일 이것을 오래도록 먹을 수만 있다면
구태여 그윽한 영지를 캘 필요가 있겠는가.

지
황
죽

지황죽(地黃粥) 쑤기(지황죽방)

피를 잘 돌게 하고 정(精)을 생산하는 데 매우 좋다. 지황 썬 것 0.2승을 쌀과 같이 관(罐)에 넣어 끓인다. 익으면 수유(酥油) 0.2승, 꿀 0.1승과 같이 향이 나도록 볶는다. 이를 죽 속에 넣고 다시 푹 쑤어 먹는다.《구선신은서》

地黃粥方

大能利血生精. 地黃切二合, 與米同入罐中煮之. 候熟, 以酥二合、蜜一合同炒香. 入粥內, 再煮熟食.《臞仙神隱書》

지황(地黃)이라고 하면 잘 모르는 사람도 많지만, 생지황을 술과 함께 구증구포하여 만든 흑단색의 끈적이는 숙지황은 익숙할 것이다. 짙은 갈색이 나는 탕약은 숙지황이 들어간 것이고, 색이 옅은 탕약은 숙지황이 들어가지 않은 것이라고 생각하면 될 정도로 숙지황은 탕약의 색과 농도에 큰 영향을 미친다.

지황죽을 만들기 전에 지황죽을 누가 어떤 상황에서 먹었는지를 알기 위해 지황에 대해 먼저 알아보았다. 생지황은 성질이 차기 때문에 몸이 차거나 설사를 하는 사람은 피해야 하지만, 열이 많거나 스트레스를 받는 사람에게는 유익하다. 지황을 구증구포하면 차가운 성질이 사라지는데, 이는 더운 성질의 인삼을 구증구포하여 누구나 먹을 수 있는 홍삼이 되는 원리와 같다.

사람에 빗대어 보면, 구증구포의 과정은 교육이나 훈육, 수행을 통해 균형 잡힌 사람으로 완성되는 과정과도 같다. 나이가 들어서도 주변 사람들과 티격태격한다면, 자신이 아직 제대로 된 구증구포를 거치지 않아 품질이 낮은 생지황이나 인삼 같은 상태라고 생각하면 될 것이다.

지황을 콩알 크기로 잘라 쌀과 함께 푹 끓인 뒤, 지금의 버터에 해당하는 '수유'와 꿀을 더한 것은 마치 수프를 떠올리게 한다. 쌀과 지황을 함께 끓이는 것은 전형적인 죽의 방식이지만, 버터를 더한 점은 서양의 수프 조리법과 유사하다. 따라서 지황죽은 죽을 바탕으로 하면서도 수프의 영양을 더한 일종의 하이브리드 음식이라고 볼 수 있다.

지황의 효능이 환자의 병을 치유하고, 버터가 환자의 원기를 돕는다는 점에서 지황죽은 치유와 회복을 돕는 음식이다. 구증구포를 거친 숙지황은 단맛이 나지만, 생지황은 은근히 쌉쌀한 맛을 지닌다. 첫 번째 시도에서 지황을 너무 많이 넣었더니 쌉쌀함이 강했으나, 두 번째 시도에서는 지황의 양을 줄이자 적당한 쓴맛이 버터의 느끼함을 잡아주었다.

버터와 꿀의 풍미가 약재와 잘 어우러진다는 점에서 동양과 서양의 조리법이 조화를 이룬 것이 바로 지황죽이라는 사실을 깨달았다. 〈정조지〉의 지황죽을 복원하면서 죽이 단순한 식사가 아니라 치유식이자 약식동원(藥食同源)이라는 우리 음식의 정체성을 가장 잘 담아낸 음식이라는 점을 다시금 새기게 되었다.

재료

생지황 150g, 쌀 200g, 물 1230g, 수유 37g, 꿀 35g

만들기

1 생지황을 깨끗이 씻어 콩알 크기로 자른다.

2 불린 쌀에 1의 생지황을 넣고 함께 섞어 죽을 쑨다.

3 죽이 거의 다 익으면 수유와 꿀을 넣고 마무리를 한다.

지황, 생명을 깨우다

　　지황(地黃)은 현삼과(Scrophulariaceae)에 속하는 다년생 초본으로, 키는 30cm 정도 자라며 6~7월에 홍자색의 아름다운 꽃을 피운다. 하지만 지황의 진정한 가치는 땅속 깊이 자리한 뿌리에 있다. 이 뿌리는 가공법에 따라 성질과 효능이 크게 달라지며 생지황, 숙지황, 건지황으로 구분된다.

　　생지황은 뿌리를 캐어 그대로 사용한 것으로 차가운 성질을 지니고 있다. 해열과 지혈에 뛰어난 효능을 보이며, 눈 건강을 돕고 신체의 열을 내려주는 효과가 있다. 쓴맛이 강하지만 생지황이 지닌 순수한 생명력은 몸에 시원한 기운을 불어넣는다.

예쁜 보랏빛의 지황꽃

지황 뿌리

반면, 생지황을 아홉 번 찌고 아홉 번 말리는 '구증구포(九蒸九曝)'를 거쳐 완성되는 숙지황은 성질이 따뜻하고 단맛이 난다. 숙지황은 기력 회복과 혈액순환 촉진에 탁월한 효과를 발휘하고 노화 방지, 항산화 및 신진대사 활성화, 이뇨 작용 등의 효능이 있으며, 면역력 강화에도 도움을 준다.

숙지황에는 장운동과 소화 기능을 돕는 스타키오즈(stachyose) 성분이 풍부하게 함유되어 있지만, 기름기가 많아 장기간 과다 복용하면 오히려 소화 장애를 유발할 수 있어 주의가 필요하다.

한편, 지황을 단순히 말린 형태인 건지황은 생지황과 유사한 효능을 지니면서도 성질이 평이해져 부담 없이 섭취할 수 있다. 이러한 특성 덕분에 상황에 따라 적절히 활용하면 더욱 효과적인 건강관리가 가능하다. 생지황은 몸을 서늘하게 식혀주고, 숙지황은 기운을 북돋우며, 건지황은 균형 잡힌 건강을 선사한다.

구
기
죽
(생
구
기
자
죽
)
①

구기죽(枸杞粥, 구기자죽) 쑤기(구기죽방)

구기자를 생으로 갈아서 즙을 취한 다음 죽 1대접에 즙 1잔을 넣고, 졸인 꿀을 조금 더하여 같이 쑤어 먹는다.《거가필용》

枸杞粥方

枸杞子生研取汁, 粥一碗, 入汁一盞, 加熟蜜少許, 同煮食. 《居家必用》

제4장 과일, 열매, 뿌리, 꽃으로 쑨 죽

재료

생구기자 100g, 불리지 않은 멥쌀 200g,
물 1050g, 꿀 25g

만들기

1 꿀을 약불에서 되게 졸여 준다.
2 생구기자를 깨끗이 씻어 물기를 제거한다.
3 2의 생구기자를 절구에 넣고 갈아주듯 찧는다
4 멥쌀로 된죽을 쑤어 죽이 거의 다 퍼지면 구기자즙
   과 졸여 둔 꿀을 조금 넣는다.

아늑한 산골에 숨어 있는 구기자 농원에 갔다. 구기자 나무의 늘어진 줄기를 따라 붉은 루비가 주렁주렁 매달려 있는 모습에 감탄이 절로 나왔다. "열매가 아니라 보석이네요."라는 말에도 젊은 농부는 무덤덤하다. 대신 생구기자 열매를 몇 알 따서 먹어보라며 준다. 모양과 향이 고추를 닮았지만, 크기가 작고 수분이 많으며 더 달았다. 자극적이지 않은 은은한 단맛이 퍼지며, 부드럽게 녹는 식감이 아이스크림 같다. 농부의 집 마당에는 구기자가 채반에 널려 늦가을 햇볕을 만끽하고 있다. '구기자가 껍질이 연하고 수분이 많아 자연건조를 하려면 손이 많이 갈텐데…'라고 생각을 하는데 먹어 보라며 한 웅큼을 준다.

구기자는 흔히 차로 마시지만 구기자를 가장 효율적으로 섭취할 수 있는 방법은 〈정조지〉의 구기자죽이다. 구기자를 빠짐없이 몽땅 다 먹을 수 있기 때문이다. 생구기자를 즙을 내는 방법에 따라 구기자의 씨앗이 과육과 분리되기도 하고, 과육과 함께 섞이기도 한다. 씨앗이 즙에 섞이면 지저분하게 보일 수도 있지만, 참깨를 뿌린 것처럼 먹음직스러워 보이기도 하므로 마음 가는 대로 하면 된다. 구기자의 향미와 영양을 살리기 위해 완성된 쌀죽에 구기자즙과 꿀을 넣어 잘 섞일 정도로 죽을 쑤면 된다. 구기자로만 낼 수 있는 주홍색이 감도는 구기자죽이 쑤어졌다. 순한 단맛과 섬세한 매운맛이 어우러져, 누구나 먹어도 거부감이 없는 순수한 맛을 낸다.

서유구 선생은 구기자죽이 정(精)과 혈(血)을 보하고, 신장의 기운을 북돋운다고 하였다. 생구기자는 부드러워 잘 으깨지므로 바로 죽을 쑤어도 되고 건구기자는 3~4시간 물에 불렸다가 우린 물과 함께 갈아서 죽을 쑤면 된다.

제4장 과일, 열매, 뿌리, 꽃으로 쑨 죽

구기죽(구기자잎죽) ②

구기죽(枸杞粥, 구기자죽) 쑤기(구기죽방)

구기자 잎을 채취하여 멥쌀과 같이 죽을 쑨 다음 파·된
장·오미(五味, 갖은 양념)·소금을 넣어 섞은 뒤, 빈속에 먹으면 음의 허로(虛勞)를 보
한다. 《산림경제보》

枸杞粥方

枸杞葉採取, 同粳米煮粥, 入蔥、豉、五味、鹽和, 空心服,
補陰虛勞. 《山林經濟補》

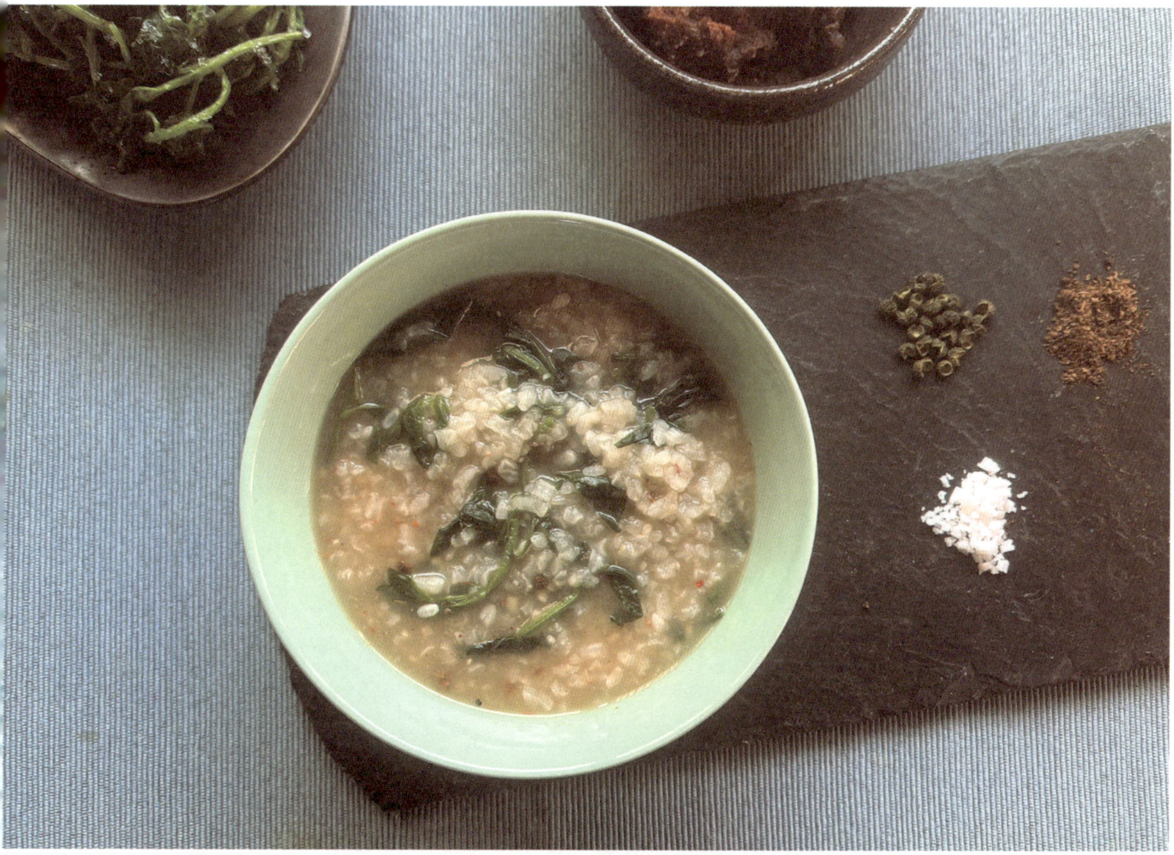

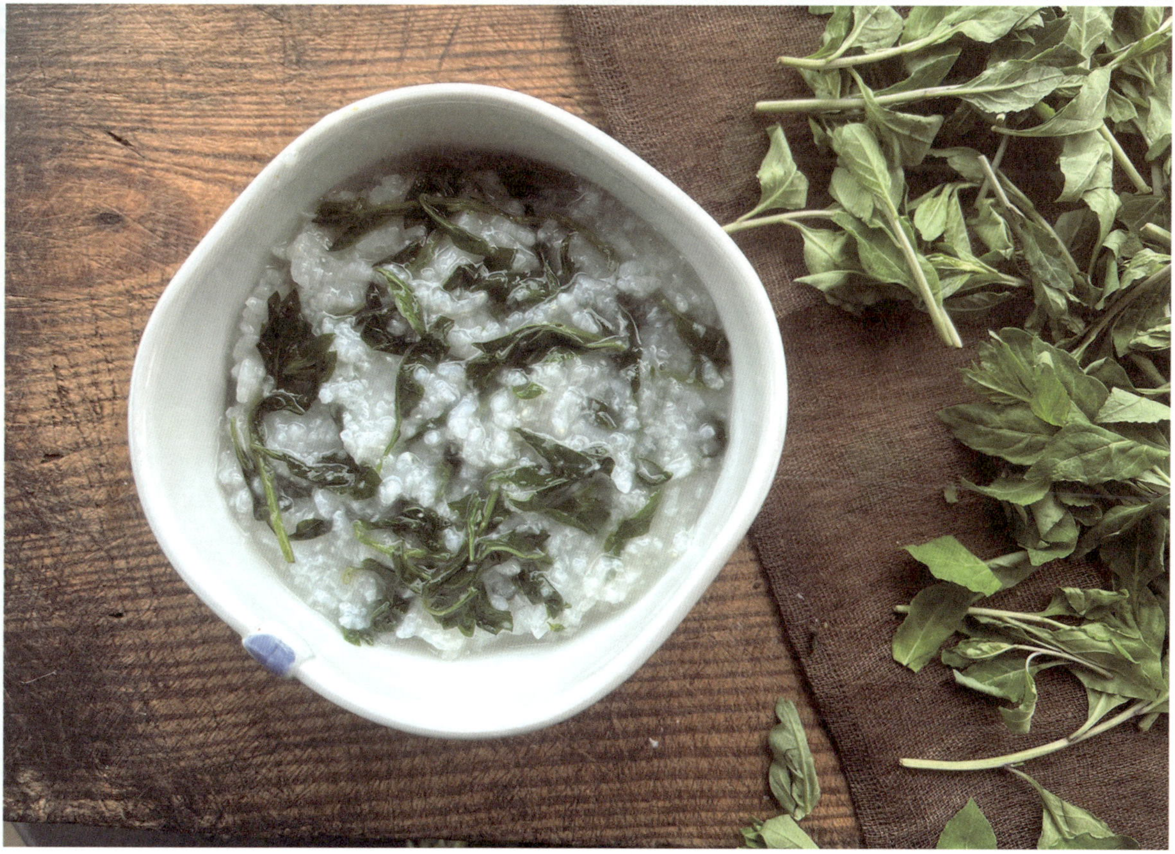

구기자 잎을 채취하여 멥쌀과 함께 죽을 쑨 다음, 된장과 양념을 넣고 소금으로 간을 맞춘 약채죽이다. 구기자 잎은 나물로 즐겨 먹는데 구기자 만큼이나 귀한 대접을 받았다. 다른 나무나 채소의 잎은 성장하면서 잎도 번성하지만 구기자 잎은 별로 자라지 않는다. 아마 몸집을 키우는 대신 내실을 선택해 구기자 열매 못지 않은 영양 성분을 갖추고 있다. 〈정조지〉 권4 교여지류(咬茹之類)에는 구기자나물이, 권3 음청지류(飮淸之類)에는 구기자차가 나와 구기자의 약성을 일상에서도 다양한 음식으로 누렸음을 알 수 있다.

보통 채소나 약채죽에 된장을 넣을 때에는 된장을 푼 물을 죽을 쑤는 중간에 넣는데 구기죽 ②는 죽을 완성한 후에 갖은 향신 양념, 소금과 함께 된장을 넣는다. 이 점이 다른 토장죽과 결정적으로 다른 점이다.

구기죽 ②의 방식은 된장의 핵산 성분과 아미노산이 활성화되어 감칠맛이 좋게 하고 호화를 촉진시켜 죽의 점성을 증가시킨다. 또한 원래 죽의 색상을 유지시켜 죽에 맑고 균일한 색감을 부여한다. 된장과 함께 넣는 산초, 후추, 생강 등의 '오미(五味)'는 찬 구기자의 성질을 보완하는 역할을 한다. 몸에 열이 많은 사람은 향미가 나는 정도로, 몸이 차가운 사람은 오미를 더 넣어서 먹으면 된다. 봄 구기자 잎에는 사포닌(saponin)이 풍부하여 인삼과 다를 바가 없고 구기자의 약성이 스며 있다. 구기죽 ②는 불로장생의 죽이라 할 수 있다. 돌아오는 새봄에는 구기죽 ②를 꼭 챙겨 먹을 일이다.

Tip
구기자 잎이 연하면 그냥 죽에 넣어도 되지만 뻣뻣하면
끓는 물에 데친 다음 죽을 쑨다.

재료

멥쌀 200g, 구기자 잎 50g, 물 1200g, 파, 소금,
오미(갖은 양념)

만들기

1 구기자 잎을 다듬은 뒤 깨끗이 씻어 물기를 빼 둔다.

2 구기자 잎을 끓는 물에 데친다.

3 찬물에 구기자 잎을 헹군 다음 가볍게 물기를 짜는
 데 이 물은 따로 취한다.

4 솥에 멥쌀을 넣고 물과 구기자 삶은 물을 넣고 죽을
 쑨다.

5 쌀이 퍼지기 전에 3의 구기자 잎을 넣는다.

6 죽이 끓기 전에 두 국자 정도의 죽물을 취하여 된
 장을 풀어둔다.

7 죽이 완성되면, 6의 된장과 파, 오미를 넣고 소금으
 로 간을 맞추어 완성한다.

구기자, 불로장생의 묘약

　　　구기자는 예로부터 불로장생의 열매로 불리며, 진시황이 찾던 불사의 묘약으로 알려져 왔다. 구기자는 구기자나무의 열매로, 서양에서는 '고지베리(goji berry)'로 불리고 있으며, 현대 과학을 통해 그 뛰어난 효능이 입증되면서 건강식품으로 큰 인기를 끌고 있다. 효능과 더불어 붉은 빛깔이 보석처럼 아름다워 '붉은 다이아몬드'라는 별명을 얻었다.

　구기자에 풍부한 비타민 B군과 항산화 성분은 세포 손상을 막고 노화를 방지하며, 피부를 맑고 탄력 있게 가꾸는 데 도움을 준다. 이러한 항산화 효과 덕분

구기자 잎과 열매

에 구기자는 몸속 활성산소를 제거하여 면역력을 높이고 감염 예방에도 효과적이다.

특히, 구기자는 눈 건강에 탁월한 효능을 지닌다. 베타카로틴, 루테인, 제아잔틴이 풍부하게 함유되어 있어 눈세포를 보호하고 시력을 개선하며, 망막 건강을 유지하여 시력 저하를 예방하는 데도 도움을 준다.

구기자의 핵심 성분 중 하나인 베타인(betaine)은 간세포의 재생을 촉진하고 해독 기능을 활성화시켜 지방간을 예방하는 데 효과적이다. 또한, 인슐린 분비를 촉진하고 혈당 수치를 안정적으로 조절하여 당뇨 예방에도 도움을 준다. 구기자에 함유된 플라보노이드와 베타인 성분은 혈액순환을 촉진하고 혈관을 강화하며, 고혈압과 동맥경화 같은 심혈관 질환 예방에 기여한다.

다이어트와 체중 관리에도 도움이 되는 구기자는 지방 분해를 촉진하고, 노폐물 배출을 도와 신진대사를 원활하게 한다. 칼로리가 낮고 포만감을 주는 성분을 포함하고 있어 다이어트 식단에 포함하기에 적합하다.

한방에서는 구기자가 신장의 기능을 강화하고 생식 건강을 돕는 약재로도 사용되어 왔다. 남성의 정력 증진뿐만 아니라 여성의 갱년기 증상을 완화하는 데도 효과적이다.

구기자는 성질이 차가운 편이므로 몸을 따뜻하게 하는 약재와 함께 섭취하면 더욱 좋다.

육류와 유제품으로 만든 죽

땅에서 사는 닭 등의 육류, 바닷고기와 민물고기, 그리고 우유와 버터로 만든 죽으로 〈정조지〉 죽 편이 마무리 된다. 육류를 활용한 죽은 고단백, 고에너지의 재료로 건강과 활력을 제공하며, 죽에 감칠맛을 더해 건강과 맛을 동시에 충족시킨다. 고기의 풍미가 스며든 육수는 곡물의 부드러운 질감과 조화롭게 어우러지며 진하고 고소한 맛을 자아낸다.

05

유제품은 단백질, 칼슘, 비타민 D 등 우리 몸에 필요한 영양소를 풍부하게 함유하고 있어, 유제품으로 쑨 죽은 부드러운 풍미와 풍성한 영양을 제공한다. 바쁜 현대인의 영양 균형을 맞추는 데 중요한 역할을 하여 전통과 현대의 미각을 아우르며 모든 연령층에게 사랑받을 수 있는 죽이다.

육류와 유제품을 활용한 죽은 특히 몸이 허약할 때나 기력이 떨어졌을 때 회복을 돕는 보양식으로 적합하다. 〈정조지〉 속에 기록된 육류와 유제품 기반의 죽은 단순한 음식 그 이상의 의미를 지니며, 선인들의 건강을 지키는 지혜를 엿볼 수 있는 중요한 기록이다.

아울러 육류와 유제품으로 만든 죽의 전통적인 조리 방식과 현대적인 재해석을 통해 다채로운 변화를 만들어내며, 새로운 죽의 가능성을 제시하고 있다.

계죽(닭죽)

계죽(鷄粥, 닭죽) 쑤기(계죽방)

　　늙고 살진 암탉을 푹 끓이고 살을 찢은 다음 체에 밭쳐 기름을 제거한다. 멥쌀심가루·파·후추·참기름·간장을 넣어 다시 끓인다. 익으면 계란 몇 개를 넣고 한소끔 끓어오르면 꺼낸다.《산림경제보》

鷄粥方

　　陳肥雌鷄爛烹, 扯解篩下去脂. 下粳米心、蔥、椒、油、醬, 更煮之. 候熟, 下鷄卵數箇, 一沸出.《山林經濟補》

〈정조지〉 속의 계죽은 우리가 익히 아는 닭죽이라는 생각에 관심을 갖지 않기 쉬우나, 사실 우리가 아는 닭죽과는 다르다. 계죽을 끓이기 위해서는 지금까지 알고 있던 닭죽의 개념을 잠시 내려놓아야 한다.

오늘날에는 닭의 배 속에 찹쌀을 넣어 만드는 삼계탕이 닭죽을 겸하거나, 삶은 닭고기를 먹고 난 뒤 남은 국물에 쌀을 넣어 끓인 닭죽을 덤으로 얻는다.

서유구 선생 시대에 널리 먹던 지금의 삼계탕에 해당하는 '칠향계(七香鷄)'에는 찹쌀이나 녹두가 들어가지 않는다. 당시에는 탕(湯)은 탕이고, 죽(粥)은 죽이었다. 두 음식이 명확하게 구분되었던 만큼, 각각의 품격과 품질이 높을 수밖에 없었다.

〈정조지〉 속의 계죽은 우리가 아는 닭죽과는 여러 가지 차이가 있다. 먼저, 약이 되는 늙고 살진 암탉을 사용한다는 점, 그리고 아주 고운 멥쌀 심가루로 죽을 쑨다는 점, 마지막으로 죽에 달걀을 넣는 점이 다르다.

계죽은 부드러운 닭육수를 바탕으로 연한 심가루, 고소한 달걀, 참기름이 더해져 극도로 부드러운 식감을 자랑한다. 현대인의 감각으로는 닭죽이라기보다는 닭살과 달걀이 들어간 닭미음[鷄米飮]에 가깝다고 할 수 있다.

닭과 쌀이라는 같은 식재료를 사용하여 이렇게 다른 닭죽을 만들 수 있다는 점이 참으로 신기할 뿐이다. 집안에 발생한 환자의 연령과 상태에 따라 알맞은 죽을 만들기 위한 고민과 궁리 끝에 이러한 닭죽이 탄생하였을 것이다. 계죽을 통해 선인들이 모든 일에 얼마나 지극한 정성을 다했는지 다시 한번 느낄 수 있다.

재료

닭 1마리(1300g), 닭즙 1380g, 멥쌀 심가루 70g,
달걀 3개, 간장, 참기름, 파

만들기

1 닭을 손질하여 푹 삶아준다.
2 닭살을 잘게 찢어 둔다.
3 닭살이 들어간 닭즙을 취하여 뜨거울 때 체에 면보를 깔고 밭쳐서 기름기를 제거한다.
4 닭즙에 멥쌀 심가루, 파, 후추, 참기름, 간장을 넣고 잘 저어 가며 죽을 쑨다.
5 죽이 끓으면 달걀 3개를 풀어 넣고 다시 한소끔 끓여서 완성한다.

제5장 육류와 유제품으로 만든 죽

닭과 닭고기의 역사

닭은 약 8,000년 전 동남아시아에서 야생종이 가축화되며 인류의 삶에 깊이 자리 잡기 시작했다. 새벽을 알리는 닭의 울음소리는 오랜 세월 동안 어둠을 걷어내고 새날을 여는 상징으로 여겨져, 세계 여러 문화권에서 길조(吉兆)로 받아들여졌다. 일정한 시간에 울음을 터뜨리는 이 습성은 빛에 민감한 생체리듬에 따른 본능적 반응으로, 자연의 질서와 조화를 상징한다.

우리 전통 의례에서도 닭은 빠질 수 없는 존재였다. 특히 혼례상에 암수 한 쌍

전통 혼례상

의 닭을 올리는 풍속은 자손의 번창과 가정의 번영, 부부의 화합을 기원하는 깊은 의미를 담고 있다. 알을 많이 낳고 생명력이 강한 닭은 새로운 시작과 지속적인 생명의 흐름을 상징하는 동물이었다.

무엇보다 닭은 오랜 세월 동안 대다수 가정에서 직접 기르던 가장 친근한 가축 중 하나였다. 마당을 거닐며 모이를 쪼는 닭의 모습은 시골의 일상적인 풍경이었고, 병아리의 탄생은 봄의 시작을 알리는 생명의 신호로 여겨졌다. 닭은 단순한 가축을 넘어, 계절과 세대를 함께하며 삶 속에 깊이 녹아든 생명이었다.

식재료로서의 닭 또한 높은 가치를 지닌다. 지방이 적고 단백질이 풍부해 건강한 식단에 적합하며, 필수 아미노산, 비타민 B군, 철분, 인 등 다양한 영양소

변상벽, 《모계영자도(母鷄領子圖)》
(국립중앙박물관 소장)

를 함유하고 있어 면역력 강화, 피로 회복, 성장기 영양 공급에 이롭다. 찜, 구이, 볶음, 국물요리 등 다양한 조리법에 어울리며 계절과 조리 문화에 따라 유연하게 활용되는 식재료다.

또한 닭고기는 대부분의 종교에서 금기시되지 않아, 세계 어디에서나 널리 소비된다. 각국을 대표하는 닭 요리로는 한국의 삼계탕, 인도의 무르그 마카니(Murgh Makhani, 버터치킨), 프랑스의 코코뱅(Coq au vin), 페루의 뽀요 아 라 브라사(Pollo a la Brasa)가 있다. 이처럼 닭은 영양, 상징성, 조리 유연성, 문화적 보편성을 두루 갖춘 식재료이자 전 세계인에게 익숙하고도 의미 있는 존재라 할 수 있다.

즉어죽(붕어죽)

즉어죽(鯽魚粥, 붕어죽) 쑤기(즉어죽방)

큰 붕어의 내장과 비늘을 제거하고 푹 삶는다. 이를 대
나무체로 쳐서 붕어의 껍질과 뼈를 제거하고 고기와 즙을 취한 뒤, 여기에 멥쌀
을 넣어 죽을 쑨다. 산초와 생강 등의 양념을 넣고 다시 한소끔 끓인다. 《증보산림
경제》

鯽魚粥方

大鯽魚去肚蓮鱗煮爛, 竹篩篩去皮骨, 取肉與汁, 下粳米作
粥. 加椒、薑等物料, 再煮一沸.《增補山林經濟》

재료

붕어 860g (붕어즙 650mL), 멥쌀 75g, 생강 5g, 산초 1g

만들기

1 붕어의 비늘을 긁어내고 내장을 제거한 뒤 찬물에 깨끗이 씻는다.

2 붕어에 물을 붓고 4시간 정도 삶는다.

3 삶은 붕어의 가시를 제거하고 살과 즙만 취한다.

4 멥쌀에 고기와 즙을 넣고 죽을 쑨다.

5 죽이 완성되면 산초와 생강을 넣고 2분 정도 더 끓인다.

민물낚시를 할 때 붕어는 빠지지 않고 잡힐 정도로 흔해서 바다생선 못지않게 많이 먹던 민물고기다. 서유구 선생은 〈전어지(佃漁志)〉에서 붕어를 잡을 때는 미끼로 반드시 깻묵을 사용하라고 한다. 가장(家長)이 낚시로 잡은 붕어를 푹 달인 즙은 늙은 부모나 집안에서 가장 허약한 아이의 몸보신 용으로 썼었다. 붕어는 단백질과 아미노산이 풍부하고 지방이 적어 예로부터 속을 따뜻하게 하고 기력을 돋우는 데 좋기 때문이다. 즙을 내고 난 찌끼는 밭에 뿌렸는데, 그 자리에서 자란 채소는 유난히 때깔이 좋고 크게 자랐다.

붕어는 특유의 비린내와 흙냄새, 그리고 진흙처럼 부드러운 살로 인해 거부감을 가진 사람이 많아 조리할 때 신경이 많이 쓰이는 식재료다. 붕어조림은 고춧가루, 고추장, 간장, 마늘, 후추, 생강 등의 다양한 양념으로 단점을 보완할 수 있고, 붕어즙은 코를 막고 쭉 마시면 되지만, 천천히 먹어야 하는 죽은 다르다. 붕어죽의 성패는 냄새 제거에 달려 있다고 할 수 있다.

붕어는 비늘을 긁고 내장을 제거한 뒤 찬물에 씻어 핏물을 제거한 다음, 즉시 물에 넣고 삶는데 후추와 생강, 소주를 더한다. 뼈가 으스러질 정도로 푹 곤 붕어는 굵은체에 내려 즙을 취한 뒤, 붕어의 억센 가시에 찔리지 않도록 주의하며 살을 추린다. 붕어즙이 쌀에 스며들도록 불리지 않은 멥쌀을 넣고 죽을 쑤다가 죽이 퍼질 무렵 산초와 생강을 넣고 다시 끓여 마무리한다. 마술이라도 걸린 듯 붕어 냄새가 싹 사라지고 단맛이 도는 즉어죽이 완성된다. 생강과 산초는 우리 몸의 순환을 촉진하여 소화를 돕고, 붕어의 유효성분이 몸에 잘 흡수되도록 돕는다. 생강과 산초의 상쾌한 향이 나는 즉어죽을 통해 향신료 양념의 중요성을 느낄 수 있다.

Tip
즉어죽에 쓰는 생강과 산초는 신선한 것을 사용해야 한다.
붕어는 비늘이 억세 손질할 때 비늘이 튀고 냄새가 오래 남기 때문에
각별히 주의해야 한다.

제5장 육류와 유제품으로 만든 죽

붕어와 잉어

　　　　　붕어는 우리나라를 비롯한 동아시아 전역에서 널리 서식하는 잉엇과(Cyprinidae)에 속하는 민물고기다. 예로부터 붕어는 '즉어(鯽魚)' 또는 '부어(鮒魚)'라는 이름으로도 불려왔다. 이는 붕어가 무리를 이루며 서로 의지하는 습성에서 비롯된 것이다. '즉(鯽)' 자에는 가까이함, '부(鮒)' 자에는 의지함이라는 뜻이 담겨 있어, 붕어의 사회적 생태를 잘 드러낸다.

　붕어는 주로 하천, 저수지, 논, 연못 등 물이 잔잔하고 수초가 풍부한 환경에서 서식한다. 잡식성으로 미세한 식물성 플랑크톤부터 작은 곤충류, 수초까지 다양한 먹이를 섭취한다. 계절에 따라 생태적 특징도 뚜렷하게 나타난다. 특히 겨울철에는 진흙 속에 몸을 파묻고 활동을 최소화하며, 겨울잠을 자듯 지낸다.

　외형적으로는 옆으로 납작한 체형을 지녔고, 몸빛은 은빛이나 금빛, 또는 갈색을 띠며 광택이 나는 것이 특징이다. 입은 작고 둥글며, 수염이 없는 점이 잉어와 구분되는 중요한 차이점이다.

　식재료로서 붕어는 성질이 따뜻하여 위장을 튼튼하게 하고 신장을 강화시켜 예로부터 강장제로 취급되었다. 붕어에는 단백질과 지방, 칼슘, 인이 풍부하여 성장이 더디거나 허약한 어린이에게 붕어즙을 내서 먹였다. 면역력 향상과 노화 방지에 기여하는 성분도 함유하고 있어 환자식이나 미용식으로도 좋다.

　붕어와 모습이 닮은 잉어는 붕어보다 크고, 강이나 연못, 저수지 등지에서 흔히 볼 수 있다. 잉어는 몸집이 더 크고 체형이 두텁고 우직하며, 움직임이 느긋한 것이 특징이다. 입 주변의 수염에는 많은 감각세포가 분포되어 있어, 진흙이나 어두운 물속에서는 눈보다 수염에 의존해 먹이를 찾는다.

잉어는 예부터 사람들의 바람과 소망이 담긴 상징적인 동물로 여겨져 왔다. '잉어가 용문을 넘으면 용이 된다'는 전설에서 유래한 '등용문(登龍門)'이라는 말처럼, 잉어는 어려운 고비를 넘어 성공에 이르는 의미를 담고 있다. 그래서 예전에는 시험을 앞둔 이에게 잉어를 먹이고, 궁중에서는 진상품이나 연회 음식으로 활용되기도 했다.

복을 불러오는 존재로도 알려진 잉어는 연못에 방류해 길운을 기원하거나, 부부의 다산을 바라는 선물로도 쓰였다. 특히 잉어즙은 산모의 기력을 회복시키는 데 좋은 보양식으로 귀하게 여겨졌다. 이처럼 잉어는 먹는 것을 넘어, 사람들의 간절한 마음과 정성이 담긴 문화적 매개체로 자리해 왔다.

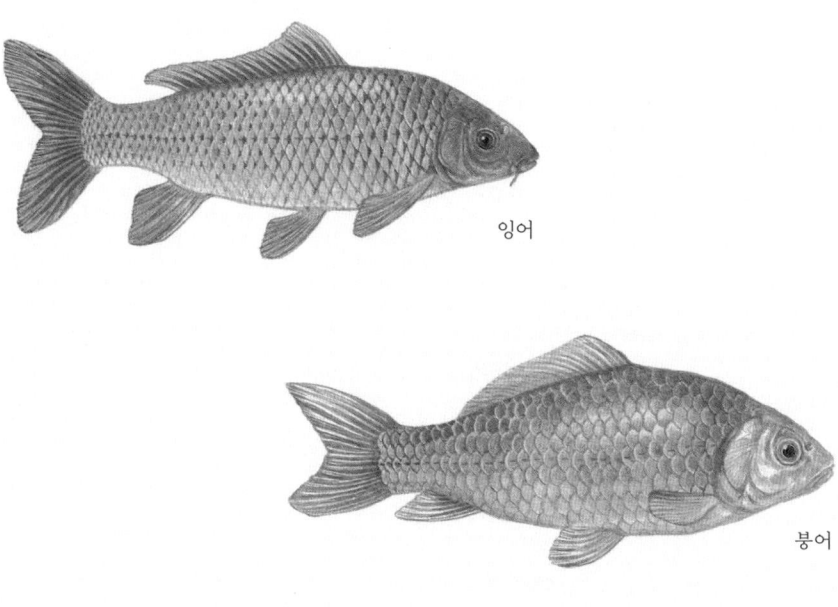

잉어

붕어

담
채
죽
(홍
합
죽
)

담채죽(淡菜粥, 홍합죽) 쑤기(담채죽방)

홍합을 빻아 가루 낸 다음 멥쌀을 섞고 죽을 쑨다. 소
금이나 장으로 간을 맞춰 먹는다.《증보산림경제》

淡菜粥方

紅蛤擣作屑, 和粳米熬粥. 或鹽或醬, 適鹹淡食之.《增補
山林經濟》

담채는 생것도 담채라 하고 말린 것도 담채라 한다. 생 담채는 시원하고, 담채를 말리면 생것과는 달리 맛이 농축되어 감칠맛 덩어리가 된다. 말린 담채는 북어와 함께 집에 두고 요긴하게 먹는 건어물이다. 미역과 함께 넣고 국을 끓여 먹거나, 간장으로 졸여 밥반찬으로 쓰거나, 집에 환자가 생기면 담채로 죽을 쑤었다.

담채죽은 담채만 있으면 비교적 손쉽게 쑬 수 있지만 그 맛은 특별하다. 부드러운 쌀알 속에서 톡톡 씹히는 작은 담채가 마치 입안에서 맛 폭탄을 터뜨리는 것 같다.

지금은 담채와 쌀을 참기름에 달달 볶다가 육수를 붓고 담채죽을 쑤어 고소함과 풍미를 더하지만, 〈정조지〉의 담채죽은 담백한 담채의 맛을 살려 깔끔하다. 마른 담채가 질겨서 절구로 잘 빻아지지 않으면 일단 절구공이로 두드려 무장 해제를 시킨 뒤, 칼로 굵게 다진 후 절구에 넣고 빻으면 된다. 담채의 굵기는 취향대로 하되, 담채 가루가 들어가면 죽이 깔끔하지 않으므로 가루는 체에 걸러내는 것이 좋다.

담채는 단백질 함량이 높기 때문에 허약자나 노인의 죽으로 특히 좋다. 요즘은 근육을 키우기 위해 일부러 단백질 분말을 먹는데, 담채죽은 식사와 다이어트를 겸할 수 있어 단백질 셰이크와 비교할 바가 아니다.

담채죽은 건강, 미용, 치유, 장수를 추구하는 현대인의 바람을 실현시켜 주는 우리의 전통 죽이다.

재료

담채 25g, 불린 멥쌀 80g, 물 430g, 간장 1t

만들기

1 건 담채는 깨끗한 행주로 닦아 준다.

2 담채를 절구에 넣고 찧는데 메주콩 반 정도의 크기
　로 한다.

3 불린 멥쌀과 담채를 섞은 뒤 바닥이 두꺼운 솥에
　담는다.

4 3에 분량의 물을 붓고 중약불에서 죽을 쑤기 시작
　한다.

5 죽이 끓으려고 하면 약불에서 죽을 쑤다가 뜸을 들
　여 완성한다.

6 먹을 때 소금이나 간장으로 간을 맞춘다.

홍합, 바다에서 온 작은 보물

홍합은 담백한 맛이 특징이라 하여 담채(淡菜)라고 불리며, 이외에도 담치, 이패(貽貝), 합자(蛤子), 섭조개 등의 다양한 이름을 가지고 있다. 홍합이라는 명칭은 조개의 살이 다른 조개에 비해 붉은색을 띠기 때문에 붙여졌다.

《규합총서》에는 바다에서 나는 것은 대개 짜지만, 홍합만이 유독 싱거워 담채(淡菜)라고 불리며, 동해부인(東海夫人)이라는 별칭으로도 불린다고 하였다. 우리가 흔히 먹는 홍합은 지중해 담치(Mediterranean mussel)로 외래종이다. 토종 담치를 외래종과 구분하여 참담치[眞淡菜]라고 부른다.

홍합 속의 타우린(taurine)은 간 기능 회복에 도움을 주어 숙취 해소에 효과적이며, 칼륨, 요오드, 셀레늄 등의 무기질이 풍부하여 노화를 방지하는 데도 유익하다. 또한 단백질이 풍부해 근육과 근력을 강화시킨다. 철분 함량이 높아 빈혈을 예방하고, 엽산이 풍부하여 임산부와 태아의 건강에도 좋다.

홍합의 살 색깔에 따라 맛의 차이가 있는데, 붉은 살을 가진 암컷이 흰 살을 가진 수컷보다 맛이 좋다. 서유구 선생은 《난호어목지(蘭湖漁目志)》에서 홍합을 담채라고 부르며, 동해에서 자생하고 해조류 근처에서 서식하는 것을 좋아한다고 기록했다. 또한, 홍합의 맛이 달고 나물처럼 담백하여 조개류임에도 불구하고 '채(菜)'라는 이름이 붙었으며, 홍합의 한쪽 끝에는 털이 북실북실 나 있어 여러 마리가 모여 줄을 엮은 듯이 서로 연결되어 있고, 성질이 따뜻하며 독이 없고 피로를 풀어주는 효능이 있다. 특히 산후 회복에 탁월하여 해삼(海蔘)과 비슷한 효과를 지닌다고 기록되어 있다.

홍합이 건강에 유익하다는 점은 역사 속에서도 확인할 수 있다. 《승정원일기(承政院日記)》에는 대왕대비(大王大妃)의 병환을 염려하여 수라를 들지 않는 영조(英祖)

446

에게 신하들이 홍합수계탕(紅蛤水鷄湯)의 효능을 설명하는 장면이 나온다. 신하들은 "일반 사람들은 애통한 일을 당하면 처음에는 화열(火熱)이 속에 남아 있어 병을 인지하지 못하다가, 병이 겉으로 드러나면 치료가 어려운 법입니다. 이는 자연이나 인간이나 마찬가지이며, 제왕(帝王)이라고 해서 예외가 아닙니다. 여항(閭巷)의 효자들 중에는 병이 날 것을 우려하여 홍합수계탕을 먹은 후 슬픔으로 인해 목숨을 잃는 일을 면하는 경우도 있는데, 그래도 사람들은 그를 효자라고 칭송합니다."라고 아뢰었다.

또한 《일성록(日省錄)》에도 정조가 홍합미음(紅蛤米飮)의 효과를 칭찬하자, 규장각의 직제학 서호수(徐浩修)가 "이것은 청담(淸淡)한 재료를 써서 몸을 보하는 처방이므로 효과가 있을 것입니다."라고 아뢰는 장면이 기록되어 있다. 서호수는 서유구 선생의 아버지로, 이들 부자가 모두 홍합의 효능에 주목했던 것을 보면, 당시에도 홍합이 중요한 보양식이었음을 알 수 있다.

제5장 육류와 유제품으로 만든 죽

하
추
죽_(말린생선죽)

하추죽(河樞粥, 말린생선죽) 쑤기(하추죽방)

건어를 취하여 물에 담갔다가 씻고 가늘게 썬 다음 쌀
과 같이 끓인다. 간장을 넣고 후추를 더하면 두풍(頭風)을 낫게 할 수 있다. 또 두
부를 섞어 만든 죽도 있다. 《계척집(鷄跖集)》에 "무이군(武夷君)이 하추포(河樞脯)
를 먹었는데, 이는 말린 생선이다."라 했다. 하추죽은 이로 인해 유래한 이름이다
【案 우리나라의 북흥어(北薨魚, 북어)·건화어(乾奤魚, 말린 대구)는 모두 이 죽을 쑬
수 있다】.《산가청공》

河樞粥方

取乾魚, 浸洗細截, 同米煮. 入醬料, 加胡椒, 能愈頭風.
亦有雜豆腐爲之者.《鷄跖集》云"武夷君食河樞脯, 乾魚也", 因名之【案 我東北薨魚、
乾奤魚, 皆可作此粥 】.《山家淸供》

재료

북어 60g, 쌀 100g, 물 690g, 두부 50g, 간장 7g, 후추 2g

만들기

1 북어를 물에 담가 하루 밤을 재운다.

2 물에 불은 북어를 여러 번 헹구고 가위로 지느러미와 꼬리를 잘라낸다.

3 2의 손질한 북어를 0.3cm 길이로 잘게 썰어서 준비한다.

4 멥쌀에 3을 섞어서 함께 죽을 쑨다.

5 죽이 완성되면 간장으로 간을 하고 후추를 넣는다.
  (죽에 두부를 더해도 좋다)

Tip

하추죽에 두부를 넣을 때에는 물을 10% 정도 더 붓는다.
건어를 너무 오래 물에 담가 두면 맛이 빠지므로 건어의 크기에 따라
시간을 조절한다.

건어를 물에 불렸다가 손질하는 과정은 건나물을 다듬는 과정과 비슷하다. 건어도 건나물도 말려서 만든 '포(脯)'이기 때문인 것 같다. 돌처럼 단단한 건어를 손질하는 과정은 늘 요란하다. 손으로 찢든, 가위로 잘라내든, 방망이로 두드려 살을 부드럽게 하는 과정을 반드시 거쳐야 하기 때문이다.

예전에는 다듬잇돌 위에 건어를 세워 놓고 방망이로 두들겼다. 그렇게 두들겨 맞고 고분고분해진 건어를 뜯다가 먹기도 했는데, 부위마다 맛이 달랐다. 하지만 요즘은 미리 손질된 건어가 판매되기 때문에 예전처럼 두드려서 찢은 것만큼의 깊은 맛을 내기는 어렵다.

선생은 이렇게 요란하게 건어를 손질하지 않고도 쉽게 하추죽을 끓이는 방법을 알려준다. 먼저 건어를 물에 담가 부드럽게 만든 다음, 여러 번 씻어 특유의 비린내를 제거한다. 그런 다음 칼로 가늘게 썰어 쌀과 함께 끓이다가 간장으로 간을 맞추고 후추를 넣어 향미를 살린다. 이 하추죽은 두풍*(頭風) 즉 두통을 완화하는 데 도움이 된다고 한다.

하추죽은 우리나라의 북홍어(北薨魚, 북어), 건화어(乾눔魚, 말린 대구) 모두 좋다고 한다. 두 생선은 비린내가 나지 않으며 지방질이 적고 단백질은 많은 담백한 흰살생선이라는 공통점으로 하추죽을 쑤는 사람의 의도를 파악한다.

하추죽을 북어로 쑤었는데 담백할 것이라는 예상을 깨고, 맛이 녹진하고 죽이 식으면서 엉긴다. 생태탕도 먹을 땐 담백하지만 남은 것을 냉장고에 넣어 두면 국물이 말랑말랑한 묵처럼 굳어 있던 것이 떠오른다. 생선 껍질에 콜라겐이 풍부하다는 것을 재차 확인한다. 생선의 콜라겐은 육류의 콜라겐보다 분자수가 작아 흡수가 잘 되므로 하추죽은 어떤 죽보다도 피부 미용과 관절 건강에 좋은 죽이다. 하추죽은 해장에 좋은 북엇국에 쌀을 넣고 죽을 쑨 것처럼 맛이 친근하다. 두부를 넣으면 영양과 맛을 보강한 하추죽이 된다.

《계척집(鷄跖集)》에 무이군*(武夷君)이 하추포(河樞脯)를 먹었는데 하추죽은 여기서 유래하였다고 한다.

추운 겨울 해풍에 명태를 말리는 덕장

제5장 육류와 유제품으로 만든 죽

* 두풍은 머리가 아프면서 눈이 붉어지고 가려운 증상으로 풍사(風邪)가 몸을 습격하여 생기는 병이다. 중풍의 한 종류로 잘 낫지 않는다.

* 무이군(武夷君)은 무이산의 산신이다. 한의 효무제가 봄에 재앙을 쫓기 위해 제사를 모실 때 무이군에게 건어를 바쳤다고 한다.

명태

대구

* 명태

명태라는 이름은 함경도 관찰사 민씨가 명천군(明川郡)을 방문해 밥상에 오른 생선의 이름을 물었으나, 마땅한 이름이 없었다. 이에 명천군(明川郡)의 '명(明)'과 고기를 잡은 어부의 성인 '태(太)'를 따서 '명태(明太)'라는 이름을 붙였다고 《자산어보(玆山魚譜)》에 기록되어 있다.

명태는 잡히는 상태에 따라 갓 잡은 것은 생태, 신선한 것은 선태, 얼린 것은 동태, 겨울철 추위에 얼었다가 날이 풀리면 녹기를 반복한 것은 황태라고 한다. 그냥 말린 것은 북어, 명태 새끼를 말린 것은 노가리다.

명태의 흰살은 지방이 적어 담백한 맛이 특징이며, 전감으로 많이 쓰인다. 또한 명태의 알은 고급 젓갈인 명란젓으로 가공된다. 명태는 대구와 닮았지만 몸이 홀쭉하고 등지느러미가 세 개 있으며, 냉수성 어종이고 작은 어류를 주로 먹는다는 점에서 구분된다. 대중적인 생선으로 사랑받아 '서민 생선'이라 불리던 명태는 2000년대 들어 어획량이 급감하더니, 2019년 이후에는 국내 어획량이 전무해졌다. 현재는 일본 북해도산이나 러시아산 명태를 수입해 소비하고 있다.

* 대구

대구(大口)는 입이 크다고 해서 붙여진 이름이며, 머리가 커서 대두어(大頭魚)라고도 한다. 한자로는 대구어(大口魚), 화어(杏魚)라고 한다. 생김새가 명태와 비슷하지만, 머리 아래가 두툼하다가 꼬리로 가면서 점점 납작해진다.

입이 큰 만큼 먹성도 대단하여, 어릴 때는 플랑크톤을 주로 먹다가 덩치가 커지면 고등어, 가자미, 전갱이, 오징어, 문어, 게, 새우 등 눈에 들어오는 바다 생물을 가리지 않고 잡아먹는다. 심지어 자기 몸 크기의 3분의 2 정도 되는 어류도 꿀꺽 삼켜 버린다.

대구는 지방 함량이 낮지만 단백질 함량이 높고, 맛이 고소하여 동서양을 막론하고 즐겨 먹는 생선이다. 비린내가 거의 나지 않아 생선 비린내를 싫어하는 사람도 대구는 선호하는 경우가 많다. 대구는 탕, 찜, 전 등 다양한 요리로 활용되며, 말린 포는 술안주나 반찬으로도 인기가 있다.

우유죽(牛乳粥) 쑤기(우유죽방)

죽을 쑬 때 반쯤 익으면 죽물을 덜어내고 덜어낸 만큼 우유를 넣어 끓인다. 익으면 사발에 떠서 담는다. 사발마다 수유(酥油)가루 0.5냥을 섞는다. 수유를 죽 위에 얹으면 기름처럼 녹으므로, 죽 위를 골고루 덮어서 먹는다. 휘저어 섞어놓으면 감미로운 맛이 비할 데가 없다.《구선신은서》

牛乳粥方

煮粥半熟, 去米湯, 下牛乳代米湯煮之. 候熟, 挹置碗中. 每碗和眞酥末半兩, 置粥上溶如油, 遍覆粥上食, 旋攪甘味無比.《臞仙神隱書》

제5장 육류와 유제품으로 만든 죽

지금은 흔하게 먹는 우유이지만, 선생의 시대에는 우유를 타락이라 하여 궁궐이나 일부 반가에서만 먹을 수 있었다. 《동의보감》에는 우유를 성질은 차고 맛은 달며, 독은 없다고 하였다. 번갈과 갈증을 해소하고 피부를 윤택하게 한다고 하며, 오장을 보하고 폐의 기를 길러 주고 살을 찌게 하고 튼튼하게 하므로, 죽을 쑤어서 늘 먹으면 좋다고 한다. 끓인 우유는 식혀서 천천히 마셔야 체하지 않는다고 하였다.

조선 시대에는 우유가 귀하여 우유에 물을 타거나 마죽에 우유를 첨가하여 죽을 쑤어 먹었는데 우유가 제일 낫다고 한다.

우유죽 ①은 우유를 벌컥벌컥 마실 수 있는 지금, 그리 매력적인 죽은 아니다. 우유를 넣지 않는 흰죽은 담백하지만, 우유죽 ①은 이도 저도 아닌 맛일 것 같다. 선생의 형수인 빙허각 이씨가 쓴 《규합총서》에 소개한 무리로 쑤는 부드러운 우유죽이 훨씬 더 나을 것 같다.

선생의 시대로 돌아가 보았다. 우유는 소가 송아지를 낳았을 때만 나오는데 젖소가 아니기 때문에 그 양이 적고 송아지를 먹여야 하기 때문에 그나마 많이 짜지 못하였다. 한 종지나 반 종지를 얻는 정도였다. 잘 상하기 때문에 멀리서 구했다면 가져올 때도 많은 신경이 쓰였을 것이다. 귀한 타락을 푸짐하게 먹는 방법을 연구했을 것이다. 왕이 먹는 타락죽은 우유의 양이 적어 엄두도 못 낼 뿐 아니라 자칫하면 불경죄로 처벌을 받게 되어 감히 생각조차 할 수 없는 일이다. 무리죽을 쑤면 훌훌 마시게 되고… 이렇게 탄생한 죽이 우유죽 ①이다. 수유는 지금의 버터인데 이를 가루[末]라고 하여 혼란이 오지만 말(末)에는 '작은 조각'이라는 뜻도 있으므로 작은 버터 조각 정도로 생각하면 되겠다. 우유죽 ①의 맛은 묽은 크림 리소토와 같다.

재료

쌀 150g, 물 1L, 우유 600g, 수유 23g

만들기

1 쌀죽을 쑤다가 절반 정도 익으면 죽물을 덜어낸다.
2 덜어 낸 죽물 양만큼 우유를 넣고 죽을 익힌다.
3 죽을 그릇에 담고 작은 수유 조각을 죽 위에 올린다.
4 수유가 녹으면 골고루 섞어 먹는다.

 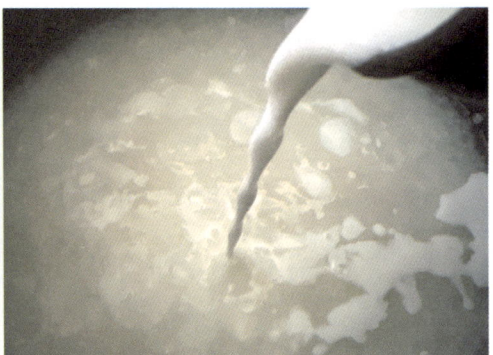

*《규합총서》의 타락죽

　　타락죽은 잣죽의 농도 정도로 쑤고, 우유와 무리의 비를 부피로 1:0.8 정도가 좋다고 한다. 재료의 비는 다소 임의로 가감할 수 있다. 단, 우유보다 무리가 많은 것은 좋지 않다고 한다. 죽을 쑬 때에는 먼저 무리로 되직하게 죽을 쑤다가 거의 익었을 때 우유를 함께 넣고 뭉근한 불에서 고르게 섞으면서 반투명의 상태가 되도록 쑨다.

* 타락

타락은 원래 우유를 뜻하지만, 중세 한국어에서는 발효유를 포함한 좀 더 넓은 의미의 유제품을 '타락'이라 불렀다. '타락'이라는 용어가 쓰인 가장 오래된 기록은 《월인석보(月印釋譜)》(1459)다.

'타락'의 어원에 대해서는 몇 가지 설이 존재한다. 첫째, 돌궐어 '토라(tora)'에서 유래했다는 설이 있다. 돌궐어에서 '토라(tora)'는 '신성한 음식'이나 '특별한 음식'을 의미하는데, 이는 우유가 유목 사회에서 중요한 식품이었음을 반영하는 것으로 해석된다. 둘째, 몽골어 '타락(тараг)'과 어원을 공유한다는 설도 있다. 'тараг'은 현재 몽골어에서 요구르트와 같은 발효 유제품을 가리키며, 이는 한국어에서 '타락'이 발효유를 포함하는 의미로 확장되었던 것과 일맥상통한다. 원나라와 고려 왕실간의 혼인 정책으로 인해 몽골의 식문화가 고려 왕실과 귀족층에 퍼지고 공녀(貢女)로 간 고려 여성들이 몽골에서 귀국한 후에도 몽골식 음식과 생활양식을 유지하며 몽골의 유제품 문화가 고려에 전파되었을 가능성을 뒷받침한다.

우유만의 역사를 살펴보면 고려 시대 이전으로 삼국 시대에 우유를 먹었다는 기록과 백제 사람이 일본에 가서 소젖을 짜는 방법을 가르쳐 주었다는 기록이 있다. 이를 근거로 하면 우리가 우유를 먹은 역사는 꽤 길다.

제5장 육류와 유제품으로 만든 죽

우유죽(牛乳粥) 쑤기(우유죽방)

　　내의원[內局]에서 우유죽 쑤는 법 : 우유 1승에 물 0.2승을 섞어 뭉근한 불에 3~4번 끓어오르면 위에 뜬 거품을 제거한다. 다른 그릇에 약간의 물을 넣고 심가루[心末] 0.2승을 탄다.

【심가루 만드는 법 : 곱게 정미한 쌀을 물에 담갔다가 걸러내어 가루 낸다. 배롱(焙籠)을 이용해 이를 불에 말린 뒤, 다시 빻아 가루 낸다. 가루는 비단체로 3~4번 쳐서 쓴다. 오래 저장하면 쉽게 상하므로 5~6일마다 다시 만들어야 효과가 좋다. 혹 쌀을 물에 담갔다가 맷돌로 간 다음 물을 거른 뒤 햇볕에 말리면 더욱 좋다. 죽의 묽기를 보고 심가루를 가감한다】

우유가 끓어오를 때 숟가락으로 심가루와 섞이도록 저어준다. 한 번 끓어오른 후 염탕(鹽湯, 끓인 소금물)으로 조미한다【염탕 만드는 법 : 소금 1승과 물 2승을 같이 달였다가 0.7~0.8승이 되면 고운체로 거른다. 이를 깨끗한 그릇에 담아 찌꺼기가 가라앉으면 찌꺼기를 제거하고 쓴다】. 간을 맞춘 뒤 불에 말린 자기에 부어 담는다.《산림경제보》

牛乳粥方

　　內局法 : 牛乳一升, 和水二合, 慢火三四沸, 去浮漚. 用他器, 以水少許, 調心末二合.
【作心末法 : 取米精舂, 浸水漉出作末, 用焙籠火乾, 更擣作末. 以帛篩篩下三四次, 用

之. 久貯則易敗, 每五六日改作爲妙. 或以米浸水, 用磨石磨之, 水飛曬乾尤佳. 看粥滑燥, 加減心末】

乘乳之沸, 以匙掉和心末. 一沸後, 用鹽湯調味【作鹽湯法：鹽一升、水二升同煎, 至七八合, 用細篩篩之. 盛於淨器, 待其滓沈下, 去滓用之】. 適其鹹淡, 以磁器火乾而注盛之.《山林經濟補》

재료

우유 200g, 물 40g(우유용), 심가루 20g,
물 20g(심가루용), 염탕 22g

만들기

1 우유에 물을 붓고 뭉근한 불에서 끓인다.
2 1의 우유가 3~4차례 끓어오르면 위에 뜨는 거품을 제거한다.
3 심가루에 물을 넣고 잘 풀어준 다음 끓는 우유에 넣고 잘 저어준다.
4 한 번 끓어 오르면 염탕으로 간을 하여 완성한다.

우유죽은 왕의 죽으로 왕이 배고플 때 먹는 40가지 죽 중 하나다. 〈정조지〉에는 내의원 방식이라 하여 반가에서 먹는 우유죽과 구분하여 소개하고 있다. 왕의 식사는 소주방에서 담당하였지만, 우유죽은 왕의 약을 조제하는 내의원에서 쑤어 올렸다. 타락을 음식이 아닌 약으로 본 것이다.

우유 양의 20%에 달하는 물을 넣고 약하게 끓이다가 거품을 제거하고 물에 갠 아주 고운 심가루를 넣는데, 심가루의 양도 조절하여 넣으라고 한다. 이는 먹는 사람의 취향이 반영된 것으로 생각된다. 소금을 물에 끓여 불순물을 제거한 염탕으로 간을 하는 것과 우유의 비중이 압도적으로 높다는 것, 쌀 대신 심가루를 넣어 식감이 아주 곱다는 것이 민간의 우유죽과 다른 점이다.

이 외에 타락죽의 맛이 변질되는 것을 두려워하여 불에 달궈 뜨겁게 한 사기그릇에 우유죽을 담아 내는 것도 인상적이다. 우유죽 ②는 누구나 상상할 수 있는 맛이다. 우유가 흔한 지금 우유죽 ②를 귀한 음식이라고 할 수 없지만, 우유죽 ①과 우유죽 ②의 조리법을 비교해 보면서 조선 왕들의 최고의 보양식도 결국 정성과 섬세함, 인내의 산물임을 알게 된다. 지금은 왕보다 더 맛있는 우유죽을 먹을 수 있는 시대를 살고 있다.

현대인이 즐겨 먹는 음료 중 타락죽과 비슷한 '곡물 라떼'가 있는데, 우유와 곡물의 비율이 조화롭지 못할 뿐 아니라 지나치게 달다. 내의원 방식의 우유죽 ②를 현대인이 즐겨 먹는 '곡물 라떼'를 응용하여 개암 우유죽, 연자 우유죽, 율무 우유죽, 녹두 우유죽 등과 《증류본초(證類本草)》에 근거한 백복령 우유죽도 고려해 볼 일이다.

* 심가루(고운 쌀가루)
  심가루는 심말(心末)이라고도 하는데 아주 고운 쌀가루를 말한다. 지금의 마른 쌀가루가 심가루다.

* 염탕
  우유죽의 간을 맞출 때 소금을 우유죽에 바로 넣지 않고 소금물을 오래 달인 염탕을 넣는다. 이는 소금을 정제하고, 짠 소금이 타락에 직접 닿아 타락죽의 맛을 해치는 것을 막으려는 것이다. 이런 연유로 장(醬)에도 염탕을 넣는다. 소금 1승에 물 2승을 넣고 달여, 물이 0.7~0.8승이 되면 고운체로 걸러 깨끗한 그릇에 담아 찌꺼기가 가라앉으면 찌꺼기를 제거하고 쓴다.

타락색(駝酪色)

　　고려 시대에는 우유를 담당하던 우유소(牛乳所)가 있었고 이는 조선 세종 때 타락색으로 명칭이 변경된다. 사복시(司僕寺)에서 관리하였다. 궁중과 일부 고위층에게 우유를 공급하는 전문 직업인을 '타락색(駝酪色)'이라고 불렀다. 타락색은 궁과 가까운 동대문의 낙산에 있는 목장에서 생산된 신선한 우유를 왕실에 공급하였다. 타락색에서 직접 타락죽을 만들기도 하였다. 타락색의 관원들이 타락죽을 먹었다가 처벌받은 기록도 있다.

　　타락은 겨울을 건강하게 나는 데 도움을 주기 때문에 왕은 신하들에게 동짓날이나 10월 그믐부터 정월까지 내의원을 통해 우유를 넣은 음식을 하사하였다. 왕실 의례나 특별한 날에는 종친과 고위 관리들에게 타락 가루(우유 가루)를 하사하였다.

조영석, 채유(採乳), 한국데이터베이스산업진흥원

타락산(駝駱山)

산의 모양이 낙타의 등과 비슷하다고 하여 낙타산(駱駝山) 또는 낙산(駱山)이라고 한다. 조선 시대에는 낙산에 타락을 궁궐에 공급하는 목장이 있어 타락산이라고도 하였다. 참고로, 우리나라에는 낙타가 자생하거나 사육된 기록은 없다. 다만 고려나 조선 시대 외교 문서 속에, 몽골이나 명·청 사신들이 낙타를 타고 온 기록이 있다.

18세기 후반의 〈도성도〉(규장각 소장)-
타락산(駝駱山)

낙산(駱山, 고도 125m),
서울특별시 종로구와 성북구에 걸쳐 있는 산이다.

제5장 육류와 유제품으로 만든 죽

녹
각
죽

녹각죽(鹿角粥, 사슴뿔죽) 쑤기(녹각죽방)

뇌수를 보하고, 치아를 튼튼하게 하며, 정혈을 보태고, 원기를 굳게 하는 데 아주 좋다. 흰죽 1사발마다 녹각상분(鹿角霜粉, 고운 녹각가루) 0.5냥, 흰 소금 1술을 넣고 고르게 섞어 먹는다.《활인심서》

鹿角粥方

大能補髓腦, 牢牙齒, 益精血, 固元氣. 每白粥一椀, 入鹿角霜粉五錢、白鹽一匙, 攪均服.《活人心書》

녹각상 가루 2g, 흰죽 1대접, 흰 소금 2g

만들기
1 좋은 쌀로 흰죽을 쑨다.
2 흰죽에 녹각상 가루와 흰 소금을 넣고 잘 섞어 먹는다.

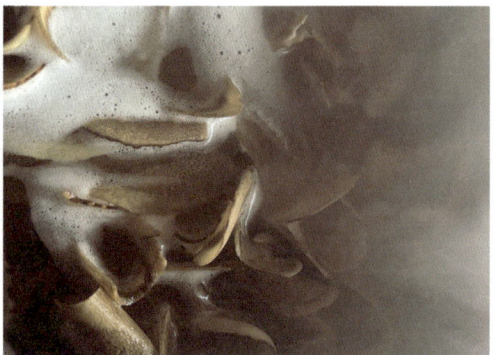

　　녹용이나 녹각은 특유의 냄새가 거북하다는 것을 알기에 녹각죽을 쑤는 것조차 심란할 지경이다. 선생이 녹각의 뛰어난 효능을 설명하였지만, 먹기에 괴로우면 몸에 보탬도 되지 않는다는 생각에 녹각죽에 녹각 냄새를 제거하는 재료가 들어가는지 살펴보지만, 녹각 가루를 쌀죽에 섞어 소금으로 간을 맞춰 먹을 뿐이다.

　　녹각죽 쑤는 것을 차일피일 미루다가 녹각죽 조리법을 다시 살펴보았다. 당연히 녹각 가루로 끓일 것이라고 생각했는데, 녹각 가루가 아니라 녹각상 가루다.

　　녹각상은 녹각을 달여 만든 녹각묵인 녹각교의 부산물로, 녹각의 효능은 남아 있지만 냄새는 크게 약해진다. 자르지 않은 덩어리 녹각을 구해서 30시간 정도 가마솥에 달였다. 녹각을 채웠던 콜라겐 등이 빠져나가자 실했던 녹각에 구멍이 뻥뻥 뚫리고 연해진다. 녹각을 칼 등으로 톡톡 때리자 녹각이 쉽게 부서진다. 이를 절구에 찧은 다음 분쇄기에 갈아서 가루를 내면 녹각상이 된다.

　　녹각죽은 녹각상을 넣어서 끓이는 죽이 아니다. 다 쑤어진 죽에 녹각상과 흰 소금을 넣고 섞은 죽이다. 녹각상 가루를 죽에 넣어 익히면 녹각 특유의 냄새가 되살아나서 먹기가 거북하기 때문인 것 같다.

맛을 좇는 현대인에게 녹각죽은 그리 달가운 죽은 아니다. 환자들이 건강을 회복해야 한다는 의지로 먹어야 하는 죽이다. 〈정조지〉의 녹각죽은 선인들이 몸을 보하고 병을 치유하는 데 죽이 가진 장점을 최대로 활용하였음을 다시 한번 확인하게 된다. 지금은 우리 죽이 제죽식치의 의미는 사라지고, 맛있는 죽으로만 이어진 것 같아 아쉽다는 생각이 든다.

* 녹각

녹각은 수사슴의 뿔이 성장하면서 각질화된 뿔이다. 사슴의 뿔은 종과 성장 시기에 따라 차이가 있지만, 최대 하루 1인치씩 자라기도 한다. 뿔은 봄에 돋아나 가을이 오기 전까지 계속 자라다가 가을에는 단단해지고 겨울이 되면 저절로 떨어지게 된다. 뿔이 떨어지는 것은 동물이 털갈이를 하는 것처럼 고통이 없다. 녹각은 녹용의 유효성분을 부작용 없이 누릴 수 있어 예로부터 아이의 성장을 돕고 노인의 뼈 건강과 기력을 올리는 약재로 많이 사용되었다.

* 녹각상(鹿角霜)과 녹각교(鹿角膠)

녹각상을 만들기 위해서는 녹각교를 만들어야 한다. 녹각을 오래 달이면 교질이 빠져 나와 겔화가 되는데 이것이 녹각교이고, 남은 뼈를 햇볕에 말린 것이 녹각상이다.
녹각교는 녹각 성분이 응축되어 먹기가 용이하기도 하지만 무엇보다 녹각 냄새가 거의 사라지기 때문에 비위가 약한 사람도 거부감이 없다. 《동의보감》에 녹각상은 성질이 따뜻하고 맛은 짜고 독이 없으며 입맛이 없어 몸이 여위는 것을 치료하고 신을 보하고 기를 도우며 정을 튼튼하게 하고 양기를 강하게 하여 빈뇨(頻尿)와 유뇨(遺尿)를 해결하고 골수를 튼튼하게 한다고 한다.

* 녹각교와 녹각상 만들기

녹각을 톱으로 잘라서 강물에 3일 정도 담가 둔 후 씻는다. 가마솥에 맑은 물과 함께 넣고 더운 물을 추가해 가면서 3일간 달인다.
녹각이 삶아지면 불을 끄고 건져서 햇볕에 말려 가루 낸 것을 녹각상이라고 한다. 남은 즙을 천으로 거른 뒤 다시 솥에 넣고 약불에서 졸여 젤리처럼 만들면 녹각교가 된다. 차가운 곳에 두었다가 필요할 때마다 떠서 먹는다.

제죽식치와 절식지류의 죽

06 ^{부록}

이 장에서는 이전 본문에서 다룬 죽에 이어 등장하는 '제죽식치(諸粥食治)', 즉 일상에서 병을 예방하거나 치유하기 위한 섭생의 일환으로서 바라본 죽을 소개한다.

특히 서유구 선생은 〈보양지〉에서 "식치를 먼저 하고, 약을 써라"는 원칙을 제시하며 죽을 소개하고 있다. 이는 병을 다스리는 데 있어 가장 먼저 해야 할 것이, 몸에 맞는 음식을 통한 회복, 즉 식사 요법임을 의미한다. 죽은 그중에서도 가장 부드럽고 소화가 잘되며, 몸의 균형을 회복하는 데 적합한 음식으로, 식치에 가장 알맞은 음식임을 이 장을 통해 확인할 수 있다.

또한, 〈정조지〉 권7 '절식지류(節食之類)'에 나오는 일곱 가지 죽도 함께 수록하여, 죽이 단순한 치유 음식을 넘어 공동체의 번영을 기원하고 가족의 안녕을 염원하는 정신적 음식임도 알 수 있다. 이는 곧 병의 치유를 넘어 삶을 어떻게 가꾸고 살아갈 것인가에 대한 깊은 성찰로 이어진다.

제죽식치(諸粥食治)

선생은 '제죽식치(諸粥食治)', 즉 여러 가지 죽을 약처럼 활용하여 건강을 지키고, 질병을 예방하거나 치료하는 식이요법으로 〈정조지〉 죽편을 마무리한다. 이는 '약식동원(藥食同源)', 즉 약과 음식은 근원이 같다는 한의학적 사상에 바탕을 두고 있다.

선생은 예로부터 곡물과 약재로 쑨 죽으로 병을 다스렸음을 언급하며, 죽이 가진 최고의 가치는 치유식(治癒食)임을 선언한다. 앞서 소개된 일부 죽들은 곡물을 갈아내거나 응이를 만들고, 약재나 곡물을 구증구포(九蒸九曝)하는 등 수고와 노력을 많이 필요로 하는 방식이었지만, 제죽식치에 언급된 죽은 텃밭이나 주변 산야에서 쉽게 구할 수 있는 식재료로 쑨 죽이다. 조리법은 없고 죽의 효능만 기록되어 있는데 조리법을 주지 않은 것은 앞 서 소개된 죽 쑤는 법을 참고하면 되는 점도 있지만, 죽을 먹는 사람의 연령, 질환, 입맛에 따라 다르게 쑤어야 한다는 의미로 해석된다.

〈정조지〉 제죽식치 속의 죽은 일상의 죽이 우리의 건강을 지키는 지혜로운 한 끼로 자리잡을 수 있음을 알게 된다.

* 제죽식치에 거론된 죽 중 본문에 소개된 죽과 겹치는 죽은 실지 않았다.

토란죽

장위를 이완시키고, 배고프지 않게 한다. 芋粥【寬腸胃, 令人不飢】

엄마는 토란을 손질할 때마다 늘 말했다. "아버지가 토란국을 참 좋아하신다." 엄마도 좋아하는 것 같은데… 왜 엄마는 "나도 좋아한다"는 이야기를 하지 않는지 모르겠다. 우리 마음속에서 토란은 늘 아버지의 음식으로 자리 잡고 있었다. 여하튼, 아버지의 딸인 나 역시 부드러운 토란을 참 좋아한다.

작년 추석, 토란국을 끓이고 남은 시들시들한 토란 몇 알을 발견해 컵에 물을 붓고 담가 두었다. 보름이 지나도록 싹이 날 기미가 없어 포기하려다가, 미련이 남아 일주일을 더 두었더니 푸른 싹이 얼굴을 쏙 내밀었다. 한 번 싹을 틔운 토란은 물만으로도 쑥쑥 자라기 시작했다. 세 달이 넘도록 지치지도 않고 새순을 올리는 토란이 기특하면서도 안쓰러워서, 결국 물에서 꺼내 쉬게 했다. 이 일을 겪고 나서야, 토란이 '땅속의 알'로 불릴 만하며, 하와이 원주민들의 건강 비결 중 하나가 바로 생명력 강한 토란을 즐겨 먹는 덕이 아닌가 하는 생각도 들었다.

국이나 탕으로 먹던 토란으로, 난생 처음 토란죽을 쑤기 위해 토란을 손질하다가 '왜 토란을 꼭 고깃국에 넣는 걸까?' 하는 생각이 들었다. 어릴 때부터 고깃국물에 익어 더 부드러워진 토란국을 맛있게 먹었지만, 그 조합은 어딘가 낯설었다. 하필 고깃국이라니… 순진한 토란이 타락한 것 같았다.

토란의 껍질을 다 벗길 무렵, 토란이 고기에 의존해야 하는 치명적인 헛점을 발견했다. 맞다. 토란은 탄수화물로는 완벽하지만 단백질은 거의 없다. 풍경 좋고,

정자 좋고, 물 좋은 곳은 없다. 다 좋을 수는 없는 법이다.

　토란을 살짝 데쳐 일부는 갈고, 일부는 토막 내어 죽을 쑤었다. 토란에는 마처럼 뮤신 성분이 있어서인지 목 넘김이 부드러웠고, 은은한 아삭함과 함께 대지의 깊은 기운이 느껴지는 깊은 맛의 죽이 완성되었다.

　부드러움과 아삭함이 주는 대비를 즐기다 보니, 죽 한 그릇은 금세 바닥이 났다. 환자를 위해 쑤거나, 먼 길을 떠나는 사람을 위해 쑤는 죽이라면 곱게 다진 소고기를 더해 토란죽을 쑤어도 참 좋겠다.

토란

토란은 식이섬유와 함께 저항성 전분이 풍부하게 함유된 뿌리채소다. 저항성 전분은 수용성 섬유질과 함께 젤 형태로 작용, 위에서 천천히 소화되어 소장에 도달해서도 완전히 분해되지 않고 대장까지 도달해 유익균의 먹이가 되며, 장내 환경을 개선하는 데 기여한다. 또한 혈당 상승을 억제하고 인슐린 감수성을 높여 당뇨 관리에 도움을 준다. 토란의 열량은 감자보다는 높고 쌀과 고구마보다는 낮지만 포만감을 오래 유지시켜 과식 방지에 효과적이다. 또한 토란의 저항성 전분은 고구마나 감자보다 훨씬 많고 GI지수가 보리 다음으로 낮아 다이어트 식단에 크게 도움을 준다.

저항성 전분은 식었다 데웠다를 반복하면 그 효과가 극대화되므로 토란을 찐 다음 냉장고에 넣고 식힌 뒤에 먹으면 체중조절에 더 큰 효과를 볼 수 있다.

토란에 풍부한 칼륨은 나트륨 배출을 촉진해 혈압을 낮추고, 비타민과 무기질은 면역력 증진에도 긍정적인 영향을 준다. 위에 부담을 주지 않아 소화가 잘되며, 회복기나 노약자에게 적합한 건강식이다. 토란에 단백질은 부족하므로 토란을 주식으로 할 때는 단백질을 보강하여 영양의 균형을 잡으면 된다. 이 밖에도 토란이 재배환경과 품종에 따라 변동은 있지만 일반적인 토란의 식이섬유는 100g당 3.7g, 고구마는 2.5g로 높다는 것도 현대인이 꼭 기억해야 할 토란의 가치다.

* 생토란은 시금치처럼 옥살산염이 포함되어 있고 탄닌, 피트산 같은 항영양성분이 있어서 반드시 익혀서 섭취해야 한다.

나복죽

음식물을 소화시키고, 흉격을 잘 통하게 한다. 蘿葍粥【消食, 利膈】

아버지는 초여름에는 감자, 여름에는 토마토, 찬바람이 불기 시작하면 무 예찬을 시작하셨다. "무에는 사람 침 속에 들어있는 디아스타제가 아주 많다. 무는 소화제야" 디아스타제란 어려운 단어를 알파벳도 모르던 시절부터 알았다. 저녁밥상에 무말랭이 무친 것이 올라왔다. 아버지의 얼굴이 환해진다. 그리고 무말랭이 예찬이 시작된다. "무말랭이는 칼슘이 아주 많다. 키가 크려면 많이 먹어야 한다." 솜씨 좋은 엄마가 무쳤어도 무말랭이는 맛도 냄새도 별로다. 아버지는 애들 도시락에 꼭 무말랭이를 넣으라고 바깥 일을 겨우 마치고 방에 들어와 코끝이 빨간 엄마를 바라보고 말씀하였다. 나는 말라 비틀어진 무말랭이가 키를 키운다는 말도 의심스럽고 촌스러운 무말랭이가 도시락 반찬인 것이 싫어 넣지 말라는 눈빛으로 엄마를 바라보았다. 밤이 되었다. 저녁을 일찍 먹은 탓인지 배에서 꼬르륵 소리가 난다.

"엄마 배고파" 일기장을 덮으며 내가 말했다. 아침에 읽은 신문을 또 보시던 아버지가 반가운 얼굴로 말했다. "무 깍아먹자. 이 시간에 딴 것을 먹으면 소화가 안돼서 안된다" 엄마가 부엌으로 나가 시원한 무를 쟁반에 담아 들고 왔다. 아버지가 직접 무를 먹기 좋게 길게 잘라주었다. 우리는 막대기 아이스크림 같은 무를 들고 먹었다. 아버지의 뜻대로 정해진 밤참이지만 잠이 달아날 만큼 시원하고 달큰하고 달다. 아버지 말대로 다음날 아침밥 맛이 떨어지지도 않았다. 다 무 덕 인 것 같았다.

겨울 방학이 얼마 남지 않았다는 희망 때문에 가뿐한 마음으로 학교에 갔다. 선생님이 출석을 불렀다. 친구 한 명이 대답을 하지 않았다. 착실한 친구라 딴 길로 샜을리도 없는데 아픈 것 같다. 오후 수업이 막 시작되었다. "드르륵" 뒷 문 열리는 소리와 함께 그 친구가 들어왔다. 얼굴이 창백했다. 친구는 연탄가스를 맡았다고 했다. 선생님은 "동치미 국물은 마셨냐"고 물었다. 친구는 고개를 끄덕였다. 선생님은 우리를 향해 말씀하였다. "자 혹시 연탄가스를 마시면 꼭 동치미국물을 마셔야 한다. 알았지" 무로 만든 동치미 국물 때문에 살아난 친구가 있다. 우리는 힘차게 "예"라고 대답했다.

김장을 마치고 나면 단단하고 참한 무를 골라 땅에 묻고 가마니로 덮었다. 여기서 꺼낸 무는 무떡, 무밥, 장아찌, 나물, 생채, 조림, 전, 국, 탕, 찌게, 정과, 무엿, 무숙으로 무한 변신을 했다. 무구데기가 식재창고이자 약보관소였던 셈이다.

〈정조지〉속의 나복죽의 나복은 무의 또다른 이름이다. '나는 복덩어리'라는 뜻
으로 해석하며 무를 먹으면 건강해지므로 정말 무의 이명으로 딱이다라고 생각
을 한다. 무밥이 있으니 무죽은 당연하다. 무밥을 지을 때 경험해봤지만 무는 식
이섬유가 많아 의외로 질겨 잘 익지 않는다. 무를 채를 쳐서 참기름에 달달 볶아
절반 정도 익힌 다음, 쌀을 더해서 함께 마저 볶은 뒤 죽을 쑤어야 연하고 풍미가
깊은 무죽이 된다. 위장에 탈이 났을 때는 된장을 넣고 무죽을 쑤면 더 좋다. 요
란하지 않지만 은근히 달큰하고 정감이 가는 맛, 무죽은 우리의 우리 속을 가장
잘 아는 속 깊은 죽이다.

무

그 안에는 몸을 이롭게 하는 다양한 영양이 알차게 들어 있
다. 소화 효소인 디아스타제(diastase)가 풍부하여 위장을 편
안하게 해주고, 또한 비타민 C가 많아 겨울철 감기 예방에
도 좋고, 면역력을 키우는 데에도 도움을 준다.
특유의 매운 맛을 내는 성분은 단지 맛을 위한 것이 아니다.
황화합물인 이소티오시아네이트(Isothiocyanate)는 강력한
항염 효과를 갖고 있어 염증을 억제하고, 해독작용과 항암
효과까지 기대되는 귀한 성분이다. 또한 무에 풍부한 항산
화 물질인 글루코시놀레이트 (Glucosinolate)는 항염증을 줄
이고 해독 작용을 도와 기관지 내 점막을 보호하고 염증을
줄이는 데 도움이 된다. 따뜻하게 데운 무즙에 꿀을 타서 마
시면 기침과 가래를 완화하는 진해작용에 효과를 불 수 있
다. 뿐만 아니라 무는 수분이 많고 칼로리는 낮으며 식이섬

유는 풍부하여, 포만감을 주면서도 몸에 부담이 적다. 그래서 다이어트를 하는 이들에게도, 장 건강을 챙기려는 이들에게도 제격이다.

호라복죽(당근죽)

속을 이완시키고, 기를 내린다. 胡蘿蔔粥【寬中,下氣】

당근은 우리 곁에 항상 있지만 맛이 없고 음식의 주재료가 되지 못해 그 소중함을 자주 잊게 되는 채소이다. 김밥 속 단정한 주황색 줄무늬, 볶음밥 위에 흩뿌려진 주황빛 조각, 그리고 잡채 속에 살포시 흩어진 주황빛 당근은 그 자체로 화려함을 만든다. 당근은 음식에 생기를 불어넣고 색을 더해주지만, 당근이 없다고 요리를 포기하진 않는다. 있으면 좋고 없어도 되는 대접을 받는다. 은근히 따돌림 당하는 셈이다. 뛰어난 능력을 가졌음에도 당근이 겸손해질 수 밖에 없는 이유다. 사랑받지 못하니까.

그러다 당근의 효능이 조명 받을 때면, 당근이 우리를 질병에서 구원할 천사처럼 여긴다. 하지만 돌아서면, 또 잊어버린다. 눈에 좋다고 고가의 영양제나 귀하고 비싼 채소는 찾지만 눈에 가장 좋은 채소는 당근이다. 주름살을 지우기 위해 비싼 화장품을 바르지만, 당근은 피부를 밝게 가꾸어 주는데 큰 도움을 주는 채소다. 은은한 단맛이 있어 디저트나 주스로도 좋다. 무겁지 않은 일상의 음식으로 건강을 챙겨주는 당근은 주황빛 약초라고 해도 과언이 아니다.

〈조선셰프 서유구의 밥 이야기〉를 쓰면서 지은 당근밥으로 당근이 쌀과 잘 어울리는 식재라는 것을 알았다. 〈정조지〉 죽편의 호라복죽방을 보면서 서유구 선생의 요리사로서의 식견과 안목에 감탄하였다. 눈이 침침하거나 피부가 칙칙함을 개선하고 싶을 때 냉장고 속의 당근을 꺼내 채를 썬 다음 기름에 볶은 당근으로 죽을 쑤어 먹기를 제안한다. 기름을 줄이고 당근죽에 호두살 으깬 것, 땅콩버터 등 지방 함류량이 높은 견과류를 넣으면 영양도 보강하고 당근의 흡수율도 올릴 수 있다. '맛이 좋다'고 말할 수 없지만 눈에 좋고 피부에 좋다니 마음으로 주문을 외우며 먹는다. 맛있다 당근죽은 맛있다. 눈이 밝아진다. 피부가 밝아진다. 마음이 밝아진다.

* 당근은 지용성이므로 당근죽을 쑤는 당근은 유효성분의 흡수를 높이기 위해 채를 썰어서 볶아서 죽을 쑤면 좋다.

당근

겸손한 채소 당근의 능력은 대단하다. 당근에 풍부한 베타카로틴은 무엇보다 눈 건강에 좋다. 우리 몸에 들어가면 베타카로틴은 비타민 A로 바뀌어 어두운 곳에서도 잘 보이게 하고 눈의 건조함을 덜어주는 역할을 한다. 또한 당근은 피부를 맑게 하고 면역력을 높이며, 세포를 노화로부터 지켜주는 항산화 작용도 톡톡히 해낸다. 속이 불편할 때 당근을 익혀 먹으면 위장에 자극도 적고, 식이섬유 덕분에 변비 예방에도 효과적이다. 당근이 케일보다 베타카로틴의 함량이 다소 낮지만 뿌리 식물의 특성상 잎채소인 케일보다 지용성 색소인 카로티노이드(carotenoids)가 잘 풀려나와 효과적이다.

조선의 문신이자 화가인 김창업(金昌業, 1658~1721)은 《연행일기(燕行日記, 1712)》에 북경에서 "당근은 빛깔이 붉어 붉은 무 같다. 호나복(胡蘿蔔)은 우리나라에서 이른바 당근(唐根)이라 부르는 것인데, 빛깔이 붉어서 홍나복(紅蘿蔔)과 구별이 없다."고 기록하였다. 이 기록을 통해 '당근'이라는 명칭이 적어도 18세기 초반 조선에서는 널리 통용되고 있었음을 짐작할 수 있다. 당근이라는 이름에서 마치 당나라 시기부터 전해진 작물처럼 느껴지지만, 실제로 당근은 원나라 시기에 중앙아시아를 거쳐 중국 화북을 통해 고려에 유입된 것으로 추정된다.

중국은 '호나복(胡萝卜)이라 하여 이민족 지역에서 온 무'로 불렀다. 작물의 출처를 '변방'으로 인식한 명칭이다. 반면 조선에서는 이 작물을 '당근(唐根)', 즉 '중국 문명권에서 온 뿌리'라는 이름을 붙였다. 이는 당시 조선 사회가 몽골계 원나라를 정통 문명으로 받아들이지 않고 일종의 심리적, 문화적 선을 긋고자 '당근(唐根)'이라 이름 지은 것 같다.

마치현죽(쇠비름죽)

마비를 치료하고, 종기를 없앤다. 馬齒莧粥【治痺, 消腫】

시골 길을 걷다 보면 가장 흔하게 마주치는 풀이 바로, '마치현'이라 불리는 쇠비름이다. 땅바닥을 납작하게 기듯 퍼져 자라고, 줄기에는 은은한 자줏빛이 감돌며, 통통한 잎은 마치 채송화와 육촌정도로 닮아 보였다. 길가 뿐 아니라 집 안 마당이나 담장 아래, 풀이 자랄만한 땅은 어김없이 땅따롬한 쇠비름이 눌러앉아 있었다. 쑥과 냉이 정도만 겨우 구분할 수 있었던 어린 나이에도, 쇠비름은 단번에 알아봤다. 너무 흔했기 때문에 엄마는 쇠비름을 잡초라고 뽑아버렸고, 나도 엄마가 미워하는 쇠비림이라 가던 발길을 돌려서라도 일부러 밟고 다녔다. 심심할 땐 운동화 신은 발로 쇠비름을 문지르기도 하였다. 하지만 며칠 뒤, 내가 괴롭힌 쇠비름이 분명한데 신기하게도, 상처도 나지 않고 멀쩡했다. 가뭄에도 여전히 꼿꼿했다. 역시, 잡초는 잡초다 강하고 끈질기고, 불사조처럼 살아남는다.

사람들이 건강에 대한 관심이 커지면서 잡초와 나물의 경계가 서서히 무너져갔다. 쇠비름은 그저 그 자리에 가만이 있었을 뿐인데 잡초에서 나물을 거쳐 약초가 되었다. 사람들은 흔한 쇠비름이 약초라는 사실에 환호하며, 청을 담고 나물로 먹었다. 그런데 이런 환호에 쉼표를 찍게 한 진실이 숨어 있었다. 쇠비름은 뿌리부터

줄기, 잎까지 토양 속의 수은을 흡수하는 능력이 매우 높다. 따라서 자란 환경이 아주 중요하다. 산업 지역이나 도심, 도로 주변에서 자란 쇠비름은 중금속, 특히 수은(汞, mercury) 축적량이 높을 수 있어 몸에 치명적인 독이 될 수 있기 때문이다.

결국 쇠비름은 '어디서, 어떻게' 자랐느냐에 따라 약초나 독초로 나눠진다. 선생의 시대에 쇠비름은 약초였고 지금은 제한적이다.

청정지역에서 자란 쇠비름만을 채취해 삶은 뒤, 햇볕에 바짝 말렸다. 제죽식치편에 죽 쑤는 법은 나와있지 않지만《향약집성방》과 《식의심감》에 '마치현에 멥쌀을 조금 넣고 장국물이나 간장에 끓여 먹는다'는 기록을 참고하여 말린 쇠비름과 멥쌀, 장국물로 죽을 쑤었다. 잡초죽이란 선입견 때문에 죽을 뜨는 손길은 무겁고 수저는 가볍다. 조심스럽게 먹어 보았다. 많이 보아서 그런가. 시래기죽처럼 친근한 맛이다. 약간 쌉쓰름한 것이 더 약이 될 것 같았다. 앞으로 쇠비름 나물에도 도전을 해봐야겠다.

* 말린 쇠비름 불린 물을 죽물로 쓰면 약성을 살릴 수 있다.
* 말린 쇠비름으로 고사리를 대신하여 육개장을 끓여도 좋다.

쇠비름

쇠비름은 지역에 따라 여러 이름으로 불려왔는데, 그중 하나가 오행초다. 줄기의 붉은빛, 잎의 초록, 잎맥에 스치는 노란 기운, 뿌리의 옅은 흰색, 말렸을 때 어두워지는 색까지 다섯 가지 빛을 모두 담았다고 해서 오행초라 불렀다. 또 다른 이름인 마치현(馬齒莧)은 쇠비름 잎이 둥글면서도 끝이 약간 패여 있어 마치 말 이빨처럼 보인다고 해서 붙은 이름이다.

쇠비름의 성질은 차가워 염증과 열을 가라앉히는 항염 효과는 현대 연구에서도 확인됐다. 쇠비름에는 글루타티온 환원 효소(Glutathione reductase), SOD(Superoxide Dismutase), 카탈라아제(Catalase) , 플라보노이드, 비타민 C, 항산화 효소 활성 성분이 풍부하여, 세포를 산화 스트레스로부터 보호하고 자극을 줄인다. 벌레 물림이나 가벼운 상처에 바르던 민간요법도 이런 작용과 연결된다. 쇠비름에는 식물성 오메가-3가 함유되어 있는데, 일부 연구에서는 생선에 주로 존재하는 EPA가 포함되어 있다는 보고도 있다. 전통 의서에는 종양 관련 효능도 기록돼 있지만, 현대 의학에서는 아직 확정적 근거로 보지 않는다.

옥살산이 많아 반드시 익혀서 먹어야 하고, 토양의 중금속을 잘 흡수하는 식물이므로 채취 환경이 깨끗해야 한다.

유채죽

속을 조화롭게 하고, 기를 내린다. 油菜粥【調中, 下氣】

때 이른 추위가 물러서자 집으로 올라오는 길 양옆에 유채씨를 뿌렸다. 수 년 동안 마음 속에 품기만 했던 유채를 파종 했다는 기쁨에 주말농장을 하는 지인에게 더 늦기 전에 유채씨를 뿌리라고 전화했다. 예전에는 유채로 나물을 해먹는다는 말에 얼굴부터 찌푸리던 내가, 〈정조지〉를 복원하면서 유채의 매력을 알게 되었다. 이제는 그 어떤 채소보다 유채를 좋아한다.

유채가 관상용으로 주목받으며, 유채는 어느새 봄을 알리는 꽃이 되었다. 파란 봄 하늘아래 끝없이 펼쳐진 노란 유채밭을 배경으로 찍은 사진들을 만날 때 마다 "유채야 너 왜 거기 그러고 있어"라고 본분을 잊고 실없이 웃고 있는 유채에게 혼잣말로 물었다. 유채가 쑥갓, 봄동, 시금치, 미나리 못지 않은 맛있는 채소인데 식재료서의 가치가 꽃에 가려지는 것 같아 안타까운 마음에서다.

유채죽이라고만 하여 유채의 어떤 부분을 이용하여 죽을 쑤었는지는 알 수 없지만, 경험상 유채의 새순이나 부드러운 잎과 줄기, 그리고 연한 꽃대를 활용하면 된다.

유채꽃이 만발하기 전에는 언제든 유채죽을 쑬 수 있다. 유채의 여린 꽃봉오리 줄기를 말린 '쇄운대방'을 활용하여 죽을 쑤면 생나물로 쑤었을 때와는 다른 식감의 유채죽을 먹을 수 있다. 보기에 좋은 유채죽을 쑤려면, 연한 잎을 따서 데쳐 냉

제6장(부록) 제죽식치와 절식지류의 죽

동 시킨 다음 막 피기 시작한 꽃봉오리를 따서 합하여 죽을 쑤면 맛있고 영양이 풍부하면서 아름다운 유채죽을 먹을 수 있다. 유채는 봄을 알리는 꽃이기 전에 봄을 먹는 채소다. 유채죽으로 몸을 먼저 챙긴 다음, 꽃놀이에 나서기를 바란다. 유채죽은 봄바람처럼 부드럽고 향긋하다.

유채

유채의 영양학적인 가치는 봄 사진의 배경으로 만족하기에는 안타까울 정도로 놀랍다. 유채의 비타민 C의 함량은 시금치나 상추보다 3~4배 가까이 많아 계절성 면역 저하나 피로 회복에 효과적이다. 유채 100g만으로도 하루 권장량의 절반 이상을 충족할 수 있을 정도다. 칼슘 함량도 케일보다 높고 우유와 비슷하거나 더 많다. 따라서 식물성 식단을 지향하는 이들에게 훌륭한 칼슘 공급원이 된다.

또한 유채잎은 일반 잎채소 중에서도 단백질이 풍부한 편으로 케일이나 시금치를 능가한다. 단백질과 칼슘을 함께 갖춘 채소는 흔치 않기에 유채의 가치는 더 높다.

유채의 또 다른 장점은 글루코시놀레이트라는 식물성 생리활성 물질이다. 조리하면 이소티오시아네이트로 변환되어 체내 해독 작용과 항산화, 항암 효과를 유도하는 데 도움을 준다.

게다가 유채는 이름 그대로 '기름(油)'의 성질도 지녀 비타민 A와 K 같은 지용성 비타민이 들어 있으며, 씨앗은 올레산과 오메가-3가 풍부한 카놀라유로 추출된다. 기름과 함께 조리하면 지용성 성분의 흡수율이 높아지는 것도 장점이다.

유채는 봄 철 몸 속을 깨우고 면역력을 높이는 건강을 다지는 균형 잡힌 채소다. 꽃은 봄을 알리지만, 유채는 그보다 먼저 우리 몸에 이로운 변화를 전한다.

군달채죽(莙蓬菜, 근대죽)

위장을 건강하게 하고, 비장을 북돋아준다. 莙蓬菜粥【健胃, 益脾】

오래 전 누군가 근대된장국이 참 맛있다고 말했다. 나는 도무지 이해할 수 없었다. 그 말이 그 사람을 괜히 멀게 느껴지게 했다. 돌아보면 내가 근대를 좋아하지 않는 건 엄마의 영향일지도 모른다. 엄마는 근대를 시금치나 아욱만 못하다고 여겼고, 그래서 우리 집 밥상에 근대는 없었다. 근대가 정말 맛있고 나물로도 좋다

면 시금치처럼 사람들이 널리 키웠을 것이다. 나 역시 근대된장국이나 근대나물을 먹으며 자랐을지도 모른다.

케일이 등장하면서 근대는 더 애매한 자리에 놓이게 되었다. 시금치 만큼 친근하지도 않고, 케일처럼 강한 영양 이미지도 주지 못한 채 둘 사이에 끼어버렸다. 여기에 근대와 잎 모양이 비슷한 사탕무나 비트까지 얽히면 근대란 이름과 다르게 근본 없는 채소가 되었다. 사탕무 잎을 근대라고 부르기도 하고, 적근대는 비트의 잎과 닮아 있어 이름과 겉보매로는 무엇이 무엇인지 분간하기 어렵다. 비트, 근대, 사탕무가 뒤섞여 불리는 현실이 근대를 더 정체성이 흐린 채소처럼 만든 것 같다. 정확한 이름과 명확한 자리매김이 왜 중요한지, 근대가 보여주고 있었다.

그러던 어느 날 서유구 선생이 근대에 '군달'이라는 또 다른 이름이 있다는 사실을 알려 주었다. 군달이라니, 어쩐지 입에 착 붙고 힘도 있지만 친근한 이름이다. 그 이름 하나만으로도 근대가 조금 다른 채소처럼 다가오며 마음의 문도 서서히 열리기 시작했다. 그렇게 쑤어낸 군달이죽은 가볍게 휘감기는 여인의 비단 치맛자락처럼 부드럽게 식도를 타고 흘렀다. 시금치나 아욱죽 못지 않게 풍성한 맛이 있었다. 겉으로는 무뚝뚝해 보이지만, 속은 이렇게 부드럽고 온순한 채소였던 것이다.

근대

군달채(莙薘菜)는 명아주과의 두해살이 풀인 근대를 말한다. 감채(甘菜), 첨채(甛菜)로도 부른다. 송나라에 들어서 군달채라는 이름이 등장하며 첨채와 함께 쓰였다. 윤기가 나는 녹색 잎은 두툼하지만 부드러워 된장국으로 애용되다가.

제6장 (부록) 제죽식치와 절식지류의 죽

지금은 쌈채소로 많이 먹는다.

근대는 수분이 많고 칼로리가 낮기 때문에 다이어트에 좋고, 여름에 죽을 쑤어 먹으면 열을 내리는데 도움을 준다. 근대는 시금치에 비해 단백질, 철분, 칼슘, 엽산, 칼륨의 함류량은 적지만 비타민 C의 함유량은 다소 높고 비타민 K는 두 배 많아 혈액 응고와 면역력을 강화시키는데 도움을 준다. 특히 칼슘의 흡수를 방해하는 옥살산의 함류량이 낮아 노인, 뼈 건강에 신경 쓰는 사람에게 추천된다. 근대는 단백질의 함량은 적지만 구성 아미노산이 라이신, 페닐알라닌, 로이신 등 필수아미노산의 비중이 높다. 또한 비타민 A가 많아 밤눈이 좋지 않고 피부가 거친 사람과 성장 발육이 늦은 어린이에게는 매우 좋은 채소이다. 근대죽은 위와 장이 나쁜 사람에게 식이요법용으로 이용된다. 근대죽을 쑬 때는 근대를 살짝 데친 다음, 죽의 뜸을 들일 때 넣어 주어야 한다.

근대와 비트가 생물학적으로 종이 같지만 서로 다른 개량 과정을 거친 별개의 품종이다. 잎이 풍성한 품종이 근대, 뿌리가 풍성한 품종이 비트라고 구분하면 된다.

* 근대는 수분이 많아 잘 썩기 때문에 보관하여 두고 먹지 않는 것이 좋다.
* 강화도에서는 찹쌀가루와 멥쌀가루를 섞은 후 근대뿌리를 넣고 버무린 별미떡을 먹는다.

파릉채죽(시금치죽)

속을 조화롭게 하고, 마른 것을 윤택하게 한다. 菠薐菜粥【和中, 潤燥】

눈 덮인 채마밭 사이로 푸릇푸릇한 풀이 고개를 내민다. 추위를 피해 납작 엎드린 시금치다. 해가 기웃해지면, 엄마는 눈을 헤치고 시금치를 솎아 나물을 무치거나 시금치 된장국을 끓였다. 가을에도 시금치는 나오지만 겨울 시금치는 더 달고 깊은 맛을 낸다. 붉은빛 김치들이 주인공인 겨울 밥상 위에 푸른 시금치 나물이 올라오면 그 자체로 생기가 돌았다. 우리가 밥을 거의 다 먹을 즈음, 엄마는 비로소 밥을 먹기 시작한다. 어제 먹다 남은 시금치 된장국에 찬밥을 넣고 데운 국물밥이다. 아버지가 걱정스러운 목소리로 말한다. "그냥 밥을 먹어야지. 찬밥 그거 영양가도 없는데…" 엄마가 대답한다. "아까운데 내가 먹어야지. 끓인 밥이 소화가 잘돼요."

달큰하고 구수한 냄새가 밥상 위로 퍼졌다. 우리는 숟가락을 들고 한 입 씩 엄마 밥을 먹었다. 죽과는 다른 투박한 맛이 입맛을 돋웠고, 우리는 자꾸만 손이 갔다. 엄마는 "내가 이거 안 끓였으면 큰일날 뻔했네" 하며 흐뭇하게 웃었다. 엄마가 찬밥과 남은 국을 치울 요량으로 끓여낸 이 국물밥도 요즘은 '죽'이라고 부른다. 쌀을 처음부터 오래도록 쑤지 않아 손쉽게 만들 수 있다. 죽은 '쑤는 것'이고 국밥은 '데우는 것'이라는 구분이 있긴 하지만, 사실 이런 구별이 무슨 큰 의미가 있을까. 단맛 나고 영양 많은 시금치를 듬뿍 먹고 속이 따뜻해지고, 몸이 편안해지면 그만이다. 시금치죽은 된장죽이지만, 고추장과 고춧가루를 조금 넣어야 색감도 먹음직스럽고 담백하면서도 칼칼하다. 시금치의 단맛과 된장의 단맛이 어우러진 시금치죽은 콩나물죽과 함께 겨울 별미죽으로 손꼽힌다.

* 키가 큰 시금치는 잎과 밑둥의 중간을 상하로 잘라 각각
  나누어 둔다. 밑둥은 굵기에 따라 반으로 가르거나, 열십
  (十) 자로 갈라 놓는다. 죽을 쑤거나 데칠 때는 반드시 하
  단, 즉 늦게 익는 밑둥을 먼저 넣고, 이어서 잎을 넣는다.

시금치

시금치라는 이름은 '시다', '시큼하다'는 표현에서 비롯되었을 가능성이 있다. 실제로 시금치에는 신맛을 내는 옥살산이 풍부하여 생으로 먹을 때 시큼한 맛이 느껴지기도 한다. '파릉채(波棱菜)'라는 한자 명칭에서 벗어나 붙여진 이 이름은, 맛을 닮은 흥미로운 작명 사례로 보인다.

시금치는 비타민, 무기질, 항산화 성분이 풍부한 대표적인

제6장(부록) 제죽식치와 절식지류의 죽

녹황색 채소다. 특히 비타민 A, C, K의 함량이 높아 시력 보호, 면역력 강화, 뼈 건강 유지에 도움이 된다.

엽산과 철분이 풍부해 빈혈 예방에 효과적이며, 임산부에게도 권장되는 식품이다. 다만 철분의 흡수를 방해할 수 있는 옥살산이 포함되어 있어, 살짝 데쳐 섭취하는 것이 좋다. 또한 루테인과 제아잔틴 같은 항산화 물질은 노화로 인한 시력 저하를 막고, 망막을 보호하는 데 기여한다. 식이섬유도 많아 장 건강 개선, 변비 예방, 혈당 조절에 긍정적인 영향을 준다. 《동의보감》에는 시금치를 청혈(淸血)과 장 기능 개선에 도움이 되는 식물로 기록하고 있다. 특히 겨울철 시금치는 당분과 영양 성분이 더 농축돼 맛과 효능이 더욱 뛰어나다.

결론적으로 시금치는 저칼로리 영양이 풍부한 채소로, 건강을 위한 식단에 이상적인 식재료다.

맛은 달고, 약성은 서늘하다. 오장을 이롭게 하고 장과 위에 좋다. 혈맥을 통하게 하고 가슴이 막힌 것을 열어 편하게 하고 주독을 풀어준다. 〈정조지〉에 북쪽 사람들은 고기, 면과 함께 시금치를 먹으면 속이 편안해지고 남쪽 지방 사람들이 물고기나 쌀밥과 함께 먹으면 속이 냉해 진다고 했다. 드렁허리와 함께 먹으면 곽란을 일으키므로 주의를 해야 한다.

제채죽(냉이죽)

눈을 밝게 하고, 간에 이롭다. 薺菜粥【明目, 利肝】

눈이 대지를 완전히 덮지 못하고 희끗희끗하게 쌓이면, 야산이나 밭두렁의 냉이가 먼저 모습을 드러낸다. 흰색과 푸른색이 맞부딪히며 만들어내는 대비 덕분이다. 냉이는 북풍한설을 견뎌낼 만큼 생명력이 강해 눈 속에서도 살아남고, 그래서 정월 대보름 즈음에도 캐어 먹을 수 있다. 톱니바퀴처럼 얽힌 잎은 잡풀과 뒤엉켜 거칠고 지저분해 보이지만, 그 생김새마저 냉이가 지닌 강단을 드러낸다.

어린 시절 친구들은 학교 끝나고 나순개를 캤다고 했다. 꽃샘 추위에 해가 떨어질 때 까지 나순개를 캤을 친구들의 얼굴의 볼은 얼어서 빨갛고도 버짐으로 희뜻했다. 나순개란 이름은 나는 개똥이 같은 순한 나물이라고 말하고 있지만 나순개는 전혀 순해 보이지 않았다. 흙을 털어낸 뒤 드러나는 뿌리는 제멋대로다. 인삼 같은 힘찬 뿌리에 온 땅 속의 기운을 내 것으로 만들어 보겠다는 듯 잔 수염 뿌리가 땅을 움켜쥐듯 빼곡히 뻗어 있다. 나순개의 힘은 뿌리에서 왔음을 알게 한다.

냉이는 다듬어 씻는데 다른 나물에 비해서 많은 시간과 정성을 들여야 한다. 억센 냉이는 뿌리와 잎을 가르거나 자르고, 앳된 냉이는 그냥 넣고, 된장을 풀어서 냉이죽을 쑤었다. 거친 된장이 향긋한 냉이의 향을 가릴까 두려워 된장을 고운 채에 바치고 된장을 텁텁함을 없애고, 향을 살리기 위해 약간의 고춧가루를 넣었다. 따뜻한 된장이 냉이의 차고 맑은 기운을 부드럽게 감싸주는 것 같다.

하얗고 수수한 냉이꽃처럼, 냉이죽의 맛도 화려하진 않다. 하지만 입에 넣기 전부터 향긋한 풋내가 들판을 스치는 바람처럼 알싸하다. 입 안에 들어서면, 얼음 밑에서 자라난 거센 생명의 기운이 속을 데우고, 마음을 누그러뜨린다.

한 숟갈, 또 한 숟갈. 들판의 쓸쓸함과 겨울 햇살의 따뜻함이 입안에 포개질 때, 떠오른 것은 그리운 얼굴들이었다. '나순개 꽃이 피면, 친정집에 식량이 떨어졌으니 가지 말라'던 시절을 살았다는, 어떤 할머니의 말. 배고픔을 달래주던 나순개가, 어느새 친정집 짐이 되어서는 안 된다는 말을 꽃으로 대신 전하고 있었다. 슬프고도, 아름다운 이야기였다.

냉이

냉이는 덩굴이나 겨우살이처럼 엉켜 있다 하여 나초(蘿草), 또는 제채(薺菜), 지역에 따라서 나순개 라고 한다. 잎부터 뿌리까지 모두 먹는 보기 드문 채소다. 특히 잎에는 베타카로틴이 매우 풍부하다. 이는 시금치보다 높고 당근에 버금가는 수준이다. 베타카로틴은 체내에서 비타민 A로 전환되어 눈 건강, 피부 개선, 면역력에 도움을 준다.

냉이는 이 외에도 비타민 C, 칼슘, 철분, 엽산 등이 많아 봄철 간 해독과 기력 회복에 좋은 대표적인 들나물이다. 한편 뿌리에는 사포닌, 플라보노이드, 타닌 등이 함유되어 지혈, 해독, 혈압 안정, 간 기능 강화에 효과가 있다. 한의서에서는 냉이 전초를 눈 질환, 고혈압, 출혈성 질환 등에 사용했다고 기록되어 있다. 잎은 영양의 보고, 뿌리는 약의 근원으로, 냉이는 그 자체로 자연이 준 봄철 종합 건강식품이라 할 수 있다.

근채죽(미나리죽)

숨은 열을 제거하고, 대소장을 잘 통하게 한다. *芹菜粥*【去伏熱, 利大小腸】

초등학교 입학을 기다리며 마당에서 빈둥거리곤 하던 내 눈 앞에, 담 너머로 여름에는 볼 수 없었던 풍경화가 펼쳐졌다. 그 그림은 밀레의 이삭 줍는 사람들처럼 어둑했지만 묘하게 마음을 끌었다. 빨래를 하던 엄마가 미나리광에서 미나리를 캐는 것이라고 말해주었다. 그 회색빛 풍경화는 겨울내내 매일 조금씩 색과 인물을 달리하며 그려졌고, 나는 따뜻한 방에서 엄마가 무쳐준 미나리나물을 겨우내 먹었다.

미나리광에서 자란 미나리를 보고 먹고 자란 탓에 미나리는 물속에서만 자라는 것으로만 알았다. 나중에 밭미나리가 있다는 것을 알았지만, 물에서 자란 미나리가 진짜라는 생각이 들어 미나리를 살 때면 물에서 왔는지 땅에서 왔는지를 확인했다. 벼도 밭벼보다는 물에서 자란 벼가 더 맛있다는 것을 알게 되면서 미나리광에서 자란 미나리를 더 찾았다. 미나리광을 모르는 사람이 물에서 자란 미나리는 맛이 없다고 하여 내심 기분이 상한기도 했다.

사람들은 미나리를 해독 작용이 뛰어난 채소라 말하지만, 그런 효능보다 먼저 떠오르는 건 향과 식감이다. 그 향은 파릇한 봄비가 지나간 뒤, 젖은 숲의 향기를 품고 있다. 아삭아삭한 식감은 어떤 채소로도 대신할 수 없을 만큼 선명하고 신선하다. 적당한 길이로 썰어서 뜨거운 국물에 넣으면 푸른 옥비녀가 물에 잠겨 있는 듯하다. 매운탕, 나물, 김치로 즐겨 먹던 미나리로 죽을 쑨다는 것이 소박하지만 어쩐지 마음을 특별하게 만드는 느낌이었다. 찬 기운을 담은 통통한 미나리를 썰어 흰쌀로 죽을 쑨 뒤 미나리를 넣었다. 아름다운 죽이 쑤어졌다. 흰쌀 위의 미나리가 유독 정갈해 보인다. 절로 고요해진 마음으로 미나리 죽을 한 수저 먹어보았다. 흰쌀의 부드러움과 담백함이 아삭한 식감과 향긋한 향기를 더욱 살려냈

다. 미나리를 먹으면 정신도 맑아지고 마음도 편안해진다. 미나리죽은 싱그러우면서도 차분하고, 생생하면서도 고요하다.

미나리

미나리는 동의보감에 '갈증을 풀어주고 머리를 맑게 하며, 술로 인한 독을 제거하여 음주 후 두통이나 구토에 효과가 있다'고 기록되어 있다. 대표적인 알칼리성 식품으로 혈액의 산성화를 막고 몸에 좋은 무기질과 풍부한 섬유질, 그리고 각종 비타민이 함유되어 있다. 노화와 암의 원인이 되는 활성 산소의 생성을 억제하는 항산화 항암 효과, 몸 속에 쌓인 독소와 노폐물을 몸 밖으로 배출하는 해독작용이 강하고, 간을 보호하는 효과가 커서 다양하게 여러 음식과 약재 처방으로 이용된다. 미나리의 식이섬유 함량은 100g당 약 3.6~4.1g으로, 대부분의 잎채소보다 높고, 브로콜리 수준과 유사하거나 그 이상이다. 불용성 식이섬유 비율이 높은 편으로, 장 운동 촉진과 변비 예방에 효과적이다.

근채삼덕(芹菜三德)

미나리는 예로부터 세 가지 덕을 가진 식불도도 유명한데 이를 '근채삼덕'이라 부른다. '근채삼덕'이란 진흙 땅에서도 싱싱하게 자라며 물을 맑게 하는 정화, 햇볕이 잘 들지 않는 음지에서도 잘 자라는 강인함, 그리고 가뭄이 와도 푸르름을 잃지 않고 이겨내는 자세를 일컫는다. 옛 사람들은 풀과 나무

제6장(부록) 제죽식치와 절식지류의 죽

에도 품격을 매겼는데 나무로는 소나무, 꽃으로는 매화, 채소에는 미나리를 제일 높은 품격을 갖춘 채소로 꼽았다.

개채죽(갓죽)

담을 뚫어주고, 나쁜 것을 쫓아낸다. 芥菜粥【豁痰, 辟惡】

개채(芥菜)는 톡 쏘는 매운맛과 쌉싸름한 맛, 코끝을 자극하는 짙은 향으로 잘 알려진 향신채, 갓을 이르는 말이다. 찬 바람이 불면 붉은 홍갓과 푸른 청갓이 시장에 등장한다. 이는 곧 김장철이 시작되었음을 알리는 신호가 된다. 그만큼 갓은 김장의 필수 양념 채소다. 갓의 식용 역사는 오래되었다. 기원전 12세기 주나라 시대에는 갓의 씨앗이 향신료로 사용되었고, 6세기 도연경이 쓴 『신농본초경집주(神農本草經集注)』에는 "갓은 배추와 비슷하나 털이 있고 매우며, 생으로도 좋고 소금에 절여도 좋다."고 적혀 있다. 오래전부터 갓은 강한 맛과 향 덕분에, 날것으로도, 장아찌로도, 김치로도 다양하게 활용되며 우리 식문화 안에 깊이 스며들어 왔다.

갓의 잎은 부드러운 듯하면서도 마른 종이처럼 버스럭거리고리며 까끌하다. 줄기는 결이 살아있어아삭아삭하면서도 사각사격하다. 맛처럼 선명하고, 향처럼 강한 인상을 남긴다.

갓은 특유의 매운맛과 향기가 있어 김치를 담거나 김치의 부재료로 쓰인다. 특히 김장에 빠질 수 없는 양념용 채소다. 갓이 넣는지, 얼마나 넣었는지에 따라 김치 맛도 달라진다. 줄기가 아삭해서 절임으로 많이 먹는다. 매운 향과 맛을 지니고 있는 갓이 죽의 소재로 쓰인다는 점에서 주목할 만하다. 갓이 성질이 따뜻하여 떨어진 입맛을 돋우고 몸을 따뜻하게 한다. 아마도 향신의 기능보다는 특유의 향과 맛으로 방부성이 있어 저장하여 오래 두고 먹기에 적합하였을 것이다.

갓은 고기의 느끼한 맛을 줄여주어 고기 쌈밥을 먹을 때 꼭 챙겨 먹는 채소가 되었다. 하지만 부드러워야 할 죽에 향미가 강하고 억세기도 한 갓을 주 재료로 죽을 쑨다는 것에 회의감이 들었다. 줄기가 두껍고 향이 강한 노지 홍갓을 샀다. 물에 씻는데 물이 보라색으로 변했다. 느낌이 좋았다. 이 기분으로 갓죽을 쑤었다. 죽이 끓을 때 줄기를 넣고 익히다가 죽이 완성될 무렵 잎을 넣었다. 독특한 매운맛과 쌉싸름한 향이 어우러진 다른 죽보다 풍미가 깊다. 싸한 뒷맛이 입안을 깔끔하게 정리해준다. 입맛이 없을 때, 속을 달래면서도 깨우고 싶을 때 매우 좋은 죽이다. 갓죽은 어른스러운 성숙한 맛을 가진 죽이다.

* 홍갓은 향과 매운맛이 강하고 억세고, 청갓은 순하고 연
하므로 취향에 따라 선택하면 된다.

갓

개채(芥菜)'라고도 불리는 갓은 한의학에서 기침을 가라앉
히고 가래를 삭이며, 속이 더부룩할 때 쓰이는 약용 채소다.
감기 초기, 소변 불통, 여성 질환에도 활용되었고, 갓씨(芥
菜子)는 점액을 제거하고 기침을 멎게 하는 데 사용되었다.
갓에는 글루코시놀레이트(glucosinolate)**와 그것이 분해되
어 생기는 이소티오시아네이트(isothiocyanate) 같은 황화물
(sulfur compounds)이 풍부하다. 이 성분들은 염증을 조절
하고 세포 손상을 억제하며, 간의 해독 효소를 활성화하는
데 도움을 줄 수 있다. 체내 염증 반응을 조절하고 세포 손
상을 억제하는 데 도움을 줄 수 있다.
갓에는 비타민 A, C, K는 물론, 카로티노이드와 폴리페놀
성분도 풍부하여 항산화 작용을 통해 몸의 균형을 유지하
는 데 기여한다. 또한 항균력과 산화를 막는 작용이 있어,
갓이 들어간 발효식품은 보존력이 뛰어나다.
갓의 글루코시놀레이트 함량은 100g당 약 130mg으로, 브
로콜리(110mg)나 케일(120mg)보다도 많다. 방울양배추가
수치상 가장 높지만, 갓은 일상에서 쉽게 먹을 수 있는 채소
중에서는 가장 뛰어난 항산화 채소다. 익숙한 반찬 속에 숨
어 있는 알싸한 향이 우리 몸을 지켜주는 방패인 셈이다.
어두운 노란빛이 도는 갓씨앗은 기름을 짜거나 가루로 만
들어 겨자로 쓴다. 우리는 겨자를 찧은 것을 발효하여 식초,

꿀 등을 넣은 즙을 '황개자'라 하여 삶은 고기와 함께 먹었다. 서양에서는 갓씨앗으로 '머스터드'를 만들어 샌드위치나 고기가 들어가는 샐러드에 넣는다.

규채죽(아욱죽)

마른 것을 윤택하게 하고, 장을 이완시킨다. 葵菜粥【潤燥, 寬腸】

아욱의 다른 이름이 '동규(冬葵)'라 하니, 여름에도 잘 자라는 풀인데도 겨울을 뜻하는 이름이 붙은 게 조금은 의아하다. 하지만 자주 먹던 죽이니, 일단은 반갑다. 예전엔 집집마다 아욱을 키웠지만, 가지나 고추처럼 눈에 띄진 않았다. 텃밭 한구석에서 접시꽃 같은 넓은 잎을 달고 순하게 자라다 보니 존재감은 옅었지만, 쓰임은 분명했다. 꽃이 피어도 밑둥에서는 작고 두툼한 새순이 계속 돋아나 가을 내내 국을 끓이고 죽을 쑤었다. 흰 아욱꽃은 수수하지만 볼수록 곱고 정겨웠다. 맛에서 꽃까지, 아욱은 나무랄 데 없는 채소였다.

생채나 나물로는 잘 먹지 않지만, 미끈한 즙을 살짝 걷어낸 뒤 된장과 잔새우를 넣고 끓인 아욱국은 천하의 진미가 부럽지 않을 만큼 깊고 순한 맛이 있었다. 그래서 맛이 절정인 가을 아욱국은 막내 사위에게만 주거나 싸리문을 잠그고 먹는다는 말이 생겼나 보다. 규채죽을 쑤려고 아욱의 껍질을 벗기고, 아욱을 비벼야 할까, 그냥 써야 할까. 문득 망설여졌다. 엄마는 풋내를 없애고 미끈한 성질을 없애야 국물이 맑다며 아욱을 문질러 썼다. 나는 그렇게 하면 영양성분이 빠진다고 생각했다. 엄마와 언니가 우리 집에 놀러 왔을 때 마침 아욱국이 있었다. 아욱국을 본 엄마는 깜짝 놀란 얼굴로 말했다. "그냥 아욱으로 죽을 끓였구나. 언니도 엄마를 거들었다. "아직 아욱국도 제대로 못 끓이네" 엄마에게는 그냥 풀로서의 아욱과 식재료서의 아욱이 분명히 다른 것이었다. 나는 그냥 먹었다고 죽는 것도 아닌데, 왜 이렇게 놀라는지 알 수 없었다. 아무 말도 하지 않았다.

아욱과의 일화를 떠올리며 어찌할까 망설이다가 잠깐 아욱의 점성성분에 대한 진실을 찾아보았다. 아욱의 미끌거리는 성분은 뮤실리지(mucilage)라는 수용성 다당류로, 소화기 보호, 항염, 장건강에 도움을 주지만, 요리에서는 식감과 국물 색 때문에 일부러 제거한다는 것을 알았다. 영양보다는 음식의 볼품을 중요시 하는 엄마도 맞고 영양을 중시하는 나도 맞은 것이다. 제죽식치의 죽답게 그냥 아욱으로 쑤기로 한다. 부드러운 아욱과의 협업을 위해 건 새우를 서너 개로 잘랐다. 쌀을 볶다가 잔 새우 껍질과 수염, 꼬리로 만든 육수를 넣고 된장을 풀었다. 그리고

잔 새우를 넣었다. 아욱의 영양과 색을 지키기 위해 죽이 퍼질 무렵 아욱을 넣었다. 아욱을 좀 많다 싶게 넣었지만 쑤고 보니 쌀과의 어울림이 좋다. 별미죽 겸 구황죽이자 치유죽인 아욱죽이 쑤어졌다. 맛은 엄마가 쑤어 주던 아욱죽 보다는 못하지만 영양은 더 있을 아욱죽이다.

아욱

아욱은 예부터 속이 편한 채소로 알려져 왔다. 잎이 연하고, 익힐수록 맛이 부드러워 국이나 죽으로 자주 사용되었으며, 칼슘과 식이섬유, 비타민 C가 풍부해 뼈 건강, 면역 증진, 장 기능 개선에 도움이 된다. 이러한 이유로 아욱은 '채소의 여왕'으로 평가받는다.

《동의보감》에는 아욱이 청열윤장(淸熱潤腸), 즉 몸 안의 열을 내리고 장을 촉촉하게 적셔 대변을 부드럽게 하는 효능이 있는 채소로 기록되어 있다.

아욱 특유의 미끌거리는 점액질은 '뮤실리지(mucilage)'라 불리는 식물성 점액질로, 위와 장을 부드럽게 감싸며 자극을 줄이는 작용을 한다. 이 성분은 장을 자극하지 않고 자연스럽게 통과되도록 도와, 위장 점막을 진정시키는 데에도 효과적이다.

또한 기침이나 기관지의 거친 감각을 완화하는 데 도움이 되어, 예로부터 감기 기운이 있거나 입맛이 없을 때 맑은 아욱국을 끓여 먹는 풍습이 이어져 왔다.

아욱은 성질이 차가워 변비와 비만, 피부 발진, 숙취 해소에도 좋으며, 특히 모유 분비를 촉진하고 붓기를 가라앉히는 효능이 있어 산모나 수유부에게 추천되는 채소다.

아욱의 씨앗은 동규자(冬葵子)라고 불리며, 한방에서는 이뇨제와 배변제로 활용된다.

구채죽(부추죽)

신장을 덥게 하고, 하초를 따뜻하게 한다. 韭菜粥【溫腎, 暖下】

옆 집에는 긴 담벼락 아래 그늘진 곳에 부추밭이 있었다. 어둑한 부추밭 반대편에는 나비가 몰려들던 눈부시게 환한 열무밭이 있었다. 부추가 암발아 식물이라는 것을 아는 순간, 어린 시절의 기억 속에 있던 그늘진 부추밭의 비밀이 풀렸다. 부추는 우리나라 전역에서 재배되기 때문에 지역마다 부추, 정구지, 솔이라고 부른다. 한번 심으면 죽지 않고 별 다른 관리 없이도 쑥쑥 잘 자라서 게으른 사람도 키울 수 있다해서 게으름뱅이 풀이라고 한다.

요즘은 부추를 지방이 많은 고기나 탕에 곁들여 즐겨 먹는데 부추가 피를 맑게도 하지만 마늘, 양파, 달래, 쪽파, 삼채를 합한 특유의 향기가 고기 냄새가 힘을 쓰지 못하도록 무장해제를 시키기 때문이다. 부추로 만든 부추무침, 부추김치, 부추전, 부추만두, 부추빵도 좋지만 부추죽을 쑤어 먹으면 짜지 않고 담백하여 부추 본연의 향미와 부추의 효능을 제대로 누릴 수 있다. 몸의 기능이 떨어진 사람은 생채보다는 데치거나 쪄서 먹는 것이 더 좋다. 따로 갖추어 먹는 것이 힘든 사람은 부추를 넣고 죽을 쑤어 먹는 것이 좋다. 부추는 한번 씨앗을 뿌리면 계속 수확이 가능한 채소다. 흔한 부추로 어렵지 않은 조리법으로 부추의 뛰어난 부추의 효능을 누릴 수 있는 부추죽이야말로 진정한 의미의 약선죽이라는 생각이 든다.

일본 센고쿠 시대의 무장이자 도요토미(豊臣秀吉)가문 최후의 기둥인 이시다 마츠나리 (石田三成, 1560~1600)가 부추죽을 좋아했다고 한다. 도쿠가스 이에야스(德川家康)가 포로로 잡힌 이시다 마츠나리가 처형되기 전 적장에 대한 예우로 대접한 음식이 바로 부추죽이었다.

> * 부추죽은 쌀죽이 다 익으면 넣어야 부추의 유화알린이 열에 파괴되지 않을 뿐 아니라 푸른 색이 유지되므로 죽을 다 쑨 다음에 부추를 넣어야 한다.

부추

부추는 수선화과 (amaryllidaceae) 부추속(allium)에 속한다. 부추속에는 부추 뿐만이 아니라, 양파, 마늘, 대파, 쪽파 등이 속해 있다. 경상도에서는 '정구지(精久持)', 전라도에서는 '솔'이라 부른다. 또한 부추를 기양초(起陽草), 장양초(壯陽草)라는 이름으로도 부르는데 부추의 자양강장의 효능을 이름에 담고 있다. 《동의보감》에는 부추가 간 기능을 강화시키는데 좋은 채소라고 했다. 《황제내경(黃帝內經)》에는 부추에 대해 "채소 중 가장 몸을 따뜻하게 하는 작용이 강하고 인체를 유익하게 한다. 항상 이것을 먹는 것이 좋다."고 하였고 《본초강목》에는 "부추 생즙은 생선을 잘못 먹고 생긴 독을 풀며 소갈과 식은 땀을 그치게 한다고 했다. 이 밖에 《본초비요》와 《진현부방》에도 부추는 간에 좋은 채소로 심장에 좋으며 신장과 위장에 좋으며 폐의 기운을 북돋운다고 기록하였다. 부추의 생즙은 각혈이나 토혈 그리고 지혈에 도움을 준다. 소갈증에도 좋다고 하여 당시 부추가 당뇨의 치료제로 쓰였음을 알 수 있다.

부추의 냄새는 독특한 휘발성분인 유화알린(S-allyl-L-cysteine sulfoxide)으로 몸에 흡수되면 자율신경을 자극해 신진대사를 활발하게 해준다. 민간에서는 부추의 꽃대를 진하여 달인 물을 지사제로 사용하였다. 부추의 씨앗인 구자(韭子)는 한방에서 체온 유지하는 따뜻하는 약재로 쓰였다.

총시죽(파된장죽)

땀나게 하고, 배고픔을 풀어준다. 蔥豉粥【發汗, 解肌】

음식을 만들 때 결코 포기할 수 없는 향신채 하나만을 꼽으라면, 나는 주저 없이 '파'를 택하겠다. 마늘은 깊이를 주고, 양파는 단맛을 낸다지만, 파는 그 둘을 능가하는 존재감을 지녔다. 파는 맛 뿐만 아니라 시각적으로도 음식에 생기를 불어넣는다. 푸른 잎과 하얀 줄기가 조화를 이루며, 생으로 썰어 올려도, 기름에 지져내도, 국물에 푹 익어도 그 존재는 결코 흐려지지 않는다. 파 없는 라면, 파 빠진 찌개, 파를 빼고 끓인 설렁탕을 상상해보라. 그것은 마치 팥 없는 찐빵, 고명 빠진 비빔밥과도 같은 허전함이다. 파가 떨어질까 불안하여 파를 화분에 묻어두고 먹는다. 날씨가 추운 날은 다른 날보다 음식에 파를 듬뿍 넣는다.

'총시죽(蔥豉粥)'은 이름부터가 심상치 않다. '총(蔥)'은 파, '시(豉)'는 된장을 뜻하니, 이 죽은 파와 된장이 만나 만들어 낸 단순함 속에 깊은 위로가 담긴 죽이다. 처음엔 의아했다. 파가 주재료인 죽이라니, 너무 강하지 않을까. 그러나 송송 썬 파를 참기름에 볶아낸 뒤, 된장으로 간을 하고 쌀을 넣어 은근히 끓이면, 파의 강한 향은 부드럽게 눌린 소박하지만 깊고 따뜻한 죽이 된다.

파는 몸을 따뜻하게 하고, 기운을 돌게 하는 효능을 지녀 감기나 몸살이 올 때면 어김없이 파가 등장했다. 한의서에도 파는 해열, 진통, 해독의 효과가 있다고 기록돼 있다. 총시죽은 바로 이런 파의 효능을 극대화한 치유의 음식이다. 몸이 으슬으슬 떨리거나 속이 편치 않을 때, 입맛이 없고 기운이 빠질 때, 쑤어 먹으면 그 향기가 먼저 마음을 풀어준다. 총시죽에는 기교도, 화려함도 없다. 대신 음식을 통해 몸을 다스리는 지혜, 그 오래된 슬기로움이 이 죽 안에 담겨 있다. 파가 주인공이 되어 만든 이 죽은, 그 자체가 계절의 약이다.

* 총시죽은 다른 채소죽과 달리 죽이 끓기 시작하면 파를 넣어서 파가 충분히 익도록 해야 매운맛이 없고 부드럽다.
* 총시죽을 완성한 뒤 참기름을 조금 더한 다음 골고루 섞어서 먹으면 총시죽의 풍미가 올라간다.

산조인 죽

번열을 치료하고, 담(膽)의 기운을 북돋운다. 酸棗仁粥【治煩熱, 益膽氣】

산조인(酸棗仁)은 신맛이 나는 대추의 씨앗이라고 해서 붙여진 이름이다. 아버지가 항상 와이셔츠 앞 주머니에 넣고 다니시는 작은 수첩에는 온갖 정보가 적혀

있었다. 친인척 주소와 전화번호, 아버지를 찾아 왔다는 제자 이름, 엄마의 주민등록번호, 책 이름… 그 중 유난히 큰 글씨로 불면증 산조인이라고 쓰여 있었다. 아버지가 한의사 친구를 만날 때 쓰신 것이다. 그날 아버지는 큰 비밀이라도 알아내신 듯 산조인이 불면증에 참 좋다라고 말씀하셨다. 그렇게 산조인이란 낯선 열매를 알게 되었다. 아버지가 더 큰 일기장 같은 수첩을 쓰시기 시작하면서 그 작은 수첩은 아버지의 추억을 담은 채 여전히 서랍에 있었다. 나는 서랍을 뒤적일 때 마다 아버지의 수첩을 넘겼고 그 때마다 불면증 산조인을 봤다. 내 머리 속에는 불면증 산조인이라고 새겨졌다. 산조인의 여러 효능이 있지만 불면증 개선제로 유명하다. 보통 산조인의 씨앗을 볶아 달여서 탕이나 차로 마신다.

얼마전, 편의점에서 카페인 음료 옆에 놓인 산조인이 들어간 음료를 보았다. 한쪽은 생생함을 다른 한쪽은 잠잠함을 준다는 생각에 천국과 지옥, 기쁨과 슬픔을 한번에 본 듯 마음이 복잡하였다. 백화점에서 갔는데 쿨쿨 꿈잠을 자게 해준다는 산조인 음료의 홍보행사를 하고 있었다. 많은 사람들이 호기심 어린 표정으로 작은 종이컵에 들어있는 음료를 맛보고 있었다. 선뜻 사기가 어려울 정도로 고가였다. 산조인을 자꾸 만나자 뇌리에 새겨졌던 산조인이 되살아나 꿈틀거리기 시작했다. 불면증과 과체중으로 고생하는 지인에게 산조인을 선물하며 차로 마시라고 했다. 저녁으로 산조인 죽을 쑤어 먹으면 위장 부담이 덜어져 숙면과 체중감량에 도움이 될 수 있다고 말하고 싶었지만 참았다. 서서히 산조인의 맛에 익숙해지면 그때 가서 산조인죽을 권할 생각이다.

* 산조인 죽은 여름이라 하더라도 따뜻하게 데워 먹어야 불

면, 우울감을 개선하는데 효과적이다.

산조인

산조인을 흔히 대추의 씨앗이라고 하는데 우리가 먹는 대추가 아니다. 갈매나무과(Rhamnaceae) 조속(genus Ziniphus)으로 대추와 학명이 다르다. 묏대추, 멧대추라고 불리는 '야생대추 나무의 씨앗'이다. 산조인의 약명은 〈신농본초경(神農本草經)〉에 처음 수록되어 있다. 산조인은 독이 없고 달고 신맛이 나며 기름지다. 성질이 한 쪽으로 치우치지 않고 평하며 다른 약재를 다스려 순하고 부드럽게 한다. 시도 때도 없이 자주 놀라거나 가슴이 날뛰는 불안 증상을 개선시키는 진정과 안정의 효과가 있어 신경증을 완화시켜 숙면을 유도한다. 마음이 번잡하거나 명치가 답답하고 아랫배가 아프고 단단하게 뭉친 증상에도 도움을 준다. 불면증, 우울, 불안, 식은 땀 등을 개선하므로 여성의 갱년기 증상에도 효과적이다. 긴장 완화에 좋은 가바(GABA)성분이 강화된 쌀로 산조인 죽을 쑤면 더욱 숙면에 효과적일 수 있다.

해백죽(달래죽)

노인의 냉리(冷痢)를 치료한다. 薤白粥【治老人冷痢】

푸르고 가는 줄기 끝에, 달랑달랑 매달린 둥근 머리는 꼭 하얀 바둑돌 같다. 그래서일까. '달래'라는 이름이 그 앙증맞은 생김새와 참 잘 어울린다. 유난히 긴 하얀 수염이 머리에 달고 있는 달래는 마치, 동화책 속에서 튀어나온 망정 맞은 작은 요정을 닮았다.

얼어붙은 땅속에서 작은 몸으로 긴 겨울을 견뎌냈을 텐데도, 달래는 놀랍도록 씩씩하다. 이른 봄을 대표하는 최고의 별미는 단연 향긋한 달래간장이다. 갓 지은 밥에 달래간장을 듬뿍 넣어 비벼 한 숟갈 떠먹으면, 입안 가득 봄이 퍼졌다. 다른 반찬에는 젓가락이 가지 않았다. 추위를 견디며 거칠어질 법도 한데, 달래는 놀라울 만큼 연하고 부드러웠다. 칼등에 덜 두드려진 달래 머리는 섬세한 겹의 결이 살아 있어, 아삭하고 상쾌하게 씹혔다.

달래가 너무 사랑스러워 보기만 하면 샀다. 양파, 마늘, 대파, 부추의 매력을 한 몸에 지닌 달래로 어떤 요리를 해볼까 고민해 보았지만, 결국은 늘 그렇듯 달래간장을 만들고, 달래전을 부치거나 냉이국에 살짝 넣어 봄의 향기를 더하는 데 그쳤다.

〈정조지〉에서 '해백죽'이라는 낯선 이름의 죽을 본 순간, 지금은 구할 수 없거나 구하기 어려운 식재료일지도 모른다는 생각에 괜히 두렵고 불안해졌다. '근채', '제채'처럼 '채'가 붙은 이름은 채소일 것이라는 힌트를 주지만, '해백(薤白)'은 어쩐지 평범하지 않았다. 해(薤)자의 훈이 염교이고, 백(白)은 하얀 색을 뜻하므로 뿌리가 유난히 하얗게 빛나던 염교 뿌리가 떠올랐다.

해백에 대해 더 알아보면서 해백이란 한자명이 염교, 산부추, 산달래와 같이 쓰인다는 것을 알았다. 산부추와 두메부추, 염교는 봤지만 '산달래'는 생소했다. 여러 혼란 속에서 우리가 흔히 먹는 그 '달래'가 바로 산달래, 즉 해백이라는 사실을 알게 되었다. 산달래를 염교나 산부추와 같은 것으로 본 건, 형제자매를 그 집 아

이들이라고 지칭했던 것과 같다. 이름과 향은 달라도 이 '삼총사'가 우리 몸에 주는 유익함만큼은 비슷했다.

우리가 먹는 '달래'가 바로 '산달래'라는 사실은 은근 놀랍고도 반가운 일이었다. "대산(大蒜. 마늘)이 형님이 아직 자고 계시지만 소산(小蒜)인 제가 있어요" 큰 형님 마늘이 없는 틈을 타 산달래가 큰 소리를 친다. 그럴만하다. 마늘이 아니라 산달래가 쑥과 함께 곰을 여자로 만들었다는 소문이 돌고 있다. 얼른 시장에 가서 산달래를 더 사와야겠다. 달래가 넉넉하다면. 아삭한 배와 하얀 무를 가늘게 채 썰어 넣은 달래김치를 담자. 죽과 함께 먹으면, 고추 먹고 맴맴 달래 먹고 맴맴이란 동요가 절로 나오지 않을까?"

달래의 효능

봄나물의 대표주자라면 흔히 냉이나 쑥을 먼저 떠올린다. 실제로 이들은 단백질, 칼슘, 철분, 비타민 A 등에서 달래보다 높은 영양 수치를 보이기도 한다.그러나 봄의 기운을 가장 섬세하게 전하는 존재는 다름 아닌 달래다.

달래는 '향기'라는 감각을 통해 인체에 영향을 주는 식물이다. 그 알싸하면서도 맑고 투명한 향은 단순한 자극이 아니라, 몸속 깊은 기운을 일깨우는 감각의 자극이다. 이 향은 유황화합물에서 비롯된다. 마늘이나 양파에도 존재하는 이 성분은 강한 향으로 잘 알려져 있지만, 달래의 향은 마늘보다 부드럽고, 양파보다 정제된 고급스러움이 있다. 이러한 유황화합물 기반으로 한 방향성분은 실제로 우리 몸에 생리작용을 일으키는 것으로 알려져 있다.

후각을 통해 흡입된 식물의 방향물질은 자율신경계, 내분비계, 면역계에 작용해 스트레스를 완화하고, 이완 반응을 유도한다는 연구들이 다수 보고되었다. 즉, 달래는 그 향기만으로도 '먹는 아로마테라피'가 가능한 식물인 셈이다. 이 유황화합물은 달래가 함유한 소량의 사포닌(saponin)과 함께 작용해 혈액순환을 돕고, 노폐물 배출, 면역력 강화, 항염 작용에 도움을 줄 수 있다. 봄을 부르는 나물은 많지만, 향기로 봄을 깨우는 능력은 달래가 단연 으뜸이다.

해백

봄나물의 대표주자라면 흔히 냉이나 쑥을 먼저 떠올린다. 실제로 이들은 단백질, 칼슘, 철분, 비타민 A 등에서 달래보다 높은 영양 수치를 보이기도 한다. 그러나 봄의 기운을 가장 섬세하게 전하는 존재는 다름 아닌 달래다. 달래는 '향기'라는 감각을 통해 인체에 영향을 주는 식물이다. 그 알싸하면서도 맑고 섬세한 향은, 단순한 자극이 아니라 몸속 깊은 기운을 일깨운다.

이 향은 유황화합물에서 비롯되며, 마늘이나 양파에도 존재하는 성분이다. 하지만 달래의 향은 마늘보다 부드럽고, 양파보다 정제된 고급스러움이 있다.

이러한 유황 화합물 기반의 방향성 성분은 실제로 인체에 생리적 효과를 주는 것으로 밝혀졌다.

후각을 통해 흡입된 식물의 방향물질은 자율신경계, 호르몬계, 면역계에 영향을 주어 스트레스를 완화하고 이완 반응을 유도한다는 연구들이 다수 발표되었다. 즉, 달래는 그 향만으로도 '먹는 아로마테라피'가 가능한 식물이다.

그래서였을까. 달래의 향기를 먹으며 긴 겨울잠을 자던 곰은 마침내 깨어나 여자가 되었다는 전설은, 실은 봄을 깨우는 향기의 힘을 빗댄 이야기인지도 모른다. 봄을 부르는 나물은 많지만, 몸과 마음을 함께 깨우는 나물은 오직 달래다.

우리가 몰랐던 파씨집안의 비밀

식물계에서 빼놓을 수 없는 명문 가문이 있다. 바로 수선화과 집안이다. 이 집안의 종손인 수선화는 꽃을 피우는 집안에 대한 자부심이 대단하다. 그런 수선화에게는 부추과라는 이웃이 있었다. 어느 날 마을에는 뜻밖의 말이 돌았다. "저 부추과, 사실 수선화의 아버지인 아스파라거스의 아들이래!" 수선화는 발끈했다. "무슨 소리야? 우리가 꽃을 피우는 집안인데, 꽃 같지도 않은 꽃을 피우는 부추가 내 동생이라니?" 그러자 사람들은 진실을 밝히자며 유전자 검사를 권했다. 결과는 충격적이었다. 부추과는 수선화과와 같은 혈통, 즉, 진짜 동생이었다. 그렇게 부추과는 족보에 새겨졌다. 이름도 부추아과(allioideae)로 바뀌었다. 꽃을 피우는 수선화과라는 큰집 아래 새로 편입된 향과 맛을 지닌 작은 집이었다. 부추아과는 결혼했고, 4남 2녀를 두었다. 아버지인 부추아과를 가장 많이 닮은 장남인 마늘(allium sativum)를 이어 부추아과를 가장 많이 닮은 부추(allium tuberosum), 그리고 둥글둥글 하지만 속을 알 수 없는 양파(allium cepa), 체격이 크고 성격도 호탕한 대파(Allium genus), ?고 염교(allium chinense)를 두었다. 귀하게 얻은 딸이라 '돼지파'라는 투박한 별명을 얻었지만, 하얗고 빛나는 외모 때문에 사람들은 염교를 진주파라 불렀다. 말년에 부추아과는 딸 하나를 더 얻었다. 이번엔 달래(allium monanthum)라는 이름을 붙여주었다. 언니인 염고처럼 희고 예뻤지만 더 명랑한 기운을 지녔다. 부추아과의 자식들은 생김새가 달랐지만 한결같이 마음이 따뜻했다. 사람들은 이 가족을 통틀어 파씨 집안이라 불렀고, 영문으로는 Allium 속 가족이라고 했다. 본가의 수선화과는 큰 집을 꽃으로 가득 채우며, 사람들의 마음에 기쁨을 전했고, 그 아래의 파씨 가족들은 뿌리 깊은 정성과 향기로 사람들의 건강을 지켜주었다.

* 알리움속 식물은 잎 속이 비어 있는 것과 막힌 것으로 나누는데 전자는 양파, 파, 염교가 있고 후자로는 마늘, 달래 산부추 부추, 두메부추가 있다.

화초죽

장기(瘴氣. 산람장기)를 쫓아내고, 추위를 막는다. 花椒粥【辟瘴, 禦寒】

화초(花椒)라는 이름이 곱다. 화초는 매운 맛이 꽃처럼 퍼진다고 하여 붙은 이름인데, 그 매운맛은 단순히 자극에 머물지 않고 혀끝을 살짝 마비시키며 천천히 퍼진다.

보통 산초, 천초, 화초라는 이름이 혼용되지만, 화초는 천초의 상위개념으로 천초는 화초의 대표 품종 중 하나다. 천초 이 외에도 화초에는 홍화초, 청화초, 흑화초 등 다양한 품종이 있어 맛과 향이 조금씩 다르다. 화초, 천초, 산초의 세 가지 개념에서 화초와 산초의 두 가지만 구분하면 되는 셈이다. 산초와 천초는 잎의 모양에서도 구별된다. 산초는 잎이 어긋나고 끝이 둥글며, 추운 기후에도 잘 견뎌 우리나라 전역에서 자란다. 반면 천초는 잎이 대칭을 이루고 뾰족하며, 남쪽의 따뜻한 지방에서 재배된다. 화초는 산초와 함께 으뜸 용도는 약재였다. 그 다음이 향신료로 음식의 맛을 좋게 하는 데 쓰였다.

세조 때의 어의(御醫)였던 전순의(全循義)가 지은 《산가요록(山家要錄)》에는 건천초(乾川椒) 만드는 법이 나온다. "짙은 홍색으로 입이 벌어진 천초를 골라 맛있는 간장에 담근다. 기왓장 위에 종이를 펴 놓고 자주 저으면서 볶아 마르면 꺼내는데, 이때 색이 검어 지지 않게 하여야만 그 맵기가 보통의 배가 된다. 그는 껍질을 청주에 담갔다가 말려 가루로 만드는 법도 덧붙이며, 향신료를 넘어선 매운맛을 약재로서 활용하고 있었음을 알려준다.

화초의 혀를 얼얼하게 만드는 매운맛에는 약재의 따뜻한 기운, 기름진 음식을 정리해주는 선명한 힘이 들어 있다. 죽에 이 화초를 먹으면, 입은 얼얼하고 속은 따뜻해진다. 조선의 부엌에서 향신료는 단지 맛을 내는 조미료가 아니라, 몸을 다스리는 음식 그 자체였다. 열을 가하면 방향성분이 줄어 들기 때문에. 죽이 완성된 후 화초가루를 넣어야 한다.

*화초는 여성호르몬을 촉진하여 모유 수유에 도움이 된다.

화초

화초(花椒, Zanthoxylum bungeanum)는 운항과 산초촉의 다년생 낙엽소교목 초피를 말한다. 천초는 Zanthoxylum bungeanum, 산초는 Zanthoxylum schinifolium이고 천초는 Z. bungeanum이라는 종명을 가진 하나의 품종이고, 화초는 이 천초를 포함한 중국식 산초류 전체를 가리키는 큰 개념이다. 중국에서는 이 천초 외에도 청화초(青花椒), 흑화초(黑花椒) 등 다른 종이나 변종도 화초라고 부른다. 하지만 그중 가장 대표적인 화초가 바로 Z. bungeanum, 즉 천초다. 천초(川椒)는 화초의 일종일 뿐, 별개의 학명이나 종이 아니다.

"산초는 향긋하고 은은하며 단기적 찌릿함을 주는 향을 더하는 보조 향신료이고, 반면 화초는 혀를 마비시키는 강력한 감각 자극을 주어 감각 자체를 바꾸는 강한 향신료"라고 그 역할을 보면 된다.

회향죽

위장을 편하게 하고, 산증(疝症)을 치료한다. 茴香粥【和胃, 治疝】

회향(茴香)을 산미나리라고 부르기도 하고 산미나리씨앗을 펜넬(Fennel)이라 했다. 회향과 펜넬, 산미나리를 같은 식물로 알고 살았다. 씨앗으로만 보던 펜넬을 직접 봤다. 잎은 딜을 닮아 하늘거리고 뿌리는 양파를 닮았고 대파처럼 속이 빈 줄기가 독특했다. 직접 본 펜넬은 산미나리하고는 전혀 연관이 없어 보였다. 아무리 미나리가 산에서 자라도 미나리는 미나리인데 말도 되지 않았다. 펜넬과 산미나리가 같은 향신채라는 것에 의문을 갖게 되었다.

　백화점을 갔는데 거부감이 들 정도의 독특한 풀 향이 아주 강하게 났다. 여성 건강에 독보적이라는 산미나리차의 홍보가 들렸다. 그런데 내가 알던 펜넬의 향과 완전히 달랐다. 회향과 펜넬, 산미나리와는 셋은 하나라는데 아닌 것 같았다.

　셋의 수상해 보이는 관계를 조사했다. 결과는 회향은 펜넬이 맞지만 산미나리는 아니었다. 회향은 지중해가 원산지로 전세계에 2종이 분포되어 있으며 우리나라에는 1종이 귀화식물로 들어와 야생으로 정착되었다고 한다. 회향과 산미나리가 서로 같다는 오해는 둘 다 미나리과(Apiaceae) 소속으로 깃털 같은 잎과 줄기가 비슷하고 우산 모양의 산형화서로 꽃을 피우기 때문이었다. 산미나리씨앗은 향기가 거의 없다고 했다. 그럼 내가 맡은 그 강한 산미라차의 강한 향은 회향을 많이 넣은 탓이었다. 산미나리가 쫓겨나는 것으로 정리가 되었다.

　회향은 회향이란 본래의 향기로 되돌린다는 뜻이다. 상한 물고기나 고기 등에 회향을 넣으면 원래의 단맛과 향기를 되돌려 준다는 것에서 유래되었다고 한다. 인도에서는 향이 강한 음식을 먹고 난 뒤에 입가심으로 회향 씨앗을 먹는다.

　회향도 향신료로 보다는 약재로 그 가치가 더 크다. 고대 로마에서는 회향을 우린 물로 갓난 아이의 눈을 씻어 주고 중국이나 인도에서는 회향을 해독제로 사용했다고 한다. 영국에서는 회향 다발을 집에 걸어 두어 사악한 마녀가 접근하는 것을 막았다.

　회향은 점막을 자극, 분비선의 왕성한 활동을 촉진시킨다. 약재는 주로 씨가 쓰이는데 크게 소화, 진정, 최면, 구취제거 효과를 볼 수 있다. 회향의 상쾌한 향기가 생선의 비린내를 제거하여 생선의 맛을 살리고 향신료로 기름기를 중화시키 때문

에 고기에도 좋다. 꽃, 잎, 줄기, 씨는 모두 향신료의 원료가 된다. 회향죽은 회향의
향미가 강조된 죽이다. 그래서 좋아하지 않을 사람도 있을 것이다. 이런 사람은 다
른 샐러드나 고기, 생선에 회향을 넣어 회향의 약성을 누려 볼 것을 권한다.

회향

회향(茴香)은 소향(小香), 향자(香子), 또는 소회향(小茴香) 이
라고도 불리며, 조선시대에는 가음초(加音草)라는 이두어로
불려졌다.

《동의보감》에서는 회향에 대해 '성질이 평하고, 맛은 맵고,
독이 없고, 위를 따뜻하게 한다. 소화작용, 토사곽란, 불편
한 뱃속을 다스리고 방광을 따뜻하게 하고 음부의 냉기를
없애 통증을 멈추게 하는 효능이 있다. 장의 연동운동도 활
발하게 시켜 헛배 증세를 가라앉게 한다. 식욕을 증가시키
고, 기(氣)의 순환을 좋게 한다. 사용법은 가루를 내 물에 타
마시거나 달여서 탕으로 복용하고, 음력 8월과 9월에 채취
한 것을 그늘에 말린 뒤 술을 빚어 마시기도 한다'고 했다.
구취를 제거하려면 싹과 줄기로 국을 끓여서 먹는다. 또는
날 것을 먹는다. 회향의 잎은 늙은 고수나물과 같은데 아주
성기고 가늘며 나며 씨는 보리 비슷한데 푸른색이라고 했다.
특히 회향을 지배하는 강한 향은 아네톨(anethole)성분은
여성 호르몬인 에스트로겐과 유사한 작용을 하여 혈관 건
강과 여성 건강에 긍정적인 영향을 줄 수 있다. 회향 정유에
서 약 60~80% 정도가 아네톨(anethole)성분이다.

* 회향을 소회향이라고 하고 팔각을 대회향이라고 하므로 주의
해야 한다.

호초죽

명치 부위의 동통(疼痛, 쑤시고 아픔)을 치료한다 胡椒粥、茱萸粥、辣米粥【竝治心腹疼痛】

후추는 동서양을 막론하고, 고대부터 현대에 이르기까지 인류가 가장 널리 사
용해온 향신료다. 후추가 없던 시절, 고기나 생선은 주로 소금을 뿌려 익혔고, 맛
은 밋밋하고 단조로웠다. 그러나 후추가 더해지면 식재료 본연의 향이 살아나며
음식의 풍미는 한층 깊어진다. 마치 음식이 숨을 쉬는 것처럼, 후추는 요리에 생

동감을 불어넣는다.

조선 시대까지만 해도 유럽처럼 후추가 꼭 필요한 식재료는 아니었다. 산초나 천초처럼 비슷한 향신료가 있었고, 간장과 된장이 향과 감칠맛을 동시에 내주었기 때문이다. 그러나 후추는 단순한 조미료를 넘어, 몸을 덥히고 원기를 회복하는 약재로 쓰였다. 그 속에 담긴 피페린(piperine)이라는 성분은 통증을 줄이고, 장내 미생물을 조절하며, 소화효소를 촉진시키는 다양한 약리 효과를 지닌다. 지방 분해를 도와 체중 조절에도 효과적이며, 약물의 흡수를 높이는 역할도 한다.

후추를 듬뿍 넣어 붕어나 양즙을 먹었던 이유는, 단순히 냄새를 감추기 위해서만이 아니었다. 몸속 깊은 곳까지 효능이 스며들기를 바라는 마음이었을 것이다. 무심코 음식 위에 후추를 톡톡 뿌리는 그 순간, 우리는 천연 소화제이자 항염제를 한 줌 더하는 셈이다. 그렇게 작고 검은 후추알 안에는, 우리가 일상에서 놓치기 쉬운 건강의 지혜가 오롯이 담겨 있다. 꼭 후추죽이 아니더라도, 육류나 생선으로 쑨 죽에 후추를 넉넉히 뿌리면 입맛을 돋우고 속을 편안하게 한다. 그런 날엔 후추가 옆에 있다는 것이, 어쩐지 고맙고 든든하다.

오늘 문득 양념 서랍을 열었다. 루비빛, 진주빛, 초콜릿색 토파즈처럼 반짝이는 알록달록한 후추들이 눈에 들어온다. 예뻐서 사두었던 후추들이다. 같은 색이라도 담긴 통에 따라 느낌이 달라서, 하나 둘 모으다 보니 서랍 안은 작은 보석 상자가 되었다. 그 안에서 후추들이 답답하다고 아수성다. 먼 이국까지 와서 후추가 서랍안에서 고생이다 오늘은 후추들을 꺼내어, 알록달록한 후추죽을 쑤어야겠다. 후추죽은 우울하거나 기운이 처지는 날 더욱 좋다. 조선의 선비들은 후추를 물에 타서 마시면 배앓이를 하지 않는다고 하여 여행을 떠날 때는 항상 후추

제6장(부록) 제죽식치와 절식지류의 죽

를 휴대했다고 한다.

* 후추를 넣고 만든 대표적인 음료로 왕실의 잔치에 빠지지
않던 이숙(배숙)이 있다. 이숙 이외에도 약과, 약식, 수정
과에 후추를 넣었다.

후추

후추나무는 후추과에 속하는 상록덩굴식물로 인도 남부가
원산지다. 한자어로는 호초(胡椒)라고 한다. 후추' 라는 이름
은 중국 한나라때 서역에 사신으로 갔던 장건(張騫)이 비단
길을 통해서 가져왔다는 속설에 호초라 불리다 지금의 후
추가 되었다. 물에 일어서 말려 가루 내어 약으로 쓰며 일명
부초(浮椒)라고도 부른다. 《동의보감(東醫寶鑑)》「탕액편(湯
液編)」에서는 "성질은 몹시 따뜻하며 맛은 맵고 독이 없으며
기를 내리고 속을 따뜻하게 하며 담을 삭이고 장부의 풍과
냉을 없애며 곽란과 명치 밑에 냉이 있어 아픈 것과 몸을 차
고 습하게 함으로써 생기는 병인 냉리(冷痢)를 낫게 한다. 또
한 모든 생선과 고기 그리고 버섯 독을 풀어 준다. 원산지는
남방이며 생김새는 우엉 씨와 비슷하며 양념으로 쓴다. 양
지 쪽으로 향하여 자란 것이 후추인데 가루 내어 약으로 쓰
며 일명 부초(浮椒)라고도 부른다."고 했다.

후추와 조선

우리의 후추에 관한 최초의 기록은 이인로(李仁老, 1152~1220)가 쓴 파한집(破閑集)에 있다. 고려사에는 창왕 재위시기인 1398년 8월 유구국(琉球國) 증산왕(中山王) 찰도(察度)가 옥지(玉之)를 파견하여 글을 올리고, 신하를 자칭하며 그 지방의 산물 등과 함께 후추 300근을 바쳤다. 유백유(柳伯濡 1341~ ?)가 충숙왕이 궁의 젓갈 항아리가 웃음거리가 된 것을 빗대며 궁에서 쓰는 것을 말렸으나 창왕은 이를 무시하고 궁의 여러 곳에 나누어 주었다는 기록이 있다. 후추가 젓갈 항아리에 비교된 것을 보면 후추가 낮은 평가를 받았던 것 같다.

《태조실록》과 《태종실록》에는 인도네시아 자바섬의 마자파힛 왕국의 사신 진언상(陳彦祥)이 조선을 왕래하며 특산물인 후추를 바쳤다.는 기록이 나온다. 하지만 조선 왕실은 후추에 대해 큰 관심을 보이지 않았다. 조선 초기에 쓰여진 《산가요록(山家要錄)》의 조리법 230가지 중에서 오로지 '치장'이란 음식에만 후추가 들어갔다. 후추는 조선초기만 해도 음식에 들어가는 식재료보다는 약재로 더 많이 쓰였음을 알 수 있다.

이후 성종대에 이르러 후추에 관한 중요한 대목이 등장한다. 《성종실록》 1488년 6월 15일 기사에 따르면, 호조판서 정난종(鄭蘭宗, 1433~1489)은 아뢰길,

"지금 여름 석 달 동안 왜인이 바친 물건에 대한 답례로 포백이 10여만 필에 이르고, 창고에 남은 것이 고작 80여만 필 뿐이니 국가 재정으로는 감당하기 어렵습니다. 그들이 바친 속향·정향·백단향·후추는 긴요하지도 않고, 값만 비싼 물건들입니다. 특히 후추는 의영고에 이미 600근이나 있어 남아돕니다. 하지만 그들의 요구를 완전히 거절하기도 어렵습니다. 그러니 '너희가 바친 물건은 실용적이지 않고 값만 비싸니, 값을 깎으면 예물로 보답하겠지만 그렇지 않다면 따르기 어렵다'고 전하고, 그 반응을 지켜보는 것이 좋겠습니다.", 성종은 옳다며 예조(禮曹)

제6장(부록) 제죽식치와 절식지류의 죽

와 상의하라고 한다. 이 기록은 성종이 후추를 좋아하여 후추나무를 구하고자 애썼다는 기록과 종종 오해를 불러일으킨다. 성종이 후추나무를 구해 키우고자 했던 것은 외교관계 유지를 위해 고가의 후추를 마지못해 불리하게 구매해야 했던 상황에서 비롯된 고충이었다. 성종은 후추를 좋아했다기보다, 후추가 '왜인 외교의 상징적·요구품'으로 작동하며 국고를 압박하는 현실에 대해 불편해한 것이다.

한 세기 후, 후추는 다시 조선 역사에 등장한다. 류성용(柳成龍, 1542~1607)이 쓴 《징비록(懲毖錄)》에 따르면, 1586년(선조 19년) 일본 사신 다치바나 야스히로(橘康廣)가 한양에 왔을 때, 예조판사가 연회를 열었다. 야스히로는 술에 취한 척하며 주머니에서 후추를 꺼내 연회장 바닥에 흩뿌렸다. 이에 기생과 악공들이 서로 줍기 위해 달려들었고, 잔치는 아수라장이 되었다. 숙소로 돌아온 야스히로는 통역에게 이렇게 말했다고 한다.

"너희 나라는 망할 것이다. 아랫사람들의 기강이 무너졌으니, 어찌 멸망하지 않겠는가."몇 년 뒤 임진왜란이 일어났다. 그는 후추에 몰두한 모습에서 조선의 기강 해이를 보았고, 이를 몰락의 징조로 해석한 것이다.

조선중기에 집필된 《음식디미방(飲食知味方)》에서는 '호쵸'라고 적힌 후추의 사용이 증가하여 95조목의 조리법 중에서 후추가 들어간 것이 무려 26회나 된다. 주로 고기와 생선을 주재료하는 음식에 쓰였다. 또 징비록의 내용으로 후추는 아주 그 쓰임이 널리 퍼진 고가의 향신료이자 약재임을, 음식디미방의 등장한 후추의 사용 횟수로 17세기에는 고기와 생선의 비린내를 잡는 데 후추가 천초, 생강과 함께 매우 효과적으로 쓰인 것으로 보인다. 이렇게 후추는 여전히 약재로 사용되면 향신료로 중요성이 높아졌다.

조선 후기 서영보(徐榮輔, 1759~1816)와 심상규(沈象奎, 1766~1838)가 쓴 《만기요람(萬機要覽)》에는 후추 한 말의 가격이 은 5냥으로 기록되어 있다. 이로 보아 조선 후기에는 후추의 공급이 증가하고, 고추의 대중화와 함께 후추의 가격도 예전에 비해 크게 떨어졌음을 짐작할 수 있다.

참조 : 〈조선왕조실록〉, 〈한국학중앙연구원〉

후추

남쪽 지방에서 자라는 후추가
아득히 먼 동쪽 우리나라로 들어왔네
매운 맛은 파, 마늘보다 낫고
향기는 겨자와 생강을 업신여기는구나.
음료로 마시면 막혔던 가슴이 뚫리고
가루를 넣으면 솥에 끓인 탕이 향기롭지.
한 말을 쌓아 두기도 어려운데
누가 팔백 섬을 감추었다는 말인가.

제6장(부록) 제죽식치와 절식지류의 죽

마자죽(마씨앗죽)

장을 윤택하게 하고, 마비증을 치료한다. 麻子粥【䏍潤腸, 治痹】

몇 년 전, 햄프(Hemp)씨드가 오메가 3와 오메가 6의 비율이 좋다며 유행하였다. "패션만 유행이 있는 것이 아니라 곡물도 유행이 있구나, 햄프씨드가 지나 가면 어떤 곡물이 또 유행을 할까"라고 생각하며 무심히 지나쳤다. 햄프씨드란 영어식 이름 때문에 퀴노아, 아마란스, 카무트처럼 외국에서 수입된 곡물로 단정한 탓이다.

〈정조지〉의 마자죽으로 마자가 대마의 씨앗이자 햄프씨드라는 것을 알게 되었다. 마약성분이 든 햄프씨드가 식용된다는 것이 의아하였다. 마자의 껍질을 제거하면 마약성분이 없어지므로 가공법에 따라 먹을 수 있다는 것을 알게 되며 공포에서 벗어나게 되었다.

마자를 씹어 먹었는데 고소하고 부드러우면서 묘하게 향기롭다. 식감 또한 호두나 잣에 못지 않다. 마자의 줄기로 짜는 옷감을 거칠거칠하지만 씨앗은 더 없이 부드럽다.

마자죽은 원미죽으로 먹으면 어울릴 것 같아, 귀리처럼 거칠게 갈아 죽을 쑤었다. 마자죽은 마치 버터를 더한 듯 윤택하고 견과류를 갈아 넣은 듯 고소하고 풍성한 맛이다. 마자가 지방함량이 높기 때문인 것 같다.

〈정조지〉속의 많은 죽 중 순위를 가리라고 한다면 열매나 씨앗으로 쑨 중에는 마자죽이 으뜸이지 않을까 싶다. 잣죽이나 깨죽이 맛이 좋기는 하지만 가격 경쟁력을 갖추지 못했기 때문이다. 죽이 치유의 힘을 갖기 위해서는 자주 그리고 꾸준히 먹어야 효과가 있는데 마자죽이 이 조건을 다 갖추고 있다.

마자

마자는 한방에서는 마자인(麻子仁)이라고 하고 잎이 화(火)를 닮았다고 해서 화마인(火麻仁), 저실(苧實), 대마자(大麻子)로 불리는 삼씨를 말한다. 삼씨는 대마의 씨로 양귀비와 함께 재배와 식용이 금지되어 있다. 사실 마의 가장 중요한 목적은 역시 옷감, 삼베를 만드는 것이다. 청동기시대부터 대마를 재배한 흔적이 있다.

마자는 성질이 차지도 않고 따뜻하지도 않으며 지방이 풍부하고 윤기가 있어 대장을 윤활하게 하여 변비를 다스린다. 마자는 변은 내보면서도 정기는 보존하여 진액이 부족하여 생기는 노인성 변비와 출산 후의 변비에 특히 좋으며 혈액순환을 돕는다. 번열(煩熱)이 있어 가슴이 불안, 답답하고 화가 날 때, 구역질을 하면서 음식을 넘기지 못하는 증상에도 도움을 준다.

마자는 기름을 짜고 콩, 완두콩, 귀리, 아몬드, 코코아처럼 식물성 우유를 만들어 먹기도 한다. 마자기름에는 오메가3와 오메가6 지방산이 1:3 비율로 가장 이상적으로 함유되어 있다. 이는 혈관의 탄력유지와 혈액순환 개선과 심혈관 질환을 줄이는데 기여를 한다. 또한, 대마종자유는 체내의 중성지방 수치를 낮추고 HDL수치를 높이는 데에도 효과적이다. 염증을 줄이므로 아토피 등의 피부염에도 도움을 준다.

호마죽(참깨죽)

장을 윤택하게 하고, 마비증을 치료한다. 胡麻粥, 【竝潤腸, 治痺】

명절이 다가오면 집집마다 고소한 참깨 볶는 냄새가 진동했다. 볶은 참깨는 명절 음식의 양념으로 쓰이기도 했지만, 추석에는 송편 속으로, 설날에는 강정을 만드는 데 사용되었다.

어린 시절, 엄마가 참깨를 볶는 모습을 지켜보며 재미있어 보였다. 깨가 마치 벼룩처럼 톡톡 튀는 것이 신기했다. 그래서 어느 날, 엄마 흉내를 내며 나도 참깨를 볶겠다고 나섰다. 부지런히 저어보았지만, 결국 깨를 태우고 말았다. 엄마는 "깨를 적당히 볶는 건 쉬운 일이 아니야"라고 했다.

그 말이 오히려 내 도전 의식을 자극했다. 엄마가 참깨를 볶을 때마다 나타났

고, 마침내 엄마의 자리를 물려받았다. 그러나 내가 볶은 깨는 일부는 타고, 일부
는 덜 익어 얼룩덜룩 마치 표범가죽 같았다. 정말 쉽지 않은 일이었다. 그렇게 만
든 깨소금은 나물도, 양념장도 제 맛이 나지 않아, 그 깨소금이 다 없어질 때까지
엄마 눈치를 보곤 했다.

참깨는 주로 깨소금이나 참기름으로 즐겨 먹는다. 채식을 할 때 부족하기 쉬운
영양소를 보완해 주어 우리에게 아주 소중한 양념이다. 참깨는 검은깨에 비해 구
하기도 쉽고 경제적이지만, 죽으로는 선호되지 않는다. 아마도 흑임자죽의 강렬
한 향기와 맛에 밀려서일 것이다.

참깨로 끓인 죽, 호마죽은 의외로 만들기도 쉽고, 먹고 나면 몸이 편안해진다.
살짝 볶은 참깨를 곱게 갈아 쌀죽에 풀어 넣으면, 은은한 고소함이 입 안 가득 퍼
진다. 흑임자죽처럼 진하거나 화려하진 않지만, 그 대신 부드럽고 따뜻한 위안이
있다. 호마죽은 흑임자가 없을 때 쓰는 '없는 대체죽'이 아니라 질리지 않고 먹을
수 있는 죽이다.

엄마가 수없이 참깨를 볶던 그날의 기억처럼, 호마죽 한 그릇엔 추억도, 영양
도, 위로도 함께 담긴다.

참깨

참깨는 주로 불포화지방산(리놀레산, 올레산)을 풍부하게 함
유하고 있으며, 여기에 더해 리그난(lignan)계열의 강력한
항산화 성분인 세사민(sesamin), 세사몰린(sesamolin), 세사
미놀(sesaminol)을 포함하고 있다.

이들 성분은 혈중 지질 개선, 콜레스테롤 조절, 혈액 순환 개선 및 혈관 보호에 효과적이며, 특히 간세포 내 항산화 효소를 활성화시켜 지방간 예방과 간 해독 기능 강화에 도움을 줍니다.

또한 참깨는 뇌세포의 주요 구성 성분인 레시틴(lecithin)을 풍부하게 함유하고 있어 집중력 향상, 기억력 강화, 치매 예방 등 신경계 건강에 유익하다.

칼슘, 아연, 인, 마그네슘 등의 미네랄이 고르게 들어 있어, 뼈 건강 유지, 골다공증 예방, 근육 및 신경 기능 조절에 기여한다. 이외에도 풍부한 비타민 E는 세포 노화를 지연시키고, 피부 탄력을 유지하는 데 도움을 줘 항산화 뷰티 영양소로도 높은 평가를 받는다. 참깨는 껍질이 얇아 소화와 흡수가 용이해 노년층이나 소화력이 약한 사람에게 유리하다.

소자죽(차조기씨앗죽)

기를 내리고, 흉격을 잘 통하게 한다. 蘇子粥【下氣, 利膈】

소자죽은 차조기씨앗으로 쑨 죽을 말한다. 예전에는 차조기가 바다에서 나는 조기의 한 종류로 알았지만, 지금은 마당에 차조기를 키우고 있는 차조기 농장주다. 차조기는 놀라운 생명력을 지녀, 한번 씨를 뿌리면 다음해에는 누구나 차조기 농장주가 될 수 있다. 〈정조지〉 음청지류에는 차조기차가 최고의 차라고 했다. 차조기의 연한 잎을 절였다가 매실즙을 섞어 마시면 여름에 더위를 다스리는데 최고다. 강한 방부작용이 있어 김치를 담을 때 한 두 잎 넣으면 김치가 덜 신다고 한다.

차조기는 더위는 물론 추위에 강하여 국화와 함께 서리를 맞고도 멀쩡하다. 이 무렵 차조기와의 인연을 마무리 못하면 다음 해 봄 미이라 같은 몰골을 한 차조기가 지는 꽃을 화무십일홍이라 비웃는 모습을 보게 된다. 아무리 게으른 농부도 가지, 고추, 토마토 모종을 심을 때 묵은 차조기를 뽑지만 차조기 새싹이 자라고 있어 마치 차조기가 영생을 누리고 있는 듯 하다.

보라색 차조기 씨앗은 너무도 작다. 작은 씨앗을 손으로 비비면 섬세한 들깨향기가 난다. 깨소금을 만드는 것처럼 정성을 다해 골고루 볶아서 마자에 넣고 갈았다. 차조지의 씨앗이 작아서인지 갈리면서 톡톡 깨지는 소리가 소근거리는 듯하다. 죽맛도 그렇다. 들깨죽이 큰 소리로 분명히 말한다면 차조기죽은 꾀꼬리 같은 목소리로 노래하듯 말한다. 이런저런 이야기를 떠나서 차조기 죽은 상긋하다.

차조기 씨앗의 효능

'로즈마린산' 하면 흔히 바질, 로즈마리, 타임 같은 서양 향신채를 떠올리기 쉽지만, 사실 우리 토종 식물인 자소(차조기) 역시 이 귀한 항산화 성분을 풍부히 지닌 식물이다.

특히 자소엽은 로즈마린산이 과학적으로도 유의미한 수준으로 검출된, 한국 식물 중 드문 사례로 꼽는다. 이는 단순한 향신 잎이 아니라, 항염·항알레르기·항산화 효과가 과학적으로 입증된 약리적 가치를 지녔다는 뜻이다. 자소는 흔한 풀이면서도, 세계적으로 인정받을 수 있는 약용 식물이라는 점에서 매우 특별하다.

로즈마린산이 들어 있는 우리 토종 식물 중, 그 유효성을 입증받은 건 현재로선 자소가 거의 유일하다는 사실은 더 주목할 만하다. 자소씨 역시 숨은 보물이다.

여기엔 오메가-3 지방산(ALA)이 풍부해 심혈관 건강, 염증 완화, 뇌세포 보호에 이롭고, 식물성 단백질과 식이섬유도 고르게 들어 있어 장 건강과 면역력 향상에 도움을 준다. 잎은 빠른 진정과 면역 안정, 씨앗은 속 깊은 영양 보충, 이 둘이 함께할 때 자소의 진짜 힘이 완성된다. 전통적으로 우리는 들깨기름을 일본은 차조기 씨앗 기름을 즐겨 먹었다.

죽엽탕죽

갈증을 멎게 하고, 마음을 맑게 한다. 竹葉湯粥【止渴, 淸心】

10여년 전 음식연구소에서 마을 레시피를 개발하는 일을 했었다. 마을의 주요 농산물과 잊혀진 특산품을 되살린 음식을 만드는 일이었다. 산간 오지 마을부터 넓은 평야지역, 바닷가 마을, 도시의 인접한 근교의 마을까지의 그 마을만의 이야기를 품은 음식을 만들어 내는 일은 만만치가 않은 일이었다. 젊은 세대는 일본식 음식에 마을을 담고자 했고 중장년층은 국물 음식에 담고 싶어 했다. 여러 사람들의 의견을 수렴하다 보니 정말 많은 음식을 만들어야 했다. 술도 빚고 찐빵도 만들고, 두부도 만들었다.

포도로 유명한 마을의 마을회관 주방에서 마을 주민들이 시식할 음식을 만들고 있었다. 그런데 다른 개발팀이 와있었다. 약선음식을 만드는 음식 연구소로 작년에 이 마을이 약선음식을 도입했는데 주민들이 뜻은 좋지만 맛이 없다고 중단하는 바람에 남은 교육을 오늘 한다고 했다. 자연스럽게 우리와 약선 음식팀이 대결을 하는 구도가 되었다. 우리는 주민들이 좋아할 만한 평범한 음식을 만들고 있었다. 열심히 볶고, 찌고, 튀기고, 굽고 무쳤다. 고소한 기름냄새가 진동을 했다. 데치거나 찌는 조리법이 전부인 약선음식 팀의 표정이 어두워졌다. 그리고 우리에게 협조를 구할 일이 있었던지 우리를 불렀다. 여기 보세요. 기름팀! 이것 좀 옮겨주실래요. 그렇게 우리는 기름팀이 되었다. 잠시 뒤 우리를 그렇게 불러서 미안했는지 차를 가져왔다. 그리고 말했다. "이 차가 뭔지 아세요? 아무나 모르는 차예요" 내가 모른다고 하기도 전에 대답이 이어진다. "아무나 말해주는 것이 아

제6장(부록) 제죽식치와 절식지류의 죽

닌데…" 그러면 왜 물었을까. 그리고 바로 답을 말했다. "이건 정말 정말 우리 몸에 좋은 차예요 모르겠죠? 대나무잎차예요"

그 대나무잎차에 쌀을 넣고 쑨 죽이 죽엽탕죽이다. 자극적이지 않아 약간의 풀 향과 정말 은근한 단맛이 날 뿐이다.

〈정조지〉의 죽엽탕죽을 보자. 우리 기름팀의 몸을 정화시켜주었던 그때 그 약 선팀이 떠올랐다. 집 근처에 대나무가 많다. 봄이면 여기저기 삐죽 삐죽 고개를 내밀고 인사를 한다. "아이고 힘 자랑 그만해라. 그러다 큰 코 다친다." 다른 나무를 못살게 군다고 베어져 버릴 수 있으니 나는 대나무가 잠잠히 있기를 바랄 뿐이다.

대나무잎

죽엽(竹葉)은 성질이 차고, 맛은 달며 심(心), 위(胃), 폐(肺)에 작용하는 약재로, 열을 내리고, 진액을 보충하며 이뇨 등의 효능이 있다. 주로 열로 인한 입마름, 가슴 답답함, 구갈, 소아의 고열과 번조(煩躁) 증상에 사용되며, 특히 여름철의 열사병 예방에도 활용된다. 전통적으로는 죽엽석고탕과 같은 처방에 포함되어 심열(心熱)을 식히고 정신을 안정시키는 역할을 한다.

현대 연구에서는 죽엽에 함유된 플라보노이드 성분이 체내 염증 반응과 산화 스트레스를 낮추는 데 도움이 된다고 보고되고 있으며, 이는 전통적 효능인 해열, 진정, 항번열 작용과 통하는 부분이다. 죽엽은 오랜 세월부터 지금까지 열 관련 증상 조절에 유효한 약재로 평가받고 있다.

보리죽

서애 유성룡

흉년으로 먹을 것이 모자라니
목숨을 범벅 죽에 의지하네.

김군이 선성(宜城. 옛 예안(禮安))에서 왔는데
먹을 것이 또한 걱정이네.

서로가 죽 품질을 논하여
색과 맛으로 가린다고 했지.

김군이 혼연히 웃으며
팥죽이 진짜로 제일이라고.

내 보리죽을 제법 잘 먹기로
보리가 뒷줄 서는 게 부끄럽네.

제6장(부록) 제죽식치와 절식지류의 죽

한참 서로 변론하여
끝끝내 굽히질 않네.

내 말하기를 서로 같으니
굳이 서로 우열을 주장할 것 없네.

무루정(蕪蔞亭)과 호타하(滹沱河)에서
다 같이 문숙(文叔)*을 구했으니

결국 나물국보다 나아
주린 창자를 요기할 수 있거든.

옆에 있던 부잣집 아이가
손뼉 치며 깔깔대네.

* 문숙(文叔)은 후한 광무제의 자로 광무제가 하북 지역의
  무루정에 이르렀을 때는 콩(팥)죽으로, 호타하에서는 보
  리죽으로 허기를 달랬음을 말한다.

절식지류(節食之類)

7 가지 죽

절식이 만들어진 연유는 그 계절의 새로운 산물에 따라서 만들어지거나, 한 시대의 고사(故事) 때문에 만들어지기도 한다. 그러므로 지역마다 만드는 내용이 달라 일정한 규칙을 정할 수는 없다. 우리나라의 절식은 대체로 중국에서 본뜬 것이 많다. 간혹 본받을 만한데도 빠뜨린 것이 있어서, 지금 대략 가리고 편집하여 권의 말미에 붙여 둔다. 그중에 교묘함을 뽐내고 재물을 낭비하기 때문에 산가에서 품위 있게 상에 올리는 데 적합하지 않은 절식은 버려 두고 수록하지 않았다고 한다.

1. 동지의 절식[冬至節食]

적두죽방(赤豆粥方, 팥죽)

팥은 소두(小豆)라 하는데 적소두라 하여 적(赤)을 붙인 것은 회색, 검은팥, 흰팥, 붉은팥 중 붉은팥을 뜻하기 때문이다. 붉은색에는 질병이나 악귀를 쫓는 벽사의 효력이 있는 것으로 믿었다. 팥은 오동 유적에서 민무늬토기와 함께 출토되어 오랜 옛날부터 팥을 심어 온 것으로 추정된다.

팥은 성질이 평하고 맛이 달면서 시고 독이 없다. 팥에는 소변에 이롭고, 수종을 가라앉히고, 염증을 없애 주며, 주독을 풀어주는 여러 가지 효능이 있다. 또 몸이 비대한 사람이 먹으면 몸이 가벼워지고, 몸이 여윈 사람이 먹으면 몸이 튼튼해지는 묘한 작용도 있다.

집안 제일의 우환은 가족이 아프거나 회복하지 못하고 운명을 달리하는 일이다. 돈을 잃어버리면 다시 되찾을 수 있지만, 잃은 건강은 되찾기가 어렵다. 팥이 우리 몸을 건강하게 해 주는 데 큰 도움을 주기 때문에, 적두죽이 액을 물리치는 것은 맞다.

동지 섣달에 팥죽을 먹는 이유는 귀신은 빨간색을 싫어해 빨간색인 팥이 사악한 기운을 물리치는 힘이 있다고 믿었기 때문이다. 예전에는 죽뿐만 아니라 팥을 뿌리기도 하였다. 이는 신라 헌강왕(憲康王, ?~886) 때의 처용 설화에서 유래하였다. 역신을 막기 위해 처용의 얼굴을 그려 대문에 붙이거나, 처용의 얼굴빛과 닮은 붉은 팥죽을 쑤어 먹었다. 팥죽을 먹는 풍속은 재앙을 물리치고 경사를 끌어들이고자 지금도 내려오고 있다. 동지가 음력 11월 초순에 들어 있는 애동지에는 어린아이가 있는 집은 팥죽을 쑤지 않고 팥시루떡을 한다.

동지 섣달에 먹는 우리 팥죽은 찹쌀을 동그랗게 빚은 새알심을 넣거나 쌀을 갈아 넣기도 하는데, 팥에는 녹말이 들어 있어 굳이 쌀을 안 넣어도 된다. 새알심을 대신하여 국수를 넣은 팥죽인 낭하는 여름에 즐겨 먹었다. 일반적으로 새알심이 들어간 팥죽은 겨울에 먹고, 팥칼국수는 여름에 주로 먹었다. 밀은 찬 성질을 지니고 있어 몸의 열을 식히기 때문이다.

전통 팥죽은 소금으로 간을 맞추어 물김치를 곁들여 식사 대용으로 먹는 것이 일반적이었다. 개항을 통해 일찍부터 설탕이 풍족했던 군산과 주변 지역, 일본과의 수출입이 활발하였던 항구 도시 부산권은 단팥죽을 많이 먹는다. 설탕 대신 엿을 넣어 단팥죽을 만들기도 했다.

팥죽은 우리뿐만 아니라 중국, 일본에서도 즐겨 먹는다. 중국에서는 팥죽을 '홍두죽(紅豆粥)'이라고 하며, '당수(糖水)'라는 따뜻하고 달콤한 죽의 한 종류로 분류된다. 보통은 겨울에 따뜻하게 해서 먹지만, 여름에는 차갑게 해서 먹거나 남은 팥죽을 얼렸다가 아이스크림처럼 먹기도 한다.

일본에서는 크게 '시루코(汁粉, しるこ)'와 '젠자이(善哉, ぜんざい)'라고 하는 두 종류의 팥죽이 있다. 관동 지방에서는 물기가 많은 것을 시루코, 물기가 적은 것을 젠자이라고 하며, 팥을 으깨는 정도에 따라 구분한다. 완전히 으깬 팥을 사용하면 시루코, 성기게 으깬 팥을 사용하면 젠자이로 달게 먹는다. 팥죽 안에 떡이나 경단, 밤 조림을 넣는다. 겨울에 주로 많이 먹으며, 보통 매실 장아찌나 시오콤부 같은 시고 짠 반찬과 같이 먹어 쉽게 질리는 것을 막고 단맛을 극대화하기 위해서다. 관서 지역에서는 시루코와 젠자이 모두 물기가 많다.

오키나와에서는 간 얼음에 설탕에 졸인 강낭콩을 올리고 모찌와 연유 등을 얹은 팥빙수와 비슷한 음식을 젠자이라고 한다. '고쇼가쓰(小正月)'에는 하얀 죽에 팥을 조금 섞은 팥죽을 '아즈키가유'라고 따로 부른다. 일본 불교에서는 팥죽을 '치에가유(知恵粥, 지혜죽)'라고 부르며, 법화경을 독송하고 나서 끓여 먹곤 한다.

2. 상원의 고죽[上元膏粥, 고기를 얹은 죽]

상원의 고죽은 오현(吳縣)에 사는 장성(張成)이 자신의 집에 깃들여 사는 여신의 뜻을 받들어 1월 15일에 고기죽을 쑤어 제사를 지내자 해마다 넘치는 누에와 뽕을 거둔 것에서 유래되었다. 이 일을 계기로 사람들은 정월 대보름에 죽에 고기를 얹어 지붕에 올라가서 보름달을 바라보며 풍요를 기원하며 고기죽을 먹었다. 대체로 정월 대보름의 세시 음식이 풍년을 기원하며 먹지만 고죽은 농업 중에서도 양잠업이 잘 되기를 기원하며 먹는 죽이다. 농경사회를 기반으로 하는 문화권에서는 달이 여성, 대지, 풍요, 출산, 물을 상징하므로 장성의 일화는 상원일에 뜨는 보름달의 의미를 잘 담아내고 있다. 양잠이 잘 되어야 식구가 헐벗지 않고 내다 팔아 살림을 꾸리기 때문에 고죽에는 고기를 듬뿍 올렸을 것이다.

제6장 (부록) 제죽식치와 절식지류의 죽

상원일(上元日)은 음력 정월 보름날을 이르던 말이다. 신라 때부터 명절로 여겨 제사를 지냈으며, 민간에는 다리밟기 풍습이 있었다.

3. 한식의 도화죽[寒食桃花粥, 복숭아꽃죽]

한식(寒食)은 이름 그대로 찬 음식을 먹고 조상의 산소를 돌보는 날이기도 하다. 궁중이나 민가에서는 한식날 제사를 모시는 음식을 만들기도 하지만, 진달래화전, 창면, 화면, 애탕, 쑥떡 등의 시절 음식을 먹었는데, 도화죽도 그렇다.

도화는 매화와 달리 향기가 뛰어나지는 않지만, 흰쌀과 함께 죽을 쑤면 꽃이 크고 화려하여 형언할 수 없을 만큼 아름답다. 활짝 핀 도화보다는 도화 봉오리

로 쑨 도화죽이 항산화 성분이 더 많다.

한식은 봄기운이 감돌기 시작하는 시절로 산나물, 새순, 도다리탕, 꽃게, 주꾸미 등 봄을 대표하는 먹거리가 파노라마처럼 펼쳐진다. 물속을 헤엄치며 살던 것들이 잡혀 뭍으로 올라오고, 뿌리를 내리고 살던 것들이 뽑히고 꺾여 식탁에 오른다. 자연은 염치없는 인간의 욕망을 충족시키다가 만신창이가 되어 있다. 자연에게 필요한 것은 휴식이다.

올봄에는 도다리탕이나 꽃게찜 대신, 바람에 지는 분홍 도화 몇 송이로 도화죽을 쑤어 봄을 만끽하는 것도 좋을 것 같다.

다른 사람이 경험한 음식을 먹지 않으면 뒤처진 삶을 산다는 강박에서 벗어나, 자연이 내준 음식을 즐기면 봄바람, 봄하늘, 봄꽃, 보리밭이 보이고 종달새의 노래 소리도 들린다. 그냥 바라만 보아도 좋은 죽이 도화죽이다.

4. 한식의 당죽(餳粥)

서유구 선생은 《형초세시기(荊楚歲時記)》에 한식에는 3일간 불을 금하므로 당대맥죽(餳大麥粥, 엿보리죽)을 쑤어 먹었다고 한다. 이는 엿을 넣은 달콤한 보리죽이다.

《업중기(鄴中記)》와 《옥촉보전(玉燭寶典)》에는 불을 금하는 3일간 멥쌀에 보리를 넣고 죽을 쑨 뒤 엿과 살구속씨를 찧어 넣은 예락(醴酪, 엿죽)을 먹었다고 한다. 《업중기》의 당죽은 멥쌀을 섞은 보리죽을 쑨 뒤 살구속씨를 넣고, 《옥촉보전》은 보리죽에 살구속씨를 넣어 죽을 쑨 다음 엿을 넣는 점이 다르다.

제6장(부록) 제죽식치와 절식지류의 죽

〈제자추문(祭子推文, 개자추를 제사지내는 제문)〉에서는 "기장밥 한 소반과 예락 두 사발이네."라고 하여 예락죽이 밥과 함께 제사에 오르는 음식이었음을 알 수 있다.

위의 내용으로 미루어 당죽은 보리와 엿을 바탕으로 하여 살구속씨를 넣기도 한 죽이었음을 알 수 있다.

> * 한식
> 한식은 동지(冬至) 후 105일째 되는 날로, 양력으로는 4월 5일 무렵이다. 24절기 중 다섯 번째 절기인 청명과 겹치기도 한다. 한식은 설날, 단오, 추석과 함께 4대 절사(節祀)라 하여 조상의 산소를 찾아 성묘를 했는데, 그중에서도 한식과 추석이 가장 성대하여 교외로 향하는 길에 인적이 끊어지지 않았다고 한다.
> 《동국세시기(東國歲時記)》의 청명조(淸明條)에는 "이날 버드나무와 느릅나무를 비벼 새 불을 일으켜 임금에게 바치며, 임금은 이를 정승과 판서 등의 문무백관, 360고을의 수령에게 나누어 준다. 이 불을 하사한 불이라 해 사화(賜火)라 하며, 수령은 이를 다시 백성에게 전한다. 묵은 불을 끄고 새 불을 기다리는 동안 밥을 지을 수 없어 찬밥을 먹는다고 하여 한식(寒食)이라 하였다."라는 기록이 있다.
> 한식은 고대 중국의 풍습에서 시작되어 신라에 전해졌고, 고려 시대에 성행하였다. 고려 전기에는 양력 3월 30일 무렵이었으나, 후기에는 7일 정도 늦어져 동지 후 105일째 되는 날로 정해졌다. 한편, 농가에서는 이 시기를 즈음하여 밭에 파종을 시작했다.

5. 납오의 오두죽[臘五五豆粥]

납월(臘月)은 음력 섣달을 뜻하므로 납오일은 12월 5일을 말한다. 납월(臘月)에는 사냥한 동물들을 제물로 하여 조상신에게 제사를 지냈다. 선생은 납오일에 벼와 기장, 과일과 콩을 섞어 쑨 죽을 오두죽이라고 한다고 하였다. 오두라고 하면 5가지의 콩을 의미하는데 벼와 기장, 과일은 콩이 아니므로 오두에 속하지 않는다. 쌀과 기장을 바탕으로 하여 팥 등의 5가지 콩을 넣어 쑨 죽이다. 과일은 마른 과일로 묵직한 콩의 맛을 상쇄시켜 맛을 개선하기 위함이다. 중국의 오두죽은 쌀에

대두, 녹두, 팥, 검은콩, 강낭콩을 넣어 쑨다.

납월인 음력 12월에는 야생육이 가장 맛이 있어 사냥을 많이 하는 시기다. 예전에는 사냥을 중요하게 여기고 신성시했다.

사냥에서 얻은 고기로 가족은 물론 공동체를 부양하였기 때문에 오두죽은 사냥과 연관이 있는 죽이 아닐까 생각된다. 오두죽에 들어가는 붉은팥, 붉은 강낭콩은 액운을 막아주므로 사고의 위험이 도사리고 있는 겨울 사냥길을 오두죽이 지켜 주리란 믿음과 영양이 풍부한 오두죽을 먹여 보내면 든든하여 추위도 덜 타고 사냥도 잘 할 것이라는 바람이 오두죽에 담겨 있다.

6. 욕불일의 납팔죽[浴佛日臘八粥]

욕불일(浴佛日)은 부처의 탄생을 기려 음력 4월 8일에 아기 부처상에 향수를 부어 목욕시키는 날이다. 〈정조지〉에는 중국 송나라 때의《사물기원(事物紀原)》을 인용, 부처가 육사(六師)를 항복시킨 12월 8일에 불상을 목욕시킨다고 하여 욕불일이라고 칭하였으나, 납팔(臘八)인 음력 12월 8일은 부처가 깨달음을 얻은 성도절(成道節)이다. 납팔죽은 12월 8일에 쑤어 부처에게 바치는 죽이므로 불죽(佛粥)이라고도 한다. 쌀에 콩, 팥과 견과류, 마른 과일을 넣어서 맛을 내는 죽이다.

납팔죽에 들어가는 재료는 정해지지 않았으며, 쌀이나 기장 등의 곡물에 콩류, 견과류, 과일을 넣어서 쑤면 된다. 예전에는 임금이 신하에게 납팔죽을 내렸으며, 집안 간에도 납팔죽을 주고받으며 맛을 다투었다고 한다.

납팔이란 이름에 걸맞게 쌀에 밤, 콩, 팥, 호두, 잣, 건포도, 연실 등 여덟 가지 재료를 넣고 납팔죽을 쑤었다.

> * 부처는 6년 고행을 마치고 35세에 네란자라강에서 목욕을 한 후 수자타(Sujata)로부터 황금그릇에 담긴 유미죽(乳米粥)을 공양받은 후 보리수나무 아래에서 수행에 들어갔다. 깨달음 직전에 마왕 와사왓띠(Vasavatti)를 굴복시키고 6신통을 얻은 후 12월 8일 새벽에 성도하고 49일 동안 칠처선정(七處禪定)에 들어 음식을 먹지 않았다.
> 부처가 태어난 음력 4월 8일 석탄일, 2월 8일 출가일, 2월 15일 열반절, 12월 8일 깨달음을 얻은 성도절은 불교의 4대 명절로 기념하고 있다.
>
> * 유미죽은 쌀과 우유로 쑨 죽인데 이 죽을 먹고 부처가 깨달음을 얻었다 하여 '깨달음의 죽'이라고 한다.

7. 입오의 잠화죽[卄五蠶花粥]

잠화죽(蠶花粥)은 상원의 고죽처럼 양잠을 이롭게 하는 죽이다. 음력 12월 25일에 팥, 대추, 밤 등에 쌀을 섞어 쑤는 죽이다.

선생은 입오(卄五)에 먹는 또 다른 죽으로 염병(染病)을 물리치는 구수죽(口數粥)이 있는데, 잠화죽과 먹는 날이 같을 뿐 아니라 같은 팥죽이라는 점에서 아마도

잠화죽이 곧 구수죽인 것 같다고 한다.

구수죽이라는 이름은 비록 먼 데 나가서 집에 없는 식구라도 그 몫을 간직해 둔다는 의미에서 얻은 이름이다.

범성대(范成大)*는 시에서 "구수죽에 생강 고명 올리고 계핏가루 뿌린 뒤 설탕 끼얹었네"라고 하여, 구수죽을 먹을 때 생강가루와 계핏가루, 설탕이 들어갔음을 알 수 있다. 《규합총서》의 팥죽의 새알심에 생강가루를 넣거나, 지금 단팥죽에 계 핏가루를 넣는 것이 입오에 먹는 구수죽과 연결되어 있다.

잠화죽을 만드는 방법은 소개되지 않았지만, 팥을 삶아서 거른 물에 쌀을 넣어 죽을 쑤다가 밤과 대추를 넣어 쑤는 깃으로 추측된다. 팥과 대추가 붉은색으로 벽사의 의미를 강하게 담고 있다. 가족의 건강과 누에의 건강은 상관관계가 있다 는 것을 잠화죽과 구수죽이 한가지라는 선생의 글에서 깨닫게 되었다.

* 범성대(范成大)는 중국 남송의 4대 시인 중 한 사람이다.

현대인을 위한 제국식치

07 ^{부록}

100세 시대를 살아가는 우리는 이제 단순한 생존이 아니라, 어떻게 건강하게 잘 살아갈 것인가를 고민해야 하는 시대에 들어섰다. 식사는 더 이상 끼니를 때우는 행위가 아니라, 몸과 마음의 균형을 조율하는 중요한 실천이 된다.

오랫동안 잠자고 있던 〈정조지〉를 다시 꺼내 번역하고 복원한 이유도 여기에 있다. 음식 하나하나에는 회복과 치유의 힘이 담겨 있으며, 특히 죽은 현대인의 삶에 꼭 필요한 실마리를 제공한다.

이 장에 소개된 죽들은 〈정조지〉를 바탕으로 하되, 현대인의 고민을 반영하여 재해석한 결과물이다. 이 죽들이 몸과 마음이 회복되는 출발점이 되기를 바라며 소개하고자 한다.

제죽식치
현대인을 위한

　　　　　내 몸이 필요로 하는 영양소를 가장 효율적으로 섭취
하는 방법 중 하나는 죽을 먹는 것이다. 죽은 소화에 부담을 주지 않으면서도, 필
요한 영양소를 부드럽고 섬세하게 전달해준다. 따뜻한 죽 한 그릇은 속을 편안하
게 할 뿐 아니라, 불안한 마음에도 작은 쉼을 준다.

　무너진 수면, 약해진 면역력, 반복되는 피로, 설명하기 어려운 불안감이 일상이
된 현대인에게 죽은 더욱 필요한 음식이다. 다행히 지금은 죽을 간편하게 만들 수
있는 도구와 재료들이 다양해져, 죽은 더 이상 번거롭고 복잡한 음식이 아니다.
언제든 부담 없이 즐길 수 있는, 현대인의 일상에 맞는 식사가 되었다. 회복이 필
요한 순간마다 도움이 되기를 바라며, 죽 하나하나에 정성을 담아 만들었다. 그
마음이 담긴 이 죽들이, 회복의 시작점이 되기를 바란다.

　이 죽들은 조용히 묻는다. "당신의 몸이 지금 가장 필요로 하는 것은 무엇인가
요?" 그 질문에 잠시 귀 기울이며 죽을 하나씩 살펴보다 보면, 어느 순간 이 죽들
이 삶의 작은 방향을 바꾸는 계기가 될지도 모른다.

　　　　* 현대인을 위한 제죽식치의 죽편의 죽 조리법은 따로 실지
　　　　않았다. 앞 선 〈정조지〉편의 죽 쑤는 편을 참고하여 바탕
　　　　이 되는 곡물은 선호도에 따라 옹근죽, 원미죽, 무리죽으
　　　　로 쑤도록 한다. 죽에 들어가는 재료의 비율도 본인의 필

요와 입맛에 따라 조절하도록 한다. 〈정조지〉가 단순히 눈으로 보는 내용이 아니라 우리 스스로가 능동적으로 죽쑤는 법을 응용하기를 바라는 마음에서다. 현대의 제죽식치를 제안하는 만큼 조리시 유효성분이 보전되어 우리 몸에 도달되도록 하는가에 집중하였다.

죽은 밥보다 우리의 속을 더 잘 안다.
밥이 입맛을 위한다면, 죽은 속을 위해 쑨다.
따뜻함과 부드러운 질감,
그리고 그 안에 천천히 스며든 죽의 기운은
우리 마음까지 데워준다.

몸이 약해졌을 때, 마음이 지쳤을 때
밥이 아닌 죽을 먼저 떠올리는 이유는,
죽이 입이 아니라 속과 먼저 이야기를 나누기 때문이다.

1. 갱년기 여성을 행복하게 하는
   아마씨검은콩죽

갱년기에 접어든 여성은 에스트로겐의 분비가 급감한다. 이로 인해 안면홍조, 우울감, 수면장애, 골밀도 저하, 그리고 심혈관계 질환의 위험이 증가한다. 체내 호르몬 환경의 재조정기인 이 시기의 변화는 전신건강에 큰 영향을 미친다.

이때 에스트로겐 유사 작용을 하는 두 가지 식물성 성분을 함께 섭취할 수 있는 아마씨검은콩죽이 큰 도움을 줄 수 있다.

검은콩의 이소플라본은 체내 에스트로겐 수용체에 결합하여 부족한 호르몬을 보완한다. 이소플라본은 특히 ER-β 수용체에 선택적으로 작용하여, 폐경기 여성의 호르몬 균형 회복에 도움을 줄 수 있다는 임상적 근거가 축적되어 있다.

아마씨는 치아씨드와 함께 식물성 식품 중 오메가-3 지방산(ALA)과 리그난(Lignan)을 가장 많이 함유한 대표 식품이다. 리그난은 장내 미생물에 의해 대사되어 약한 에스트로겐 유사 작용을 하며, 체내 에스트로겐이 부족할 때는 보완,

과잉일 때는 억제하는 양방향 조절 작용이 특징이다.

또한 아마씨의 오메가-3는 혈관 내 염증 반응을 줄이고, 콜레스테롤 수치를 개선하는 데 기여한다. 이 두 곡물을 함께 쑨 '아마검은콩죽'은 호르몬 작용 뿐 아니라 혈관 건강에도 동시에 고려되어 있다. 검은 콩은 곱게 갈고 아마씨는 거칠게 갈아 죽을 쑤는데, 먼저 검은콩으로 죽을 쑨 다음 죽이 거의 다 될 무렵 아마씨를 영양성분이 잘 보존된다. 아마씨가 열에 취약하기 때문이다.

좀 더 효능을 얻고 싶다면 칡이나 감초 달인 육수를 쑤거나 칡즙을 따로 섞어서 마셔도 좋다.

칡(갈근, Pueraria lobata)

칡에는 대표적인 이소플라본 성분인 다이드제인(daidzein)과 다이드진(daidzin)이 풍부하게 들어 있어, 체내 에스트로겐 수용체와 유사하게 작용함으로써 갱년기 여성에게 나타나는 안면홍조, 불면, 골밀도 감소 등의 증상을 완화하는 데 도움을 줄 수 있다. 특히 칡은 콩보다도 이소플라본 함량이 높아 자연 유래 에스트로겐 공급원으로 뛰어나며, 동시에 플라보노이드 계열의 항산화 물질도 다량 함유하고 있어 세포 노화 억제와 심혈관 건강 개선에도 긍정적인 효과를 보인다.

또한 칡은 전통적으로 간 기능 보호와 혈류 개선에 사용되어 왔고, 뼈 건강에 영향을 주는 성분도 포함돼 있어 골다공증 예방에도 연구가 이어지고 있다.

칡은 가공방법에 따라 효과도 달라지는데 생 칡이 가장 효과가 높은 것으로 알려졌다.

* 칡은 에스트로겐 작용이 강한 만큼, 호르몬 관련 질환 병력이 있다면 반드시 복용 전 상담이 필요하다.

2. 탈모에 도움을 줄 수 있는
기장통밀죽

현대 사회에서 탈모는 많은 사람들이 겪는 고민이다. 탈모는 유전적인 요인 뿐 아니라 영양 불균형, 호르몬 변화, 과도한 열·화학 자극 등 다양한 원인이 복합적으로 작용해 발생한다.

특히 잦은 엄색과 파마, 불규칙한 식사, 스트레스는 모근의 건강을 악화시키며 탈모를 유발하기 쉬운 환경을 만든다.

탈모에 도움을 줄 수 있는 음식으로 기장통밀죽을 추천한다. 기장에는 '밀리아신(miliacin)'이라는 트라이테르펜(triterpene) 계열 화합물이 들어 있다. 밀리아신은 두피의 케라틴세포 증식과 모낭 성장에 관여해, 모발 성장을 촉진하는 데 도움을 주는 것으로 밝혀졌다. 또한 미네랄, 식이섬유, 항산화 성분이 풍부해, 두피의 혈액순환을 개선하고 산화 스트레스로부터 모낭을 보호하는데 유익하다.

통밀에 함유된 '글루코실세라마이드(glucosylceramide)' 역시 주목할 만하다. 이 성분은 피부와 두피의 수분 장벽 회복을 돕는 작용을 하며, 최근에는 모근 주변의 피부 장벽을 보호하는 효과도 보고된 바 있다. 건조하거나 민감해진 두피 환경

을 개선함으로써, 탈모를 예방하고 부드럽고 윤기나는 건강한 모발을 유지하는 데 기여할 수 있다. 기장과 통밀을 함께 넣고 쑨 기장통밀죽은 부드럽고 구수해 남녀노소 누구나 부담 없이 즐길 수 있는 기능성 죽이다. 통밀기장죽은 먹는 사람의 취향이나 소화상태에 따라 한 끼 식사가 되는 통곡죽으로도, 가볍게 갈아 원미죽으로 또는 무리죽, 미음으로 쑤어도 좋다. 통밀은 통곡을 물에 충분히 불려서 통곡상태로 죽을 쑤면 알갱이가 팝콘처럼 터지며 전분이 흘러나와 부드럽다.

기장과 밀리아신

밀리아신은 기장에만 들어 있는 특별한 성분이다. 과학자들이 귀리, 수수, 밀, 쌀, 조 등 다양한 곡물을 분석한 결과, 밀리아신은 오직 기장에서만 발견되었다. 이 성분은 모낭 세포의 성장을 돕고 두피를 보호하는 작용을 해, 탈모 예방에 효과적인 것으로 알려져 있다. 기장이 탈모 건강식으로 주목받는 이유는 바로 이 밀리아신 때문이다.

밀리아신은 단백질이 아니라, 식물이 스스로 만들어내는 천연 보호 성분이다.

특히 '트라이테르펜(triterpene)' 계열로 분류되는 이 물질은, 병원균, 자외선, 상처 같은 외부자극으로부터 자신을 보호하기 위해 생성하는 지질 형태의 생리활성 화합물이다.

기장을 꾸준히 섭취하면, 두피를 보호하는데 도움이 되는 천연 보호막을 형성하는 데 도움이 된다.

반면 기장과 닮은 조는 섬유질과 미네랄이 풍부한 곡물로서, 소화나 위장 건강에 더 초점이 맞춰진다. 따라서 기장과 조는 역할도 다르고 기능성도 다르므로, 구분해서 먹는 것이 좋다.

통밀과 글루코실세라마이드

통밀은 식이섬유, 비타민, 미네랄이 풍부한 전곡물로, 혈당 조절과 장 건강, 심혈관 질환 예방에 효과적이다. 특히 통밀에 함유된 글루코실세라마이드는 세라마이드 계열의 중요한 글리코지질로, 피부 장벽 유지와 세포막 구성, 신호 전달 등에 관여하여 피부 보습과 탄력 유지, 두피 염증 완화 및 탈모 예방에 도움을 주어 피부미용과 두피 건강을 크게 돕는다.

3. 열과 독을 다스리는데 좋은
녹두팥죽

엄마는 곱고 붉은 팥죽 못지 않게 언뜻 언뜻 껍질이 보이고 알갱이가 살아있는 녹두죽도 자주 쑤었다. 우리는 팥죽은 무겁고 녹두죽은 맛이 없어 반기지 않았다. 녹두죽은 상갓집에 식중독 예방용이나 상주의 슬픔으로 인한 열을 내려주는 것을 목표로 보내졌다.

엄마는 녹두죽 남은 것을 먹으며 나는 팥죽보다 녹두죽이 더 낫다고 했다. 이유는 소화가 잘되기 때문이라고 했다. 여하튼 녹두죽은 죽이 되면 자기 색을 잃고 초라해진다. 반면 팥죽은 마치 비를 품은 구름처럼 진한 무게감을 갖는다. 요즘말로 확실한 존재감을 갖는다.

녹두는 오래전부터 몸속의 열을 식히고, '백 가지 녹을 푼다'는 독을 풀어주는 곡물로 이름났다. 녹두에 들어있는 강력한 항산화 성분이 루테올린(luteolin)이 체내 염증을 진정시키고, 과도하게 오른 체온을 부드럽게 가라앉히는 작용을 한다. 루테올린 이외에도 비텍신(vitexin), 글루타치온 전구체, 폴리페놀 등이 간세포를 보호하고, 해독 효소를 활성화하며, 간 해독을 도와준다.

녹두에 습기와 붓기를 몰아내는 능력이 탁월한 팥을 더해 죽을 쑤면 한쪽은 열을 다스리고, 다른 쪽은 물기를 빼니 기본 체온과 체액 균형을 잡아주는 죽이 탄생한다. 둘을 함께 쑤어 만든 죽은 맛도 좋다. 구수하고, 부드럽고, 무겁지 않다. 여기에 생강, 감초, 대추 같은 따뜻한 약재를 더하면, 녹두와 팥의 찬 성질을 보완

제7장 (부록) 현대인을 위한 제죽식치

하면서도 약성은 유지할 수 있다. 이렇게 만들어진 녹두팥죽은 단순한 보양식이 아니다. 열, 독소, 붓기, 염증, 피부 트러블까지 해결하는데 도움을 준다. 몸이 '복잡하게 지쳤을 때' 의외로 해결책이 될 수 있는 죽이다. 행복은 멀리 있지 않고 가까이에 있듯 건강에 보탬이 되는 것들도 의외로 흔하고 평범한 것들인 경우가 많다.

그러고 보면, 녹두팥죽이 몸속 열기를 내리고, 가슴에 맺힌 울화를 천천히 풀어주므로 상사병에 걸려 속에 열이 끓어오르는 사람에게도 이 죽이 효과가 있을 것 같다. 녹두팥죽은 과하게 달지도, 무겁지도 않고 그냥 편안하다.

루테올린

곡물에 함유된 루테올린 함량을 살펴보면 메밀 약 20.5mg/100g, 퀴노아 약 12.3mg/100g, 붉은 수수 9.8mg/100g이고 녹두가 약 6.5mg/100g, 쌀이 1.2mg/100g, 보리 1.1mg/100g, 밀 0.9 mg/100g의 루테올린이 함유되어 있다. 녹두가 메밀이나 퀴노아 붉은 수수에 비해서 루테올린 함량은 떨어지지만 녹두 자체가 가진 차가운 성질과 기타 녹두 속의 생리활성 물질들의 작용을 고려할 때 열을 내리고 독을 푸는 청열해독으로는 녹두가 가장 뛰어난 곡물로 평가된다.

다만, 정확한 값은 품종, 가공 상태, 재배 환경에 따라 변동될 수 있으며, 평균치를 기준으로 정리한 것이므로 상대적 비교에는 유효하다.

4. 몸을 가볍게 속은 든든하게 해 주는
율무검정깨죽

어릴 적 단짝 친구에게 화가 났을 때, 나는 속으로 다짐하곤 했다. "괜찮아, 그 애가 없어도. 하나도 아쉽지 않아. 다시는 말 안 걸 거야." 하지만 금세 외롭고 허전했다. 함께 웃고 놀아야 할 소중한 시간을 흘려 보내기만 하고 있었다. 성격 좋은 그 친구는 다른 아이들과 즐겁게 시간을 보내고 있었을 것이다. 나만 손해였다. 그러다 그 친구가 다정하게 말을 걸어오면, 언제 그랬냐는 듯, 또 함께 신나게 놀았다.

곡물 중에도 그렇다. "흥, 안 먹어도 괜찮아. 관심 없어"라며 밀쳐놨다가 나만 손해 본다는 걸 깨닫게 되는 곡물, 그게 바로 율무다.

어느 날 몸이 유독 무겁고, 속이 더부룩하고, 자고 일어나면 얼굴이 푸석한 몸이 무거운 느낌이 들기도 한다. 이럴 때에는 복잡한 보양식보다는, 몸을 가볍게 정돈하고 부드럽게 영양을 보충해주는 음식이 율무검정깨로 만든 죽이다. 율무가 체내의 습기를 제거하고 열을 내려주면, 세사민을 비롯한 항산화 성분과 칼슘, 마그네슘 등의 미네랄이 풍부한 검정깨가 여러 측면에서 유익한 작용을 한다.

율무가 체내를 정리하면 검정깨는 그 빈자리를 영양으로 채워주는 역할을 한다. 정리와 보충의 흐름이 하나의 식사 안에 구성되어 있는 셈이다. 이 조합은 부종을 완화하고, 피부를 진정시키며, 뼈와 관절 건강에도 긍정적인 영향을 준다.

율무와 검은깨의 비율은 7(율무) : 3(검은깨)가 이상적이다. 참깨의 양이 많으면 칼로리도 높고 쉽게 질린다. 율무 앞에서 두 손을 공손하게 모은 검은깨가 말한다. "어서 만인의 몸을 가볍게 하시옵소서. 나머지는 소인이 알아서 하겠사옵니다" 율무는 우리가 애정을 가지고 키우고, 가까이 두어야 할 곡물이다.

잊혀진 슈퍼푸드 율무

율무는 영양학적으로도, 약리학적으로도 뛰어난 곡물이다. 단백질 함량은 귀리보다 높고, 지방은 적어 칼로리가 낮다. 폴리페놀 같은 항산화 물질은 보리나 쌀은 물론, 귀리보다도 더 풍부하다.
주목해야 할 것은 율무가 지닌 특수한 생리활성 코익세놀라이드(Coixenolide)라는 성분이다. 율무에만 존재하는 항종양, 작용을 하는 독특한 성분이다. 이 성분을 식이로 섭취하고 싶다면 율무를 먹는 것이 유일한 선택지다. 또 하나의 율무에만 있는 성분인 코익솔(Coixol)은 항염, 항알레르기, 이뇨 작용이 뛰어나다.

한방에서는 예부터 사마귀, 지방종, 자궁근종 같은 몸의 울퉁불퉁한 이상들을 다스리는 데 율무를 사용해 왔다. 몸이 잘 붓고 피부가 예민하거나, 습열이 많은 체질에게 율무는 더 효과적인 해답이 될 수 있다. 실제로 율무는 한방에서 위장을 튼튼하게 하고, 습기를 몰아내는 건비이습(健脾利濕)의 약재로 쓰인다.

'욥의 눈물'(Job's tear)

구약 성경에 나오는 욥은 온갖 시련에도 신의 전능함을 인정하는 인물로 그려진다. 그는 여러 고난을 겪어내며 눈물을 흘리며 참았는데 그 눈물방울 모양이 율무처럼 생겼다고 해 율무를 욥의 눈물(Job's tear) 이라고 부르기 시작했다.

5. 뼈 건강과 면역력에 도움을 주는
건새우브로콜리죽

엄마는 건새우를 갈아 넣은 가루를 담은 큰 병을 냉장고에서 꺼내며 말했다. 새우가 골다공증에 그렇게 좋단다. "나는 일을 많이 하고 내 몸을 잘 못 챙겨서 허리가 이렇게 아프지만, 너희들은 꼭 잘 챙겨 먹어야 한다" 엄마가 아픈 허리로 건새우를 손질하고 볶고 갈았을 모습을 떠올리니 마음이 편치 않았다. 이어 엄마는 냉장고에서 데쳐 잘라 둔 브로콜리를 꺼내며 말했다. "브로콜리도 그렇게 좋은 것이란다. 갈 때 너 좀 가져가거라"

집으로 돌아와 건새우가루 병을 냉장고 한쪽에 넣어두었지만, 바쁘다는 핑계로 먹지 않았다. 건새우 냄새를 좋아하지 않는 탓도 있었다. 그 병을 볼 때마다 엄마의 아픈 허리가 떠올라 마음 한구석이 저렸다. 냉장고 문을 열 때마다 이제는 들을 수 없는 엄마의 걱정스러운 목소리가 귓가에 어른거린다. 골다공증에 걸리면 큰일난다… 그 건새우가루를 담은 병은 지금도 냉장고에 있다. 이사를 갈 때마다 그 건새우가루병을 데리고 다닌다.

건새우는 깊은 감칠맛과 영양을 담고 있다. 껍질째 먹을 수 있어 칼슘 함량이 높고, 뼈 건강에 도움이 되는 식재료로 꼽힌다. 여기에 브로콜리를 더하면 죽은 훨씬 더 균형을 갖추게 된다. 브로콜리는 비타민 C와 K, 식이섬유, 설포라판이 풍부해 염증 완화와 면역력 강화에 이롭다. 특히 비타민 K는 칼슘 흡착을 도와 건새우와 시너지를 이룬다. 귀리나 현미를 넣어 오래 끓이면 단순한 죽이 아니라, 몸을 붙들어주는 한 끼가 된다. 속에 부담을 주지 않으면서도 하루를 다독여 주는 그릇이다.

건새우 브로콜리죽은 무겁지도, 자극적이지도 않지만 뼈를 튼튼하게 하고 체력을 회복시키며, 소화기에도 자극이 적다. 다정한 균형이 담긴 죽이다. 죽을 다 쑤었는데 '칼슘의 여왕'인 톳이 생각났다. 다음부터는 잊지 말고 잘게 썰어서 넣어야겠다. 죽 이름도 건새우톳브로콜리죽이라고 길어지겠지. 냉장고를 열 때마다, 문짝에 놓인 건새우가루 병이 여전히 보인다. "아이고, 너부터 먹어야지. 남 먹이기 전에… 아프면 너만 깝깝하고 억울하다." 새우처럼 굽은 허리의 엄마가 나무란다.

> * 건새우브로콜리죽은 홍화씨를 다린 물이나 멸치와 다시마육수로 하여 죽을 쑤면 더욱 좋다.

건새우

건새우는 뼈 건강을 챙기고 싶을 때 꼭 주목해야 할 식품이다. 100g당 약 2000mg의 칼슘을 함유하고 있어, 일반 우유나 멸치보다도 훨씬 높은 수치를 자랑한다. 껍질째 섭취되

제7장 (부록) 현대인을 위한 제죽식치

기 때문에 칼슘뿐만 아니라 키토산, 콜라겐 같은 뼈와 연골 건강에 도움을 주는 성분도 함께 얻을 수 있다. 특히 성장기 아동이나 골다공증이 우려되는 중장년층에게 큰 도움이 된다. 단백질 함량도 높아 뼈를 지지하는 근육까지 함께 관리할 수 있다. 말려 있는 상태라 보관도 쉽고, 반찬이나 국물 재료로 활용하기도 편리하다. 이런 점들을 모아보면, 건새우는 단순한 식재료를 넘어 진정한 칼슘의 황제라 할 수 있다.

6. 다이어트에 도움을 주는
곤약쌀싸래기죽

살과 전쟁을 치르는 시대다. 식욕 억제제, 지방흡입술, 황제 다이어트, 마녀 스프, 영양 흡수는 저지하는 약 등 살을 빼기 위한 갖가지 방법이 총동원된다. 날씬해 보이는데 살을 빼야 한다고 한다. 숨겨진 살이 많다나.

곤약쌀은 칼로리가 매우 낮은 곡물 대체 식재료다. 곤약의 칼로리는 일반 쌀밥의 10분의 1에 불과하다. 주성분인 글루코만난(glucomannan)은 수용성 식이섬유로, 포만감을 오래 유지시켜주고, 혈당이나 체중 조절이 필요할 때 좋은 죽이다. 하지만 곤약쌀은 탄수화물과 단백질, 지용성 영양소가 거의 없어 그 자체만으로는 식사로서의 균형이 부족하다.

이때 함께 넣으면 좋은 것이 싸래기쌀(쌀눈쌀)이다. 도정 과정에서 가장 먼저 떨어지는 쌀눈은 곡물 속에서 가장 많은 비타민 B군, 비타민 E, 식이섬유, 아연, 식물성 지방이 집중된 부위다. 특히 쌀눈에 들어 있는 γ-오리자놀과 피틴산은 항산

화 작용과 지방 대사 조절에도 도움을 준다.

곤약쌀의 낮은 칼로리와 쌀눈쌀의 풍부한 미량영양소가 만나면, 열량은 억제되면서도 영양은 허전하지 않은 죽이 된다. 죽으로 쑤었을 때, 곤약쌀은 부드럽고 담백하게 풀어지고, 쌀눈은 고소한 맛과 함께 죽에 깊이를 더한다. 곤약쌀죽은 곤약이 수분을 많이 먹기 때문에 죽물을 더 필요로 한다. 곤약의 식감을 살리고 싶다면 쌀이 막 끓기 시작하였을 때 넣어도 충분하다. 곤약이 바닥에 잘 눌어붙으므로 저어주면서 죽을 쑨다. 부드러우면서 찰지고 탱글한 식감이 매력적인 맛있는 죽이다.

가볍되 텅 비지 않은 식사. 곤약쌀과 싸래기쌀을 함께 넣은 죽은 몸의 무게를 덜고자 할 때, 그러나 영양의 가치를 놓치고 싶지 않을 때 좋은 한 그릇이다.

7. 불면증에 도움을 줄 수 있는
귀리호박씨우유죽

불면증으로 고생하는 사람들이 많다. 잠들지 못해 뒤척이는 밤은 그 자체로도 괴롭지만, 더 큰 문제는 그 밤이 다음 날까지 이어진다는 점이다. 정신이 흐려지고, 무엇을 해도 괴롭다. 삶이 피곤해지는 것이 아니라, 삶 자체가 두려울 지경이다. "수면 부족은 단지 피로로 끝나지 않는다. 만성화되면 심혈관 질환, 고혈압, 당뇨병 그리고 알츠하이머성 치매의 발생 위험을 유의미하게 높인다고 한다. 수면 중 생성되는 뇌척수액이 순환하면서 베타아밀로이드(beta-amyloid)와 같은 노폐물을 제거한다. 잠이 부족하면 이 기능이 떨어져 치매 유발 인자가 축적될 수 있다. 또한, 불면은 우울증과 불안 장애를 유발한다. 자율신경계가 과각성 상태에 머물면서 스트레스 호르몬인 코르티솔이 계속 높게 유지되고, 체내 염증 반응이 올라가고 면역력도 떨어진다. 잠 못 이루는 밤이 쌓이면, 자연스럽게 병도 따라온다.

잠 못 이루는 이들에게는 수면을 돕는 '식사'의 힘을 돌아볼 필요가 있다. 약처럼 강하지는 않지만, 몸을 편안하게 하고, 수면으로 이끄는데 도움을 줄 수 있다. 그중 하나가 수면에 유익한 성분들을 골고루 갖춘 귀리, 호박씨, 우유를 조합한 죽이다. 이 세 가지 식재료는 모두 트립토판이 풍부한 식재료라는 공통점을 가진다. 트립토판은 뇌에서 세로토닌과 멜라토닌으로 전환되어 수면을 유도하는 핵심 아미노산이다.

호박씨는 식물성 식품 가운데 트립토판 함량이 가장 높은 수준을 자랑하며, 마

그네슘과 아연과 함께 신경을 이완시키고 멜라토닌 생성을 돕는다. 귀리는 복합 탄수화물은 트립토판이 뇌로 잘 흡수되도록 도와주는 매개체 역할을 한다.

우유는 트립토판과 칼슘이 함께 작용해 수면 호르몬 합성을 촉진하며, 따뜻하게 마셨을 때 심리적 안정과 체온 하강 효과까지 더해져 수면 유도에 유리하다.

곡물로 귀리 대신 퀴노아를 넣어도 비슷한 효과를 얻을 수 있다. 먹기 전 파마산 치즈를 갈아서 넣으면 트립토판 함량을 더욱 증가시킬 수 있다. 카모마일을 우린 찻물을 육수로 사용하면 좋다. 깊은 푸른빛을 간직한 귀리호박씨우유죽은 정말 고소하고 농밀하고 부드러운 죽이다. 죽이 나를 휘감는 듯 하여 한참을 들여다봤다. 깊은 잠의 빛깔을 보았다.

호박씨

호박씨는 '잘 자는 식재료' 중 단연 돋보인다. 호박씨는 식물성 식품 가운데서도 트립토판(tryptophan) 함량이 매우 높아, 하루 한 줌으로도 수면 호르몬인 멜라토닌의 전구체를 충분히 공급할 수 있다. 호박씨는 신경 안정, 근육 이완, 혈압 조절, 심장 건강 등에 도움을 주는 마그네슘 534mg이 아몬드의 약 2배, 해바라기씨보다도 훨씬 높으며, 면역력과 세로토닌 생성에 핵심적인 아연이 모든 견과류 중 가장 많이 함유되어 있다. 식물성 식품 중 단백질 함량이 제일 매우 높고, 비타민 E, 폴리페놀, 리그난 등 항산화 물질이 다량 들어 있어 노화 예방, 염증 억제, 세포 보호에 도움을 줍니다.

이처럼 호박씨는 '수면에 좋은 견과류'를 넘어, 종합영양면에서도 가장 우수한 식재료로 손꼽힌다.

* 호박씨와 귀리에 함유된 트립토판의 조리 시 손실율은 찌기가 0~5% 끓이기는 5~10%, 볶기는 10~20%이다. 따라서 수면에 도움을 받기 위해 죽한 죽은 볶는 것은 삼가하는 것이 옳다.
* 파마산 치즈
  파마산 치즈(Parmesan)의 트립토판 함량은 약 732mg로 정제 단백질, 곤충 단백질, 해양생물 내장을 제외한 일반적으로 우리가 자주 먹는 보편적인 단백질 식품 중 가장 높은 수준이다.
* 트립토판이 함유된 음식은 약 3~4시간 후 졸림 유도 효과가 상승하여 수면에 도움을 줄 수 있다.

8. 기억력 개선에 도움을 줄 수 있는
복령호두죽

우리의 뇌는 과잉 정보 시대에 점점 더 빠르게 피로해진다. 기억력이 흐릿해지고 집중력이 무뎌질 때, 우리는 무엇을 먹어야 할까. 〈정조지〉를 복원하면서 복령죽과 호도죽에서 그 해답을 찾았다. 그렇게 만들어진 죽이 복령호도죽이다.

복령(茯苓)은 한의학에서 예부터 심신 안정, 불면 완화, 기억력 향상에 쓰였다. 현대 한약 연구에서도 복령은 신경계 염증 억제 작용과 인지 기능 보호 효과가

제7장 (부록) 현대인을 위한 제죽식치

보고되었다.

복령의 작용은 단순한 진정이 아니라, 두뇌 내 환경을 정돈해 집중과 기억이 잘 이뤄질 수 있는 상태로 조율하는 것이다. 정신이 산란할 때, 혹은 만성 피로로 머릿속이 흐릿할 때 복령은 자연의 '정리정돈제' 역할을 한다. 호두는 예로부터 '뇌에 좋은 견과류'로 불렸다. 겉모양이 뇌를 닮았다는 데서 끝나는 것이 아니라, 실제로 오메가-3 지방산, 레시틴, 폴리페놀, 비타민 E 등 기억력과 밀접한 영양소를 다량 함유하고 있다. 겉모양만 뇌를 닮은 게 아니라, 성분까지 뇌를 닮은 견과류다.

특히 레시틴은 신경전달물질인 아세틸콜린의 원료로 작용하여, 기억력 유지와 학습 능력 향상에 중요한 역할을 한다. 최근 연구들은 호두 섭취가 알츠하이머 예방, 집중력 개선, 감정 안정에 긍정적인 영향을 준다고 밝히고 있다.

이 두 재료가 만나 탄생하는 복령호두죽이다. 약간 퍼실퍼실하고 스펀지처럼 보슬보슬한 복령과 자기 몸뚱이의 약 2/3가 뇌에 좋은 지방으로 가득한 호두를 합하여 쑨 죽은 뇌의 생리적 균형을 잡아주고, 정서적 안정감을 제공하는 '자연의 처방전'이다. 현대인이 겪는 디지털 피로, 과도한 멀티태스킹, 집중력 저하, 수면 장애에도 자연스럽게 도움을 줄 수 있다. 복령호두죽에는 소화가 잘되는 멥쌀이 좋다. 음식 자체로 뇌를 돌보는 방법을 서유구 선생이 이미 250년 전에 제안했다. 그 지혜는 오늘도 유효하다.

복령과 잠깐, 방금 읽은 복령과 호두와 복령에 대한 이야기가 생각이 나나요? 안 난다면 복령호두죽을 열심히 드세요.

9. 아이 지능발달에 도움을 줄 수 있는
들깨아몬드찹쌀죽

"젊은 사람이 살림을 어찌나 야무지게 하는지.. 애들도 잘 키우고" 먼 친척이 윗집으로 이사를 왔다. 그 집에 이사선물을 사가지고 다녀온 엄마가 그 부인을 칭찬한다. 엄마가 다른 사람을 칭찬한다는 것은 보기 드문 일이다. 엄마는 계속 말을 이었다. "애들이 셋 인데 다 예쁘고, 다 똑똑하다" 그리고 약간 허탈한 얼굴로 "애들에게 이유식으로 들깨죽을 먹였다는구나 들깨가 애들 머리를 좋게 한대"라며 말을 흐렸다. 분명 엄마는 마음 속으로 우리에게 이유식으로 들깨죽을 먹이지 않은 것에 한탄하고 있는 것이다. 아니다 다를까 엄마는 "알았어야지… 내가 몰랐어"라고 혼잣말을 한다. 너무 늦었다. 먹여도 머리가 좋아질 나이는 지나도 한참

지났다. 엄마가 들깨죽을 먹였다면 내가 공부를 좀 더 잘했다면 지금쯤 어떤 사람이 되어 있을까를 상상하고 있는데 엄마의 넋두리가 들린다. "알았어도 이유식을 만들어 먹일 시간이 있었어야지… 엄마는 아랫목에 앉아서 밥상을 받았던 시누이 셋과 시동생 셋이 오늘만큼은 원망스러운 것 같다.

아이의 두뇌는 빠르게 자란다. 태어나서 5세까지는 뇌 발달의 황금기다. 이 시기에는 단순한 영양 보충이 아닌, 두뇌 기능을 지원할 수 있는 음식이 필요하다. 학원도, 교재도 중요하지만 그보다 먼저 생각해야 할 건 아이의 뇌가 자라고 있을 때, 무엇을 먹여야 할까? 에 대한 고민을 해야 한다.

그 중에서도 들깨와 아몬드, 그리고 찹쌀로 만든 죽은 두뇌 성장에 필요한 지질, 미네랄, 항산화 물질이 풍부하게 들어간, 두뇌 개발을 위한 이상적인 조합의 죽이다.

들깨의 알파리놀렌산(ALA), 식물성 오메가-3 지방산은 체내에서 DHA와 EPA로 전환되어 뇌의 신경세포를 부드럽게 감싼다. DHA는 뇌가 정보를 전달하고 기억을 저장하는 데 꼭 필요한 물질이다. 들깨에는 또한 칼슘과 마그네슘, 비타민 B군이 풍부해 신경의 전달과 정서 안정에도 큰 역할을 한다. 아이의 뇌가 새롭게 연결되는 그 순간을 돕는 재료인 셈이다.

아몬드는 뇌의 노화를 막는 강력한 항산화 성분인 비타민 E를 품고 있고, 기억력에 관여하는 레시틴과 아연, 단백질 역시 고르게 들어 있다. 아이가 단순히 성장을 넘어서, 집중할 수 있는 아이, 생각할 줄 아는 아이로 자라기 위해 필요한 기본을 아몬드가 채워준다. 이 두 재료의 어색함을 찹쌀이 이어준다.

아이의 뇌는 아직 비어 있는 서랍장과도 같다. 그 서랍을 무엇으로 채울지, 부모의 선택에 달려 있다. 오늘 그 시작을 '들깨아몬드찹쌀죽'으로 해보는 건 어떨까.

* 들깨는 볶지 않은 생들깨가루를 사용하는 것이 더 순하다.
* 아몬드는 3~4시간 정도 불려 탄닌이 들어 있는 껍질을 제거하고, 믹서에 곱게 갈아 넣는다.
* 아이라면 꿀을 약간 가미해서 먹으면 좋다.

10. 기관지 건강에 도움을 줄 수 있는
모과마카다미아죽

현대인의 기관지는 미세먼지, 건조한 공기, 알레르기성 자극은 사계절 내내 끊임없이 위협받고 있다. 특히 환절기엔 기침과 건조함이 오래가며, 윤기를 채워줄 음식이 절실해진다.

이때 몸 깊은 곳에 잔잔히 스며들어, 기관지를 다시 촉촉하게 적셔주는 음식이 필요하다. 그 음식으로 바로 모과마카다미아죽을 추천한다.

예로부터 은행은 "폐를 보하고, 기침을 멎게 하며, 담을 삭인다"고 했는데 현대 과학은 은행에 들어 있는 진세올(Ginkgolide)이 기관지 근육의 수축을 억제한다고 밝혔다. 이 모과의 향기를 살리며 약성을 받쳐줄 재료로 우아한 풍미의 마카다미아를 택했다. 마카다미아는 향이 은은하고 질감은 부드럽다. 그리고 팔미톨레산(palmitoleic acid)이란 지방산이 풍부하다. 이 지방산은 피부와 기관지 점막에 실제

존재하는 오메가-7 지방산으로, 외부 자극으로부터 점막을 코팅하고, 진액을 보호하는 기능을 한다. 특히 마카다미아는 100g당 17~25%에 달하는 팔미톨레산을 함유한 전 세계에서 가장 풍부한 식물성 공급원이다. 호두, 잣에는 이 성분이 거의 없다. 지방이 많긴 해도 기관지에 윤기를 주는 능력은 떨어진다.

고개가 절로 끄덕여진다. "아, 그래서 잣도 호두도 아닌 마카다미아구나." 죽의 베이스로는 찹쌀과 은행을 몇 알 더해서 갈아서 쓰면 좋다. 은행이 전분을 충분히 품고 있어 자연스러운 점성을 주고 열량이 높아 체력소모가 많은 기침 환자에게 좋기 때문이다.

서유구 선생의 시대에 마카다미아가 있었다면 선생은 '윤폐보진(潤肺補津)'의 효능이 있다고 〈정조지〉에 기록하였을 것이다. 그리고 은행과 함께 죽을 지어, 기침이 오래 가는 아이에게, 숨이 거친 노인에게, 권하였을 것이다. 모과마카다미아죽은 기관지를 부드럽게 열어주고, 진정시키는 힘을 지닌 죽이다.

11. 아이에게는 살이 되고, 어른에게는 기운이 되는
밤은행잣죽

살을 빼고 싶은 사람의 숫자와 비교할 수 없지만 살이 찌기 위해 애쓰는 사람도 있다. 표준 체중보다 약간 더 나가는 사람들이 더 건강하다는 연구 결과도 있다. 과체중 못지 않게 걱정일 수 있다. 어린 자녀가 살이 오르지 않아 노심초사하는 엄마들도 많다. 사실 약간은 토실토실한 아이가 사랑스럽고 성격도 좋아 보인다.

특히, 고령자가 살이 없으면 면역력이 떨어져 감염, 폐렴, 독감에 쉽게 걸리고 사망으로 이어질 수 있다. 근육 부족으로 낙상의 위험도 커진다. 살을 찌우기 위해 고열량 음식을 먹으면 위장은 물론, 심장에 무리를 준다. 속을 다스리며 천천히 살을 찌워야 한다.

밤은행잣죽은 허약한 아이, 기운이 부족한 어른, 속이 허한 노인에게 좋은 영양죽이다. 소화가 잘 되고 고소하며, 단맛이 은은하게 퍼지는 이 죽은 담백하지만 깊은 포만감과 힘을 남긴다.

밤은 복합 탄수화물과 비타민 B군이 풍부하여, 에너지를 채워주고 신경계와 면역을 돕는다. 은행은 밤보다 열량이 높고 밀도가 높은 전분으로 구성되어 소화가 잘되고 포만감은 크다. 무엇보다 위장 자극이 적어 고령자에게 좋은 에너지 공급원이다.

잣은 불포화지방산과 비타민 E, 아연이 풍부해, 성장기 아이에겐 뇌와 세포 발달을, 노인에겐 기력 회복, 폐 윤기 유지, 노화 방지에 도움을 준다.

특히 입맛이 떨어지기 쉬운 겨울철이나 병후 회복기, 몸이 마르고 기운 없는 체질에는 이 죽 한 그릇이 밥보다 든든하고 약보다 뛰어난 보양식이 된다. 잣밤죽은 대추를 달인 육수에 쑤면 대추의 단맛과 잣의 고소함이 조화되어 입에 착 감기고 기운을 더하면서도 속을 더 편안하게 감싸준다. 뾰족했던 마음도 둥글둥글해지는 죽이다.

100g 기준 생밤 170kcal, 생은행 180~190kcal, 생잣 680kcal 100g 기준의 칼로리를 가지고 있다.

밤과 은행

밤과 고전분 견과류다. 삶은 밤의 열량이 밥보다 12%정도 더 높다 밤은 당류와 복합 탄수화물이 균형 있어 분포 단순 당류와 복합 탄수화물이 균형 있게 분포된 식품으로 체내 대사과정에서 속도감 있는 에너지 공급과 지속적인 포만감 유지를 동시에 가능하게 한다.

밤의 주요 당질은 자당(sucrose)으로, 소장에서 포도당과 과당으로 분해된 뒤, 하나는 혈중 에너지로 활용되고, 다른 하나는 간을 통해 지방 합성에 관여함으로써 체중 증가에 기여하는 대사 경로를 동시에 갖는다. 특히 자당은 설탕처럼 급격한 혈당 변동보다는, 식욕 안정 및 기초 대사 유지에 유리한 형태로 작용한다는 연구도 있다. 체중을 '밤톨처럼 단단하고 야무지게' 늘려준다.

은행은 작지만, 그 안의 전분 구조는 에너지 활용에 특화되어 있다. 생은행 100g에는 약 30g의 전분이 포함되며, 그 중 약 27~31g이 아밀로펙틴(amylopectin)으로 이루어져 있다. 아밀로펙틴은 소화 과정에서 포도당으로 급속 전환된다. 이 과정은 인슐린 반응을 유도하여 에너지를 체내에 저장하게 하며, 특히 구운 은행은 전분이 젤라틴화되어 흡수율이 더욱 높아진다.고소하고 쫀득한 식감은 식욕을 자극하고, 부담 없이 고열량을 섭취하게 만든다. 단, 과량 섭취 시 독성 성분이 문제가 될 수 있으므로 하루 10~20알 이내로 제한하는 것이 안전하다.

12. 시력 건강에 도움을 줄 수 있는
구기자케일황옥수수죽

우리 말에 몸이 열냥이면 눈이 아홉냥이는 말이 있다. 눈이 얼마나 중요한지를 이 말에 담고 있다. 담고 있다. 100세 시대, 눈은 가장 먼저 지치고 가장 늦게 회복되는 기관이다. 하루 종일 스크린을 응시하며 바쁘게 살아가는 현대인에게 시신경과 황반을 보호는 이제 선택이 아니라 필수다. 바로 그런 이유로 눈을 위한 죽이 만들어졌다.

이 죽의 중심은 세 가지다.

첫 번째는 제아잔틴이 가장 풍부한 구기자다. 구기자의 제안잔틴 함량은 100g 기준으로 100mg 이상의 제아잔틴을 제공할 수 있어 우리가 먹는 식품 중에서도 단연 압도적이다. 제안잔틴은 눈의 중심 황반 부위를 직접적으로 보호해주는 핵심 역할을 한다. 자외선(UV)과 고농도의 청색광(blue light)을 걸러 광손상으로부터 시세포를 보호해준다. 글씨와 사람의 얼굴을 번짐없이 선명하게 보이게 한다. 구기자가 눈을 주관하는 간(肝)의 기운을 북돋아 주는 것도 눈 건강에 구기자가 으뜸 일 수 밖에 없는 이유다.

두 번째는 케일이다. 케일에는 루테인 함량이 시금치보다 우수하고 눈 전체와 특히 황반 주변부를 균형 있게 보호해준다. 일반 청색광을 차단하여 외부자극으로부터 눈을 보호한다. 여기에 각종 항산화 영양소까지 품고 있어 녹색 채소 중에서 눈의 노화를 막고 시신경의 스트레스를 덜어주는데 도움을 준다.

세 번째는 황옥수수다. 옥수수는 오랫동안 영양이 부족한 작물로 인식되었다. 옥수수가 트립토판 함량이 낮고 니아신이 흡수되기 어려운 형태로 존재하여 주식으로 옥수수를 먹는 사람들이 펠라그라병을 얻었기 때문이다. 황옥수수에는 루테인(lutein)과 제아잔틴(zeaxanthin)이 모두 적절하게 갖추고 있어 단일식품으로는 눈 건강에 매우 우수한 곡물이다.

건구기자는 미리 물에 불려 부드럽게 한 뒤 살짝 갈고, 케일은 데쳐서 먹기 좋은 크기로 썰어 죽에 넣는다. 구기자와 케일은 너무 일찍 죽에 넣으면 영양소가 파괴되므로, 죽이 거의 완성되어갈 즈음 넣어야 눈에 꼭 필요한 성분인 루테인을 온전히 지킬 수 있다. 황옥수수는 생옥수수를 써도 좋지만 옥수수가루를 이용하면 간편하다.

죽이 완성되었을 때 아보카도 오일을 넣으면 구기자와 케일, 옥수수에 담긴 제아잔틴과 루테인, 베타카로틴이 몸 안에서 흡수되기 좋은 상태가 된다. 구기자와 옥수수의 비율에 따라 구기자케일황옥수수죽의 맛은 크게 달라진다. 구기자가 많이 들어가면 구기자 특유의 매운맛 때문에 맛이 없다고 할 수 있다. 구기자는 1인 당 5~6알로도 충분하다. 복잡하지 않지만 섬세하게, 맛있지만 명확한 목적을 가지고 빚어낸 이 죽은 오늘 우리의 눈을 맑게 하고, 더 멀리 내일을 바라볼 수 있게 도와준다.

* 구기자는 혈압을 낮추고 혈액의 응고를 억제하는 부작용이 있으므로 지나치게 많이 먹는 것은 주의하도록 한다.

* 케일

케일은 브로콜리보다 비타민 A, C, K 함량이 훨씬 높아, 눈 건강과 면역력, 뼈 건강에 더 강한 효과를 준다. 또한 식이섬유가 풍부해 장 건강과 혈당 조절에도 효과적이며, 브로콜리도 항암 성분인 설포라판이 많지만, 케일은 비타민과 미네랄 밀도에서 더 뛰어난 채소다. 케일은 삶았을 때 루테인과 제안잔틴의 함량이 올라간다. 케일은 '녹색 채소계의 슈퍼푸드'라는 말이 아깝지 않은 식재료다.

* 황옥수수

황옥수수는 맛도 좋지만 특히 눈 건강에 이롭다. 황옥수수는 일반 옥수수보다 루테인 약 4배, 제아잔틴 약 5배 이상 높다. 대부분의 식품은 케일이나 시금치처럼 루테인 위주 또는 구기자처럼 제아잔틴에 편중되어 있는데 황옥수수는 두 성분이 균형 있게 포함되어 있어, 황반 전체 통합적으로 보호해 주어 눈 건강 유지를 위한 최고의 식품 중 하나라고 할 수 있다.

13. 빈혈에 도움을 주는
굴홍합소고기죽

운동장에서 아침 조회가 길어지면 쓰러지는 친구들이 있었다. 우리는 모두 놀랐지만, 쓰러진 아이는 양호실로 옮겨질 뿐 조회는 계속되었다. 아직 창백한 낯빛의 그 아이가 양호실에서 오면 아이들이 우르르 달려갔다 자기 자리로 돌아오며 애들이 별일 아니라는 듯 말했다. 빈혈이래 빈혈… 빈혈이란 말은 우리를 안심시켰다. 그만큼 흔했다.

빈혈은 혈액 속 산소 운반 기능이 약해지면서 전신 피로를 유발한다. 특히 여성, 성장기 청소년, 그리고 식사량이 줄어든 노년층에게 흔하게 나타난다. 이럴 때 필요한 것은 약보다 영양소가 풍부한 한 끼다. 굴과 홍합, 그리고 단백질과 철분의 보고인 소고기가 만나 완성되는 따뜻한 음식 인 굴홍합소고기죽이 지혜가 될 수 있다.

굴은 '바다의 우유'라 불릴 만큼 철분, 비타민 B12, 아연이 풍부하다. 하루 권장량 이상의 철분과 B12를 담고 있어, 빈혈 예방에 매우 효과적이다. 홍합은 그 못지

않게 철분과 단백질이 풍부하며, 체력 회복에 도움을 준다. 여기에 소고기는 흡수율이 높은 헴철(heme iron)을 함유해, 빠르게 체내에 철분을 보충해준다. 이 세가지가 한 데 어우러지면, 단순한 맛을 넘어 빈혈을 이겨내는 영양 조합이 완성된다.

'죽'이라는 형태 또한 특별하다. 씹는 부담 없이 소화가 잘되고, 위가 예민한 사람이나 회복기 환자, 식욕이 없는 날에도 부드럽게 몸을 채울 수 있는 보양식이 된다. 마늘, 참기름, 후추, 파를 넉넉하게 넣으면 속을 따뜻하게 데워주는 역할도 한다.

굴홍합소고기죽은 철분, 단백질, 비타민의 균형을 갖추고 있어 꼭 빈혈이 아니더라도 지치고 흐려진 하루, 따뜻한 이 죽 한 그릇이면, 몸과 마음에 기운이 흐르기 시작할 것이다.

* 소간을 추가하거나 소고기 대신 소간을 넣으면 더욱 좋다. 굴과 홍합에 더해, 소간을 넣으면 빈혈 회복의 핵심 영양소인 헴철과 비타민 B12가 더욱 풍부해진다. 간은 철분의 저장 기관이자 대사 기능의 중심이기 때문에, 그 자체로 철분 보충을 위한 식품 중 가장 탁월한 선택지가 된다. 간 특유의 향이 있어 약간의 비린 맛을 느낄 수 있어 마늘, 생강, 파, 후추, 참기름, 청하, 맛술 등으로 잡내 제거 필요 비타민 A가 매우 높아 지나치게 자주 먹는 건 좋지 않음 주 1~2회 정도, 한 끼 50~70g 정도가 적당하다.

기능성 죽에 추천하는 죽물 (죽육수)

죽의 시작은 물이다. 죽을 쑬 때 들어가는 죽물은 죽의 바탕이다. 그 물은 죽을 품고, 재료를 잇고, 먹는 이의 속까지 다독인다. 죽물은 우리 몸의 기운이 된다. 특히 기능성 죽은 더욱 그렇다. 그래서 좋은 죽을 쑤기 위해서는 정성껏 죽물을 마련해야 한다. 그냥 물로 죽을 쑤더라도 물의 선택에 주의를 기울어야 한다.

기능성 죽에 약성은 더하면서 죽의 맛을 해치지 않고 약성을 돋우므로 아주 중요하다. 기능성 죽은 약재와 곡물, 견과류 등 섬세한 성질의 재료들이 중심이기 때문에 연수에 가까운 물이 더 적합하다. 이유는 단순하다. 경수는 맛을 왜곡시키고, 곡물의 전분과 반응해 탁하거나 끈적해질 수 있기 때문이다. 특히 약재를 달일 때 경수를 쓰면 쌉쌀한 성분이 과하게 우러나며, 쓴맛이 도드라질 수 있다. 반면 연수는 약재의 단맛이나 은은한 기운을 자연스럽게 끌어낸다.

정수기 물은 대부분 연수에 가깝고, 가장 무난한 물이다. 생수는 병 라벨에 '경도'가 표기되어 있다면 60mg/L 이하인 것을 선택하면 좋고 수돗물은 지역에 따라서 경도가 다른데 서울의 아리수의 경우 경도는 50mg/L으로 연수다.

제죽식치의 육수로 좋은 재료들

육류및 유제품
우유, 소고기육수, 닭육수, 사골국물,

해물
멸치육수, 건새우, 디포리, 다시마, 건홍합

채소
양파, 생강, 무, 파, 포고버섯, 마늘, 우엉, 늙은 호박, 조릿대

곡물
콩즙, 두유, 기장미음, 팥물, 녹두물,

과일
대추, 배, 사과,

약재류
황기, 헛개나무, 감초, 도라지, 상황버섯, 엉겅퀴 뿌리,

제7장(부록) 현대인을 위한 제죽식치

〈정조지〉의 전오지류(煎熬之類) 죽 편의 복원은 검인죽, 개암죽, 황정죽 등 지금은 낯설고 익숙하지 않은 죽에 대한 호기심과 환자를 위해 죽을 쑬 때의 근심 어린 얼굴과 한 수저라도 더 먹으려는 간절한 눈빛, 팥을 삶던 동지 전날의 부산스러움, 따뜻한 아랫목에서 찬 호박죽을 먹으며 웃음꽃을 피우던 추억과 함께 시작되었다.

하지만 복원 작업이 진행될수록 〈정조지〉에 기록된 죽의 복원이 단순히 한 끼 식사를 재현하는 일이 아니라는 점을 깨달았다. 재료의 전처리와 법제는 한없이 정교하고 세심함을 요구했다. 이는 단순한 조리 이상의 깊은 노력을 필요로 하는 일이었다. 더군다나, 한 가지 재료를 다양한 방법으로 가공해도 결과물에 큰 차이가 나지 않는 것이 지진함과 복잡함을 배가시켰다. 이는 선조들이 죽을 먹는 이의 건강과 상태를 세심히 고려하여 약선의 효과를 극대화하고자 했던 '치유죽'이라는 것을 간과한 탓이었다.

사람들은 익숙하지 않은 죽에 대한 두려움을 보인다. "복령으로도 죽을 쑬 수 있나요? 맛이 이상할 것 같아요.", "점심으로 죽을 먹으라고요? 밥이 더 좋아요."라는 반응들은 고된 작업에 순간 실망감을 안겨주었다. 하지만 팥죽, 호박죽, 잣죽처럼 익숙한 죽들은 대부분 잘 받아들이는 모습에서, 익숙하지 않은 것에 대한 거부라는 생각이 들자 섭섭함이 덜하였다. 누구나 즐겨 먹는 음식이 되기 위해서는 식재에 대한 친근감이 우선이라는 생각을 갖게 되었다.

〈정조지〉가 위대한 이유는 주변에서 구할 수 있는 소박한 식재료를 사용한다는 것이다. 〈정조지〉의 죽 재료들이 지금은 낯설지만, 예전에는 복령이 소나무를 베어낸 밑둥치 아래 지천으로 숨어 있었고, 들판과 야산에는 뿌리가 옆으로 자라는 황정이 널려 있었다. 지금은 보기도 어려운 가시연꽃의 열매인 검인은 떡이나 밥을 해 먹고 묵도 쑤어 먹을 정도로 방죽이 있는 동네에서는 흔하였다.

우리가 먹던 식재들은 시절의 풍요로움과 자연과의 조화를 상징하였다. 쌀 생산이 늘어나면서 다른 잡곡을 먹을 기회가 줄어들어 우리의 몸과 마음은 자연과 멀어졌고, 자연을 접하는 것이 특별한 경험이 되었다. 가장 자연스러웠던 것이 부자연스러운 것이 된 것이다.

자연을 멀리하면서 우리는 빠른 것을 추구하게 되었다. 농작물도 빨리 크게 자라고, 음식도 빨리 만들어 빨리 먹고, 영양 부족도 빠르게 약으로 채우려고 한다. 우리의 몸과 마음은 '빠름'에 명분을 부여한 효율에 의해 제압당했다. 이런 분위기 속에서 재료를 섬세하게 손질하여 천천히 쑤고 천천히 먹는 죽은 시대에 뒤처진 음식이 되어 버렸다.

〈정조지〉의 죽을 쑤기 위하여 재료를 구해 껍질을 까고 찧고 말려서 죽을 쑤는 일은 마치 자식을 키우는 과정과도 같았다. 사랑으로 돌본 아이가 몸과 마음이 건강하게 자라서 자기 역할을 하듯, 정성을 다해 쑨 죽은 그 깊은 맛과 향으로 먹는 사람의 마음을 채워준다.

〈정조지〉가 다른 고조리서와 차별되는 점은 죽의 효능과 약성이 설명되어 있다는 점도 있지만, 죽의 효능을 널리 전하고자 했던 선생의 백성을 향한 연민의 마음이 모를 심듯 꼭꼭 심어져 있다는 데 있다. 〈정조지〉 권2 전오지류(煎熬之類) 죽편의 복원은 단순히 잊힌 전통을 되살리는 작업을 넘어 우리가 잃어버렸던 기억과 정서를 되찾는 여정이었다.

〈정조지〉의 죽을 탐구하며 우리 죽이 단순한 음식이 아니라, 서로를 향한 따뜻한 마음이자 한 사람의 정성과 이야기를 담은 작은 우주임을 알게 되었다. 우리에게 '음식이란 무엇인가'에 대한 답을 다시 묻게 된다. 앞으로 죽을 대하게 된다면, 죽 한 그릇에 담겨 있는 아름다운 이야기를 음미하며 먹어 보기를 바란다. 아울러 약과 건강식품을 찾기 전에 자신에게 적합한 3~4가지 죽을 정해 두고 상식하기를 권한다. 이것이 〈조선셰프 서유구의 죽 이야기〉가 이 시대에 건네는 소명이라 믿는다.

조선셰프 서유구의
죽 이야기

지은 이 풍석문화재단 음식연구소
         대표 집필 곽미경

펴낸 이 신정수

펴낸 곳 자연경실
         진행 박시현
         디자인 아트퍼블리케이션 디자인 고흐
         제작 상지사피앤비
         전화 (02) 6959-9921 **E-MAIL** pungseok@naver. com
펴낸 날 초판 1쇄 2026년 1월 15일
협찬   주식회사 오뚜기
사진   율무죽: 율무사진, 블로거, 수락산 부엉이님
         개암죽: 개암나무 사진. 블로거, 야래향님

ISBN   979-11-89801-76-2

조선셰프 서유구의 죽 이야기(임원경제지 전통음식 복원 및 현대화 시리즈 15)

이 책은 문화체육관광부의 "풍석학술진흥연구사업"의 보조금으로
음식복원, 저술, 사진촬영, 원문번역 등이 이루어졌습니다.